中国轻工业“十三五”规划教材

食品安全快速检测

主　编
姚玉静　翟　培

中国轻工业出版社

图书在版编目（CIP）数据

食品安全快速检测/姚玉静，翟培主编．—北京：中国轻工业出版社，2025.5

中国轻工业“十三五”规划教材

ISBN 978-7-5184-2130-5

Ⅰ.①食…　Ⅱ.①姚…　②翟…　Ⅲ.①食品安全—食品检验—高等职业教育—教材　Ⅳ.①TS207

中国版本图书馆 CIP 数据核字（2018）第 228502 号

责任编辑：张　靓　　责任终审：张乃柬　　整体设计：锋尚设计
策划编辑：张　靓　　责任校对：吴大朋　　责任监印：张　可

出版发行：中国轻工业出版社（北京鲁谷东街 5 号，邮编：100040）
印　　刷：三河市万龙印装有限公司
经　　销：各地新华书店
版　　次：2025 年 5 月第 1 版第 10 次印刷
开　　本：720×1000　1/16　印张：18
字　　数：360 千字
书　　号：ISBN 978-7-5184-2130-5　定价：48.00 元
邮购电话：010-85119873
发行电话：010-85119832　010-85119912
网　　址：http://www.chlip.com.cn
Email：club@chlip.com.cn

250807J2C110ZBQ

本书编写人员

主　　编　姚玉静（广东食品药品职业学院）

翟　培（广东食品药品职业学院）

副 主 编　黄佳佳（广东食品药品职业学院）

张少敏（广东环境保护工程职业学院）

参编人员　杨　昭（广东食品药品职业学院）

洪晔婷（广东食品药品职业学院）

任雅清（广东食品药品职业学院）

谢俊平（广东达元绿洲食品安全科技股份有限公司）

郝　冉（广东达元绿洲食品安全科技股份有限公司）

主　　审　苏新国（广东农工商职业技术学院）

前　言

在食品安全保障工作中由于灵敏度和特异性方面的限制，食品安全快速检测技术虽然不能作为判定食品安全性的最终依据，但作为发现问题的第一步，具有不可替代的作用。我国食品生产企业数量大、规模小、分散，法制和自律意识薄弱，造成食品安全问题频发。除了环保因素和生产条件的客观因素外，食品安全问题大多源于对农药、兽药、添加剂等的滥用，所以单靠一系列实验室检测方法和仪器是难于及时、快速、全面地从源头监控食品安全状况的，食品安全快速检测技术在我国食品安全保障工作中具有重要意义。

近年来，食品安全快速检测技术有了迅猛的发展，各种新的方法不断出现。为了提高食品质量安全检测从业人员的职业综合能力，适应我国高等职业教育食品类专业的教学改革需要，我们在不断总结课程建设与改革经验的基础上，校企合作共同编写了《食品安全快速检测》教材。本教材主要包括四个模块：食品安全快速检测技术基础、日常食品安全快速检测、食品企业食品安全的快速检测、第三方机构食品安全快速检测。

本教材的特色：

（1）针对性　针对学生、企业、社会需求设置教材内容。

（2）职业性　课程与相关职业岗位接轨。

（3）实践性　具有很强的实用性特色。

（4）开发性　课程的实施、教学内容的选择具有灵活性。

本教材由姚玉静、翟培担任主编，黄佳佳、张少敏担任副主编，参编人员包括杨昭、洪玮婷、任雅清，谢俊平、郝冉。全书由苏新国教授担任主审。

在本教材的编写过程中，得到了广东达元绿洲食品安全科技股份有限公司等企业的专家和技术人员的大力支持。同时，本教材参考了许多文献资料，在此一并致谢。

由于编者水平有限，书中的错误和不足之处敬请读者批评指正。

目 录 CONTENTS

模块一

食品安全快速检测基础

【模块介绍】

食品安全快速检测可以对大批量的样品进行快速筛查，减少和缩小实验样品的检测范围，发现可疑样本，可以有针对性地采集样品和进行实验室确认验证，从而缩短检测时间，降低检测成本，提高监督、检验的效率。更重要的是，通过食品安全快速检测技术，尤其是现场快速检测，可以增加样品的检测数量、扩大食品安全监控范围，并且减轻实验室检测的压力。食品安全快速检测技术迎合了食品企业内部及监管部门对食品质量安全进行及时控制的需要，具有重要意义。

随着社会经济的发展，生活水平得到了很大的提高，食品数量、种类较以往有了极大的发展。然而，在这种形势下，我国的食品，无论是农副产品，还是加工食品，质量参差不齐。近年来，出现了许多大大小小的食品安全事故，三聚氰胺事件、瘦肉精事件已经成为食品安全的典型事件。而在全球，近几十年来也发生了许多重大食品安全事件，如 2013 年新西兰蛋白粉的肉毒杆菌毒素污染事件、2017 年英国三大咖啡连锁店冰块细菌超标事件等。各国政府对食品安全越来越重视。而在食品安全保障工作中，食品安全快速检测技术具有重要的意义。频发的食品安全事件，具有突发性强、蔓延快等特点，传统检测手段无法满足监督对于快速和预警的需要。如若从根本上实现大流通环境下的食品安全管理，就必须发展相匹配的准确、方便、快速、灵敏的食品安全快速检测技术。其中，便携式快速检测仪适应现场检测的要求，易于使用、操作简单，为普及快速检测技术提供了保障，同时为基层检验人员提供了方便。快速检测技术的应用为保障食品生产、加工、流通和销售等环节安全，实现食品安全的全程监管提供了技术支持，在食品安全监管中具有广阔的应用前景。在很多情况下，如对农贸市场的生鲜食品、超市的短期储存食品等进行食品安全监督，乃至经营商自身管理，都需要应用快速检测技术。在一些重大社会活动如奥运会、世博会，以及一些日常卫生监督过程中，食品安全快速检测技术也是一种重要的保障手段。

知识要求

1. 了解食品安全快速检测的目的和任务。
2. 了解食品安全快速检测常用方法。
3. 了解食品安全快速检测设备。

能力要求

1. 熟练掌握样本的采集与制备。
2. 熟练查找食品快速检测的相关标准。
3. 熟练进行食品安全快速检测数据处理。

教学活动建议

1. 收集食品安全速测技术最新进展的相关资料。
2. 认真学习食品快速检测标准。

任务一 食品安全快速检测现状

➢ 任务引入案例

上海奉贤区生鲜食品可就近“快速检测”

从2017年初起，奉贤区市场监管局会同各街镇合力建设“食品安全快速检测公共实验室”。2018年初，为进一步发挥食品安全快检公共实验室的作用，奉贤区依托全区12个食品安全快速检测公共实验室，建设覆盖全区所有农贸市场、大中型超市和卖场的生鲜食品安全监测系统，并将其列为2018年度政府实事项目，全力保障奉贤市民主渠道食品安全。

食品安全快速检测公共实验室配备了一系列专业的多功能食品安全检测仪、便携式重金属离子检测仪、极性组分仪、便捷式食品新鲜度分析仪等快检仪器，可对重金属、食品添加剂、非法添加物、蔬菜中的农药残留、猪肉中的瘦肉精、蜂蜜中的果糖，以及甲醛、吊白块、亚硝酸盐、二氧化硫、双氧水、硼砂等60余种项目做出快速检测。

➢ 任务介绍

（一）我国目前的食品安全快速检测标准

截至 2017 年，中国已发布涉及食品安全的国家标准 1800 余项，食品行业标准 2900 余项，其中强制性国家标准 1157 项。涉及的范围包括：农产品产地环境，灌溉水质，农业投入品合理使用准则；动植物检疫规程；良好农业操作规范；食品中农药、兽药、污染物、有害微生物等限量标准；食品添加剂及其使用标准；食品包装材料卫生标准；特殊膳食食品标准；食品标签标识标准；食品安全生产过程管理和控制标准；食品检测方法标准，涉及粮食、油料、水果蔬菜及其制品、乳与乳制品、肉禽蛋及其制品、水产品、饮料、酒、调味品、婴幼儿食品等可食用农产品和加工食品，基本涵盖了从食品生产、加工、流通到最终消费的各个环节。在各项标准中，包含了多项的快速检测方法标准，如 GB/T 5009. 199—2003《蔬菜中有机磷和氨基甲酸酯类农药残留量的快速检测》。

2017 年 3 月，为保证食品快速检测方法评价工作的科学性和规范性，原国家食品药品监督管理总局组织制定印发了《食品快速检测方法评价技术规范》。这个技术规范适用于食品药品监管部门组织开展的食品（含食用农产品）中农兽药残留、非法添加、真菌毒素、食品添加剂、污染物质等定性快速检测方法及相关产品的技术评价。规范中详细规定了食品快速检测方法评价指标、评价方法、评价步骤、评价结果及报告出具。

（二）我国食品安全监管体系和检验检测体系状况

我国建立了强大的食品安全监管体系。中国政府坚持从源头狠抓食品质量安全，完善食品监管的各项基本环节和制度，强化食品安全监管。为保障食品安全，中国政府树立了全程监管的理念，坚持以防为主、源头治理的工作思路，形成了“全国统一领导，地方政府负责，部门指导协调，各方联合行动”的监管工作格局。

2007 年 8 月国务院发布的《中国的食品质量安全状况》白皮书指出：我国食品安全检验检测体系框架基本形成。在国内食品监管方面，建立了一批具有资质的食品检验检测机构，形成了以“国家级检验机构为龙头，省级和部门食品检验机构为主体，市、县级食品检验机构为补充”的食品安全检验检测体系。共有 3913 家食品类检测实验室通过了实验资质认定（计量认证），检测能力和检测水平接近国际较先进水平。

2012 年我国启动了全国农产品质量安全检验检测体系，总投资 59. 06 亿元。食品药品监督管理系统基础设施项目总投资 88 亿元。质检总局和工商部门也在大力完善相应的检验检测体系。在进出口食品监管方面，形成了以 35 家“国家级重点实验室”为龙头的进出口食品安全技术支持体系，全国共有进出口食品检验检疫实验室 163 个，专业技术人员 1189 人。各实验室可检测各类食品中的农兽药残留、添加剂、重金属含量等786个安全卫生项目以及各种食源性致病菌。

（三）食品安全性的现代内涵和现代食品安全性问题

1. 食品安全性的现代内涵

1996年世界卫生组织（WHO）在其发表的《加强国家级食品安全性计划指南》中将食品安全性与食品卫生两个概念加以区别，指出食品安全性是“对食品按其原定用途进行生产和/或食用时不会对消费者造成伤害的一种担保”，即食品中不应含有可能损害或威胁人体健康的有毒、有害物质或因素。

从某种意义上来说，绝对安全的食品是没有的，而且安全性是有条件的，目前我们提到的食品安全通常是指相对安全性。所谓相对安全性，是指一种食物或成分在合理食用方式和正常食用量下不会导致对健康的损害的实际确定性。

相对安全性从食品构成和食品科技的现实出发，认为安全食品并不是完全没有风险，而是在提供最丰富营养和最佳品质的同时，力求把可能存在的风险降低到最低限度。

在有效控制食品有害物质或有毒物质含量的前提下，食品是否安全，取决于制作、食用方式是否合理，食用数量是否适当，以及食用者自身的一些内在条件。食品安全性还随科学技术发展，如检测方法的革新、临床毒理毒性的研究和生产工艺设备的改革而不断强化和完善。

2. 现代食品安全性问题

食品安全问题主要集中在以下几个方面：微生物性危害、化学性危害、物理性危害、生物毒素、食品掺假、基因工程食品等新技术产品的安全性问题，这也为国际社会普遍关注。这些食品安全问题通常表现为食源性疾病。食源性疾病是通过摄食而进入人体的有毒有害物质（包括生物性病原体）所造成的食物中毒、肠道传染病、人畜共患传染病、寄生虫病等疾病。

在强调从农田到餐桌的安全评估控制管理体系下，过程分析可以较全面反映食品安全所涉及的危害，包括农产品种植养殖生长过程，农作物采收、存储或运输（霉变或微生物污染），食品加工、存储或运输（造成食品添加剂、重金属、微生物等污染，和/或发生食品腐败变质）。

由于食品安全问题的出现，以及世界范围内因食品安全引发的事件，提醒人们需要加强对现代食品安全的检验检疫、监督检测、质量控制，通过检验食品中有害物质的含量，以保证食品安全、无毒。

食品安全速测技术在全程质量控制中起到重要作用，在世界上已得到重视并在逐步推广应用，在我国已被广泛用于农业、卫生管理监督部门、工商部门、农贸市场、超市等部门行业开展食品药品质量、安全检测业务、突发性事件如食物中毒等的采样检测。

（四）食品快速检测技术对食品安全的保障作用

对于大中型城市而言，由于食品生产分散、供给管道复杂、消费人群众多且法律意识淡薄，造成从生产到消费环节各种食品安全问题频发。食品生产过程中存在的违法、违规现象以及销售、储运等环节的生物性污染问题日益突出，仅依靠各部门实验室的仪器分析检测系统远不能满足要求。运用常规的检测方法对样品前处理时，操作烦琐复杂，检测仪器和试剂昂贵，难以全面及时地监控大流通环境下的输入性食品安全。因此，快速检测技术，甚至现场检测技术对于保障食品安全具有重要意义。如今，对食品安全检测需求日趋增加，食品安全快速检测技术已经成为技术监管的前体，逐渐引起各监管部门的重视。尽管现场快速检测技术受到特异性和灵敏度等方面的制约，但可以作为发现问题的第一步，通过广泛筛查，能够迅速、有效、低成本地为企业内控和政府执法提供食品安全信息，具有不可替代的作用。

1. 加强中小食品企业的食品安全管理水平

目前大中型城市的食品加工原料仍以散户生产为主，造成初级农产品源头污染严重。对于中小食品企业而言，绝大多数缺乏相关部门的食品安全检测技术的支撑，如何保障原料质量、做好内控至关重要。普及食品安全快速检测技术，如农药、兽药、有毒化学物质、致病微生物快速检测技术，有利于中小企业把好原料采购关并掌控内部产品质量，能够在快速、简单、低投入的情况下建立起适用于中小食品企业的产品质量管理流程，从而使产品的质量有所保障。

2. 提升食品质量监管的科学性、准确性和有效性

食品安全监管部门在市场巡查监管的过程中，通常采用看、摸、闻等感官方法配以主观看法对食品安全进行监管，缺乏一定的科学依据。而快速检测技术可对食品的质量进行初步判断，提高了对食品质量安全定性的准确度。此外，还可为食品的抽检指明方向，避免盲目抽检。对经快速检测技术检验出问题的产品抽样，送至有资质的相关部门进一步检验，最终获得检验报告，可为执法部门实施管理提供有力的证据支持。

3. 增强食品监管的时效性，及早处理问题食品

目前，大多数具有法定资质的检测机构，完成全项定量检测并出具检测报告花费的时间不等，一般需花费 7 ~ 15 个工作日，最快也需 2 ~ 3 天，这对于保质期短、流通快的食品而言，如牛乳、面包、蔬菜和水果等，其检测结果并无实际意义。运用食品安全快速检测技术，可在几分钟到几十分钟内获得定性或定量检测结果，同时以相对低廉的成本对上述群众日常所需的流通性较快的食品进行初步检测、判定，能及时地处理不合格食品，很大程度上降低了不合格食品流入到消费者手中的可能性，增强了相关部门监管工作的时效性和前瞻性。此外，降低了消费者对食品安全的顾虑，同时督促经营者严格遵守法律法规，对确保大流通环境下的食品安全起到了积极作用。

4. 检测费用低、操作简单、易于推广

对于许多廉价、需求量高、控制较严格的食品，由检测机构全面检测确保其

安全势必会提高食品售价，甚至会延误对安全问题的发现时机，不具有现实意义。快速检测技术只需简单处理样品，检测成本相对较低，并且能够在短时间内获得检测结果，对仪器设备和操作人员的技能水平要求较低，方便携带到现场进行检测，因而具有广谱性。快速检测技术的普及应用能够应对突发性食品安全问题，能够最大限度地减少甚至避免各类食品安全事件带来的损害。

➤ 任务拓展

拓展一　食品快速检测方法评价技术规范。

拓展二　总局关于规范食品快速检测方法使用管理的意见。

拓展一～拓展二

➤ 复习思考题

1. 食品安全快速检测与传统检测的优缺点是什么？
2. 查找10项我国食品安全快速检测的标准。
3. 面对中国目前的食品安全趋势，采用哪些方法可以促进食品安全？

任务二　食品安全快速检测常用技术

➤ 任务引入案例

食品安全快速监测点："立等可取"保市民舌尖安全

为使辖区群众能有一个更好的食品安全环境，北京市丰台区各食药所在做好日常监管工作的同时，将做好食品安全快速检测作为提高辖区食品安全环境和质量的一项重要工作。

周一，一个普通的工作日。一大早儿，丰台区大红门街道食药所常务副所长冯鑫和工作人员小柴就来到了南三环外光彩路的首航超市监测点。他们到了之后，刚刚准备停当，就有居民过来检测。李阿姨买了一袋菠菜，准备晚上做菠菜粥，看到监测点就拎着菜走过来。"小伙子，帮我查查这菠菜合格吗？带皮的菜一般没事儿，叶菜最容易有农药残留了。"李阿姨举着一袋儿新鲜的菠菜说。

小柴接过菠菜，用剪刀随意剪了一小片，之后麻利地操作起来：用电子秤称出0.5克，将菠菜放入离心管中，然后滴入1.5毫升脱洗液，摇匀后，静置3分钟；之后取上清液，滴到一片白色的"农药残留检测卡"上；10分钟左右，白色的检测卡变成淡蓝色，与另一片红色检测卡叠合3分钟，再放入检测仪中读取数据……

很快，结果就出来了。"检测仪显示为阴性，说明菠菜的农药残留是合格的。"小柴拿着检测仪对李阿姨说。"太好了！检测过关了，吃着就放心了。"李阿姨笑着回应。

整个检测过程大约20分钟，可以说是“立等可取”。随后，还有一些购物市民过来检测五花肉中的瘦肉精，牛乳中的三聚氰胺……

➢ 任务介绍

我国农产品、食品生产企业数量大、规模小、较分散，且法治和自律意识很弱，而我国人口众多，消费人群和渠道也多，因而造成了食品安全问题多发的情况，除了法律、法规、标准、管理等方面需要改进外，再就是一些客观因素的不足所致：一是食品安全检验室数量有限，尤其是欠发达地区和广大农村地区；二是检验成本较高，有些应该送检的样品未能及时送检；三是检验室的检验周期较长，有些样品如蔬菜、豆浆、生鲜类食品等，没等检测报告出来食品就已销售完毕。因此现在食品安全检测仅靠常规的化学检测已不能满足现场快速判定的需要，尤其是对于大批量的样品来说，常规检测耗费时间长、成本高、要求相关条件复杂，而快速检测在现场用十几分钟甚至几十分钟即可判定该食品食用是否安全，既快速方便，又省钱。再者，对于政府监管部门对市场上产品的日常监测，由于样品量大，也可先用快速检测方法对其筛选，发现有问题的食品再上仪器定量分析，这样可以节省大量的人力、物力。因此，速测技术近几年发展很快，在日常监测领域发挥了越来越重要的作用。

（一）食品安全快速检测方法概述

新世纪世界性科技革命正在形成，各国都在加速技术创新和科技的进步。从定性和定量检测技术两方面出发，准确、可靠、方便、快速、经济、安全的检测方法是食品安全检测的发展方向，尽可能使速测技术的灵敏度及准确度能达到标准限量要求，至少要与标准方法的检测结果相当，能在较短的时间内检测大量的样本，还必须具有实际应用价值。

国内外都在积极制定食品安全控制体系，从食品原料、加工到消费过程都必须考虑质量和安全因素，虽然对食品的采样检测和分析无法提供充分保护，但鉴定食品安全的检测技术是保护食品安全、保护消费者的重要手段，特别是对产品的速测技术显得更加必需和重要。随着科学技术的发展和研究，大量快速和采用现代技术的检测方法不断出现，这些新的速测方法，一般都缩短了传统检测方法的时间，能够较快地得到检测结果，并且操作相对简单。

目前，食品速测技术在下列食品安全领域得到广泛应用：

（1）常见食物中毒与应急保障类　如农药、鼠药、金属毒物、有毒油脂、亚硝酸盐、甲醇、生豆浆、有毒豆角等的快速检测。

（2）非法食品添加物与劣质食品类　如掺杂造假、食品物理或化学性质的改变等。

（3）食品生产、加工和储运控制环节类　如温度、洁净度、消毒效果等。

（4）生物性污染类　如细菌总数、大肠菌群。在生物性污染项目中，致病菌是常见的食物中毒因子。

随着高新科学技术的发展和研究的深入，大量采用现代技术和快速的检测方法不断出现。控制农药残留对人体的危害，最为有效的方法之一是加强对食品中农药残留检测的力度。常用的农药残留理化分析方法不但要有昂贵的气相色谱等分析仪器，而且分析方法复杂。国内外诸多研究者开发研制了多种农药残留的快速测定方法，包括生物法和化学法。目前，国内外化肥污染物硝酸盐快速测定方法主要有硝酸盐电极法、硝酸盐比色法、硝酸盐试纸法。硝酸盐现场快速测定法是市场经济发展趋势，其特点是快速、稳定、灵敏、准确定量、携带方便。我国研究者在研究硝酸盐快速测定方法上已有很大进展，研制出了硝酸盐试纸快速测定法。

食品金属污染物的检验技术，特别是快速检验技术的发展，是食品安全检验技术发展的重要方向之一。金属污染物速测技术首先从样品前处理制备入手，通过有效缩短样品前处理时间达到快速测定的目的。因为随着各种高效、灵敏、快速的金属污染物分析仪器（分析方法）的不断出现，传统的样品制备技术与之相比已不相适应，成为快速检验技术发展的主要障碍。微波消解技术的出现和快速发展，有了一种很好的快速的样品预处理技术，与金属污染物的快速准确的检验技术相配合，在一定程度上缩短了常规方法时间，达到食品安全快速检验目的。

近年来，随着生物技术的快速发展，新技术、新方法在食品微生物检验领域得到了广泛应用，有效提高了检测效率和检验速度。现行一些快速检测方法用于微生物计数、早期诊断、鉴定等方面，大大缩短了检测时间，提高了微生物检出率。微生物快速方法包括微生物学、分子化学、生物化学、生物物理学、免疫学和血清学等方面及它们的结合应用。目前，对转基因产品的检测也提上日程。总之，食品安全速测技术正在迅猛发展，不同领域进展不尽相同，但其应用价值日渐突出，快速检测方法已经成为发展的必然。

（二）食品安全快速检测技术的定义及地位

食品安全检测是食品安全管理的重要技术支撑，在目前中国加强食品安全管理的形势下，快检产品以其价格低廉、操作简便、检测快速的优点，在大范围、高频次的快速筛选中起着不可替代的重要作用。

食品快速检测方法首要是能缩短检测时间，以及简化样品制备、实验准备、实验操作和自动化的过程，具体简化体现为以下 3 个方面：一是实验准备过程简化，使用的试剂较少；二是样品经简单前处理后即可进行测试，或采用高效快速的样品处理方式；三是简单、快速和准确的分析方法，能对处理好的样品在很短的时间内测试出结果。从广义上来讲，能将原有的检测方法时间缩短的都可以称为快速检测方法，但从严格意义上讲，快速检测方法与常规方法相比，除应具有准确性外，还应具有明显的简捷性、经济性与便携性。伴随快速检测出现的是“仪器革命”，传统的检测过程中，检测仪器昂贵，步骤复杂，对操作人员的要求比较高，而便携型或易用型设备操作简单、易于掌握，且对操作人员专业知识和技术的要求不高。这些便携型设备的出现使速测技术能够更适应现场检测的要求，为快速检测的普及提供了保障，特别是为基层检验人员提供了方便。

在当前情况下，只评价食品快检方法、不评价具体产品，对基层监管部门没有参考价值。因此，对食品快检方法定义为技术加产品，即适用于食品安全相关检测项目的技术和产品，具有快速、简便、灵敏等特点，包括必备的前处理、检测及相关辅助设备，试剂、耗材、使用手册等，能够确保操作人员独立完成本方法的快速检测工作。将评价检测方法具体落实为技术和产品，使得标准容易建立，具有较强的可操作性，对推广应用具有较强的指导意义。另外对食品快速检测方法所包括的内容进行明确要求，确保技术方法完整性以及在使用过程中的方便性和可重复性。

快检方法按照检测结果分类，可分为定性方法和定量方法两大类，由于其判定方法有较大的区别，两者的评价也相差很大，因此，目前的评价方法都是分别对这两种方法进行评价。

2015 年 10 月 1 日起施行《中华人民共和国食品安全法》第一百一十二条："县级以上人民政府食品药品监督管理部门在食品安全监督管理工作中可以采用国家规定的快速检测方法对食品进行抽查检测"，从法律上明确了快检在食品安全抽检中的地位。

（三）常用食品安全快速检测技术

快检技术是相对于传统和经典的化学检测与仪器检测而言的，其特点是需要的检测时间相对较少，对仪器设备等条件的要求不高，能够携带到交易（生产）现场（或在线）实施检测。食品安全快速检测可以扩大对食品安全不利因素的监测范围，增加食品样品的监测数量，及时发现问题，迅速采取控制措施，必要时将监测到的问题食品送实验室进一步检验，由此达到既发挥快速检测的特点，又充分利用检验室资源。检测方法与常规检测方法彼此互补，形成全方位的食品安全检测技术体系。

对快速检测的速度要求越来越高，在食品检测过程中，要求在很短的时间内出结果，有些产品还需要在现场或生产线上检测，在保证检测精度的前提下，时间越短越好。食品快速检测的一般流程如图 1－1 所示。食品安全快速检测，分为实验室快速检测与现场快速检测。实验室快速检测着重于利用一切可以利用的仪器设备，快速定性与定量。现场快速检测着重于利用一切可以利用的手段，快速定性与半定量。

图 1－1　食品快速检测一般流程

1. 感官分析方法

感官分析即利用科学客观的方法，借助人类的感觉器官（视觉、嗅觉、味觉、触觉和听觉）对食品的感官特性进行评定，并结合心理、生理、化学及统计学等学科，对食品进行定性、定量的测量与分析。感官分析具有简便易行、灵敏度高、直观和实用等优点。感官分析在食品掺假、新鲜度、变质和污染等食品快速检测过程中常常是第一步工作，感官分析不合格则不必进行后续检验。

2. 化学比色分析法

化学比色分析法是根据食品中待测成分的化学特点，将待测食品通过化学反应法，使待测成分与特定试剂发生特异性显色反应，通过与标准品比较颜色或在一定波长下与标准品比较吸光度值得到最终结果。化学比色分析法可分为利用普通化学原理与利用生物化学原理两大类。化学比色分析法的优点是操作相对简便，结果显示直观，检测灵敏度高。不足之处是此类分析法会破坏食品，不能实现无损检测，只能用于抽样检测，无法对每一个样品都实行检测。此外，此类方法对化学反应自身条件依赖性较强，因此检测过程中受到的干扰因素比较多。化学比色分析法是目前应用比较普遍与成熟的方法，被广泛应用于各类食品分析中。

3. 近红外和傅里叶变换红外光谱法

此类方法是利用红外光线的穿透能力比较强，而试样中的含氢基团对不同频率的近红外光存在选择性吸收，因而透射的红外光就携带了有机物结构和组分的信息，通过检测器分析透射或反射光线的光密度就能确定该组分的含量。此类方法常用于生产的在线控制，优点是检测成本低，分析速度快；不需前处理，免去了化学反应中的诸多影响因素，也避免了对环境的污染；实现了样品的无损检测，并且能够对样品的多个组分同时检测。

4. 免疫学分析法

免疫学分析法的检测原理是基于医学中的血清学检测方法，利用抗原与抗体的高度专一性特异反应来进行检测。抗原抗体的反应是一种非共价键特异性吸附反应，即通常情况下，抗原只和它自己诱导产生的抗体发生反应。在实际工作中应用最多的有两种方法，一种叫酶联免疫法（ELISA），它是将酶标记在抗体Ⅱ抗原分子上，形成酶标抗体Ⅱ酶标抗原，也称为酶结合物，将抗体抗原反应信号放大，提高检测灵敏度，之后该酶结合物的酶作用于能呈现出颜色的底物，通过仪器或肉眼进行辨别。另一种方法是试纸条法，它是将特异的抗体交联到试纸条上和有颜色的物质上，当纸上抗体和特异抗原结合后，再和带有颜色的特异抗原进行反应时，就形成了带有颜色的三明治结构，并且固定在试纸条上，如没有抗原，则没有颜色。免疫学分析法常用于检测有害微生物、农药残留、兽药残留及转基因食品，它的优点是特异性和灵敏度都比较高，对于现场初筛有较好应用前景。不足是由于抗原抗体的反应专一性，针对每种待测物都要建立专门的检测试剂和方法，为此类方法的普及带来难度，如果食品在加工过程中抗原被破坏，则检测结果的准确性将受到影响。目前，国外已经有相当成熟的利用免疫学分析法的商业化试纸条。

层析胶体金试纸条 ROSA 系列，试纸条上有一条保证试纸条功能正常的控制线和一条或几条显示结果的测试线。ROSA 系列包括能够检测牛乳中的磺胺二甲基嘧啶、β - 内酰胺、四环素、喹诺酮等抗生素残留的试纸条，还包括能检测牛乳和谷物食品中黄曲霉毒素的试纸条。检测时，将牛乳样品滴加至试纸条上，将试纸条放入小型 ROSA 恒温培养器，8min 后取出试纸条，若是定性实验，则直接观察控制线与测试线颜色深浅，根据不同试纸条说明得到定性结果。若是定量检测，则可将试纸条插入便携 ROSA 读数计，立刻就能显示结果。

5. 生物传感器技术

生物传感器是由生物感应元件和与之紧密连接或组合的传感器所组成。传感器能将生物学事件转变成可以被后续处理的响应信号。生物传感器具有选择性好、响应快、样品需要量少、可微型化的优点。不足之处是一些识别元件的长期稳定性、可靠性、一致性方面存在问题。目前多数处于研制阶段，离批量生产尚有距离。可以说生物传感器技术非常有发展前景，但一直以来的发展很曲折，其中主要原因是过去在食品工业中对生物传感器技术缺乏了解，而生物传感器技术的研究人员又对食品分析的要求和条件缺乏认识。

6. PCR 技术

PCR（Polymerase Chain Reaction），即聚合酶链式反应，是由凯利·穆利斯（Kary Mullis）等人首创的一项体外快速扩增 DNA 的方法，它可使极微量的某一特定序列的 DNA 片段在数小时内特异性扩增至百万倍以上。生命的本质是 DNA，PCR 技术可以将微量的 DNA 快速扩增。因此 PCR 技术可以应用于微生物鉴定、肉制品掺假和转基因成分鉴定等领域。传统的细菌培养、血清学及生化鉴定等微生物鉴定方法，其检测周期长、操作繁琐、灵敏度低，而且每次只能检测出一种致病菌。面对日益增加的食品病原菌多重混合污染，目前的实验室检测方法明显滞后。因此，建立快速敏感和特异的分子生物学检测方法，对于尽快明确致病因素和采取有效的预防和治疗措施都是非常必要的。多重 PCR 技术可以在一个反应管中同时检测多个病原微生物，具有高效、低成本、速度快等优点。针对肉制品掺假的问题，外国专家建立了多重 PCR 技术，将 7 种引物按适当比例混合成一种引物，可通过一次 PCR 技术同时特异扩增牛肉、猪肉、山羊、绵羊、鸡肉和马肉 6 种肉的 DNA 片段。不同长度的 DNA 片段代表一种动物源性成分，因此可以根据这些 DNA 片段检定肉制品的动物源性成分，此方法对鉴定肉制食品动物源性成分具有重大意义。

7. 生物芯片检测法

所谓生物芯片技术是相对于计算机芯片而言，计算机芯片处理电子信息，而生物芯片则处理生物分子所携带的信息。生物芯片法的优点是自动化程度高，能够实现同时检测多种目标分子的目的，而且检测效率高，检测周期短。目前按照检测对象分类，可以分为基因芯片、蛋白芯片等。按照制备技术标准又可分为点阵型芯片与实验室芯片。基因芯片是将许多特定的寡核苷酸片段或基因片段作为探针，有规律地排列固定于支持物上形成的 DNA 分子阵列。其工作原理是根据碱基配对的原理来检测样品的基因，也就是利用已知序列的核酸对未知序列的核酸序列进行杂交检测。DNA 探针技术属于点阵型基因芯片，它是在玻璃或塑料硅基片上制备已知碱基对序列的单链 DNA 分子。DNA 探针技术目前已经应用于食品中致病菌检验及转基因食品检测。实验室基因芯片是通过像制作集成电路那样的微缩技术，将样品制备、定性、定量分析等过程集于芯片上，使分析过程微型化、连续化，可以使生物学分析速度大大加快。

8. 其他速测方法

（1）生物学发光检测法　生物学发光检测法，利用细菌细胞裂解时会释放出 ATP，ATP 自细菌细胞释放出来后，使用荧光虫素和荧光虫素酶可使之释放出能量，这些能量产生磷光，光的强度就代表 ATP 的量，从而推断出菌落总数。

（2）物理性质检测法　王林等发明的便携式甲醇含量速测仪外表类似于折光仪，由镜筒、检测棱镜、盖板、取光筒、视度调节圈、目镜及含量刻度划分板组成。它的检测原理是随着水中乙醇浓度的增加，其折光率也有规律地上升，当甲醇存在时，折光率会随着甲醇浓度的增加而降低。检测时，只要将待测液涂抹于检测棱镜上，通过目镜即可直接读取甲醇含量。当酒中甲醇浓度超过 1% 时此设备即可适用。

（四）发展趋势

完善的食品安全保障体系应体现为：体系的完备，法律和法规及标准的健全，机构、人员和装备的完善，检验检测技术和仪器设备的先进，监控和检测的及时和有力。其中技术支撑是科学仪器和测试技术。目前我国速测技术的原理和仪器很多，但非常成熟和突出的不多，我国已产业化，成熟仪器更少。未来的研究方向可致力于以下几方面。

1. 免疫分析方法与仪器

免疫分析方法具有高特异性、准确性、快速等优点，能检测农药和兽药残留，检测致病菌、毒素以及转基因检测，检测仪器主要是酶联免疫仪，我国已有多家生产，该方法国内尚未能得到广泛使用的原因是仪器功能单一且进口试剂盒太贵，而国内缺乏完善的试剂盒。今后宜深入研究 ELISA 方法的各种影响因素，并向重组抗原、多项目标物、酶的定向改造和体外分子进化以及自动化酶联免疫技术方向发展。

2. 生物传感器以及分子印迹技术等新的速测技术

生物传感器功能多样化、微型化、智能化、集成化、低成本、高灵敏性、高识别性和实用性特点，引起国内外高度重视。种类很多、发展最快，已广泛应用的是SPR生物传感器，灵敏、快速、无需标记、便捷，实时。它与其他新技术强强结合将会推出一批新型的食品安全快速筛查、检测的仪器及相关方法。

3. 生物芯片及微缩芯片实验室

具有高通量、高灵敏度和快速等特性，国际上对其应用于食品安全、疾病诊断等方面予以极大关注。我国国家生物芯片中心等单位已开发并生产食源性致病菌检测、食源性病毒检测和兽药残留检测的生物芯片技术平台（仪器和试剂盒），将进一步面向现场、速测，并向微缩芯片实验室方向发展。

4. 特种电化学传感器

电化学传感器具有小巧、灵敏、多样化、低成本等优点，利用特种电化学传感器构建食品安全快速检测仪，国内外也都很重视，例如：将纳米技术和电化学技术有机结合，构建快速检测食品中有毒有害重金属的仪器；运用新型纳米过氧化物传感器和纳米金属/氧化物传感器，构成快速检测细菌总数和大肠杆菌的快速检测仪。这三种速测仪已列入国家科技支撑项目，且已出样机。

随着科学技术的发展，食品安全的快速检测方法在食品卫生检验方面起着越来越重要的作用。从长远的发展来看，免疫学、分子生物学、自动化和计算机技术的发展对建立更敏感快捷的食品安全检测方法起到了积极促进作用，建立食品安全快速检测方法，对食品生产、运输、销售过程中质量的监控具有十分重要的意义。这些速测技术的推广应用，不仅是对传统的食品安全检测技术的改进和提高，也使我们的食品质量安全有了进一步的保证，从而推动食品工业更加健康、快速地向前发展，改善人类的生活质量，满足人民提高身体健康水平的需要。

➢ 任务拓展

拓展一　重庆大学研发新型便携式细菌荧光检测芯片，可快速检测细菌多少。

拓展二　DB11/T 1467—2017《农产品质量安全快速检测实验室基本要求》（节选）。

拓展一

拓展二

➢ 复习思考题

1. 食品安全快速检测技术的定义是什么？
2. 食品安全快速检测一般流程或者步骤是什么？
3. 食品安全快速检测设备需在哪些方面进行改进？
4. 查找文献，列举1种新的食品安全快速检测技术在食品安全方面的应用？

任务三 食品安全快速检测样品的采集和制备

➢ 任务引入案例

金沙县市场监管局开展春节市场蔬菜水果快速检测

2018年2月1至7日，金沙县市场监管局为确保节日期间销售环节农产品质量安全，切实保障公众身体健康，开展了春节前农贸市场、超市农产品监测工作。主要监测区域为金沙川嘉地产农产品批发市场、河滨农贸市场、中心菜市场、酱园坝农贸市场、合力超市、喜洋洋超市等。以农贸市场、超市销售的蔬菜、水果、海鲜产品、水发食品等为监测对象。针对蔬菜及水果中是否含有农残及甲醛，水产品的养殖水中是否添加有孔雀石绿以及海鲜产品中是否有甲醛等农残和化学品。此次监测，现场快速检测采集品种29个，发现采集的样品中大头菜不合格，以作后续处理，其余产品未发现食品安全隐患。

➢ 任务介绍

食品安全快速检测样品检测的处理步骤包括样品采集、保存，样品的制备和前处理。据统计，在整个食品安全检测中，人们需要花费60%的时间用于样品前处理，并且几乎90%的误差来自于样品前处理。可见，样品前处理在食品安全分析与检测，尤其是在对痕量农残、兽残等检测中的重要性，如果样品前处理操作不当，使用任何先进的仪器也不可能得到准确的检测结果。由于快速检测对于阳性样本的检出通常是定性和半定量，因而其样品采集、保存与样品的制备和前处理通常较为简单，特别是现场快速检测时，为现场采样、即时检测。但基本的采样原则、样品保存方法及样品的制备和前处理所遵循的原则与常规检测方法是一致的。

（一）快速检测采样基础知识

食品采样的主要目的在于鉴定感官性质有无变化，食品的营养价值和卫生质量，包括食品中营养成分的种类、含量和营养价值，食品及其原料、添加剂、设备、容器、包装材料中是否存在有毒有害物质及其种类、性质、来源、含量、危害等，食品采样是进行营养指导、开发营养保健食品和新资源食品、强化食品的卫生监督管理、制定国家食品卫生质量标准以及进行营养与食品卫生学研究的基本手段和重要依据。

1. 基本概念

样品是指统计学意义上代表群体的一个部分。食品样品按其生产方式可分为农作物类样品、畜禽类样品和水产品类样品。农作物类样品包括谷物类、油料类、果品类、蔬菜类、茶叶类、食用菌类等；畜禽类样品包括肉类、蛋类、奶类、蜂蜜等；水产品样品包括鱼类、贝类、甲壳类、水生植物类等。

样品采集是食品安全快速检测的第一步，即样品的采集，简称采样（又称取样、抽样）。从大量的分析对象中抽取具有代表性的一部分样品作为分析材料（分析样品），称为样品的采集。所抽取的分析材料称为样品或试样。

采样是一个困难而且需要非常谨慎的操作过程。确保从大量的被检产品中采集到能代表整批被检物质的小量样品，必须遵循一定的规则，掌握适当的方法，并防止在采样过程中造成某种成分的损失或外来成分的污染。被检食品样品的状态可能有不同形态，如固态、液态或者固液混合等状态。固态样品有可能因为其颗粒大小、堆放位置不同而带来差异，液态样品可能因混合不均匀或分层而导致差异，采样时都应予以注意。

2. 采集样品的分类

按照样品采集的过程，依次可以得到检样、原始样品和平均样品三种。

（1）检样　由组批或货批中所抽取的样品。检样的多少，按该产品标准中检验规则所规定的抽样方法熟练执行。

（2）原始样品　把质量相同的许多份检样综合在一起称为原始样品。原始样品的数量根据受检物品的特点、数量和满足检验的要求而定。

（3）平均样品　原始样品经过混合平均，再均匀地抽取其中一部分供分析检验用，称为平均样品。

食品安全现场快速检测采样时必须注意样品的生产日期、批号、代表性和均匀性，采样数量应能满足样品检测项目的需求，从平均样品中分出 3 份，供检验、复检、备检或仲裁用。

食品安全快速检测样品通常分为客观样品和主观样品两大类：

客观样品为在经常性和预防性食品安全卫生监督管理过程中，为掌握食品安全卫生质量，对食品生产、流通环节进行定期或不定期抽样检测。通常包括：①食品生产流通过程中，原料、辅料、半成品及成品抽样检验的样品，包括生产企业自检和监督管理部门的检测；②食品添加剂的行政许可抽检样品；③新食品资源或新资源食品的样品等。

主观样品为针对可能不合格的某些食品或有污染食物中毒或消费者提供情况的可疑食品和食品原料，在不同场所选择采样。通常包括以下几种情况：①可能不合格食品及食品原料；②可能污染源，包括容器、用具、餐具、包装材料、运输工具等；③发生食品中毒的剩余食品，病人呕吐物、血液等；④已受污染或怀疑受到污染的食品或食品原料；⑤掺假、掺杂的食品；⑥过期食品以及消费者揭发的不符合卫生要求的食品。

3. 采样原则

为了检测总体样品的安全卫生状况，应注意采样的代表性原则，均衡地、不加选择地从全部批次的各部分随机性采样，不带主观倾向性。为了检验样品掺假、投毒或怀疑中毒的生物等，应注意采样的典型性原则，根据已掌握的情况有针对性地采样。当检出阳性样品或不合格样品时，应考虑采样方法是否正确。对检出的阳性样品或不合格样品，如需送实验室进一步确认，应按采样原则与采样数量送检。

为保证食品安全快速检测结果的准确与结论的正确，采样时一般要遵循代表性、典型性、适时性及程序性原则。

（1）样品采集的代表性原则　采集的样品应充分代表检测的总体情况，也就是通过对具体代表性样本的检测能客观推测食品的质量。食品分析中，不同种类的样品，或即使同一种类的样品，因品种产地、成熟期、加工及储存方法、保藏条件的不同，其成分和含量也会有显著性差异。因此，要保证检测结果的准确、结论的正确，首要条件就是采集的样品必须具有充分的代表性，能代表全部检验对象，代表食品的整体，否则，无论检验工作如何认真、准确都是毫无意义的，甚至会得出错误的结论。

（2）样品采集的典型性原则　采集能充分达到检测目的的典型样本，包括污染或怀疑污染的食品、掺假或怀疑掺假的食品、有毒或怀疑有毒的食品等。

（3）样品采集的适时性原则　因为不少被检物质总是随时间发生变化的，为了保证得到正确结论，应尽快检测，及时对重大活动的食品安全卫生提供保障，为食物中毒患者及时提供救治依据，如发生食物中毒，应立即赶到现场及时采样，否则不易采得中毒食品，在临床上也往往要等检出毒物后才能采用有针对性的解救药物进行抢救。因此，采样和送检的时间性是很重要的。

（4）样品采集的程序性原则　采样、检验、留样、报告均应按规定的程序进行，各阶段都要有完整的手续，责任必须分清。

（二）快速检测采样数量和方法

1. 快速检测采样数量

采样数量应能反映该食品的卫生质量和满足检验项目对试样量的需要，一式三份，供检验、复验、备查或仲裁，一般散装样品每份不少于0.5kg。

鉴于采样的数量和规则各有不同，一般可按下述方法进行。

（1）液体、半流体饮食品　如植物油、鲜乳、酒或其他饮料，如用大桶或大罐盛装者，应先进行充分混匀后采样。样品应分别盛放在三个干净的容器中，盛放样品的容器不得含有待测物质及干扰物质。

（2）粮食及固体食品　应自每批食品的上、中、下三层中的不同部位分别采取部分样品，混合后按四分法对角取样，再进行几次混合，最后取有代表性样品。

（3）肉类、水产等食品　应按分析项目要求分别采取不同部位的样品或混合后采样。

（4）罐头、瓶装食品或其他小包装食品　应根据批号随机取样。同一批号取样件数，250g以上的包装不得少于6个，250g以下的包装不得少于10个。掺伪食品和食物中毒的样品采集，要具有典型性。

2. 快速检测采样的一般方法

食品分析检验结果的准确与否通常取决于两个方面：①采样的方法是否正确；②采样的数量是否得当。因此，从整批食品中采取样品时，通常按一定的比例进行。确定采样的数量，应考虑分析项目的要求、分析方法的要求和被分析物的均匀程度三个因素。一般平均样品的数量不少于全部检验项目的四倍；检验样品、复验样品和保留样品一般每份数量不少于0.5kg。检验掺伪物的样品，与一般的成分分析的样品不同，分析项目事先不明确，属于捕捉性分析，因此相对来讲，取样数量要多一些。

由于食品数量较大，而且目前的检测方法大多数具有破坏作用，故不能对全部食品进行校验，必须从整批食品中采取一定比例的样品进行校验。从大量的分析对象中抽取具有代表性的一部分样品作为分析化验样品，这项工作即称为样品的收集或采样。食品的种类繁多，成分复杂。同一种类的食品，其成分及其含量也会因品种、产地、成熟期、加工或保藏条件不同而存在相当大的差异；同一分析对象的不同部位，其成分和含量也可能有较大差异。

采样通常有两种方法：随机抽样和代表性取样。随机抽样是按照随机的原则，从分析的整批物料中抽取出一部分样品。随机抽样时，要求使整批物料的各个部分都有被抽到的机会。代表性取样则是用系统抽样法进行采样，即已经掌握了样品随空间（位置）和时间变化的规律，按照这个规律采取样品，从而使采集到的样品能代表其相应部分的组成和质量，如对整批物料进行分层取样、在生产过程的各个环节取样、定期从货架上采取陈列不同时间的食品的取样等。

3. 快速采样步骤

样品通常可分为检样、原始样品和平均样品。采集样品的步骤一般分五步，如图1-2所示，依次如下。

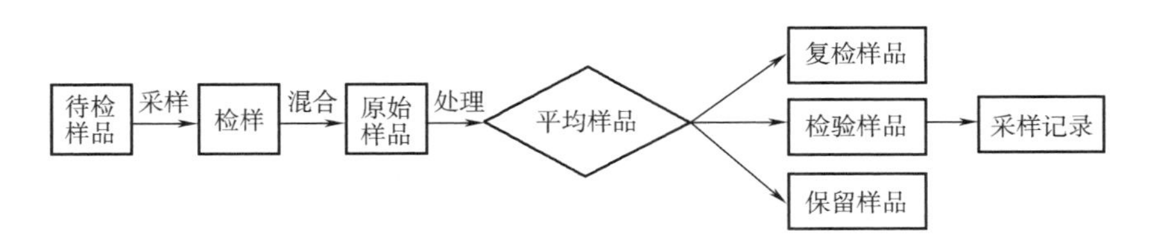

图1-2　采样步骤

（1）获得检样　由分析的整批物料的各个部分采集的少量物料成为检样。

（2）形成原始样品　许多份检样综合在一起称为原始样品。如果采得的检样互不一致，则不能把它们放在一起做成一份原始样品，而只能把质量相同的检样混在一起，做成若干份原始样品。

（3）得到平均样品　原始样品经过技术处理后，再抽取其中一部分供分析检验用的样品称为平均样品。

（4）平均样品三分　将平均样品平分为三份，分别作为检验样品（供分析检测使用）、复验样品（供复验使用）和保留样品（供备查或查用）。

（5）填写采样记录　采样记录要求详细填写采样的单位、地址、日期、样品的批号、采样的条件、采样时的包装情况、采样的数量、要求检验的项目以及采样人等资料。

4. 典型产品的取样方法

（1）均匀固体物料（如粮食、粉状食品）

①有完整包装（袋、桶、箱等）的物料：可先按（总件数/2）1/2 确定采样件数，然后从样品堆放的不同部位，按采样件数确定具体采样袋（桶、箱），再用双套回转取样管插入包装容器中采样，回转180°取出样品；再用“四分法”将原始样品做成平均样品，四分法取样如图1－3所示，即将原始样品充分混合均匀后堆集在清洁的玻璃板上，压平成厚度在3cm以下的形状，并划成对角线或十字线，将样品分成四份，取对角线的两份混合，再分为四份，取对角的两份。这样操作直至取得所需数量为止，此即是平均样品。

②无包装的散堆样品：先划分若干等体积层，然后在每层的四角和中心点用双套回转取样器各采取少量检样，再按上述方法处理，得到平均样品。

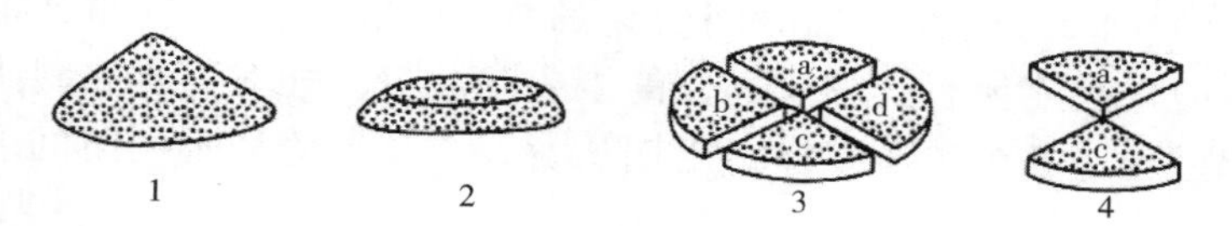

图1－3　四分法取样图解

（2）较稠的半固体物料（如稀奶油、动物油脂、果酱等）

这类物料不易充分混匀，可先按（总件数/2）1/2 确定采样件（桶、罐）数，打开包装，用采样器从各桶（罐）中分上、中、下三层分别取出检样，然后将检样混合均匀，再按上述方法分别缩减，得到所需数量的平均样品。

（3）液体物料（如植物油、鲜乳等）

①包装体积不太大的物料：可先按（总件数/2）1/2 确定采样件数。开启包装，用混合器充分混合（如果容器内被检物不多，可用由一个容器转移到另一个容器的方法混合）。然后用长形管或特制采样器从每个包装中采取一定量的检样；将检样综合到一起后，充分混合均匀形成原始样品；再用上述方法分取缩减得到所需数量的平均样品。

②大桶装的或散（池）装的物料：这类物料不易混合均匀，可用虹吸法分层（大池的还应分四角及中心五点）取样，每层500mL左右，得到多份检样；将检样充分混合均匀即得原始样品；然后，分取缩减得到所需数量的平均样品。

(4) 组成不均匀的固体食品(如肉、鱼、果品、蔬菜等)　这类食品各部位组成极不均匀,个体大小及成熟程度差异很大,取样更应注意代表性,可按下述方法采样。

①肉类:根据分析目的和要求不同而定。有时从不同部位取得检样,混合后形成原始样品,再分取缩减得到所需数量的代表该只动物的平均样品;有时从一只或很多只动物的同一部位采取检样,混合后形成原始样品,再分取缩减得到所需数量的代表该动物某一部位情况的平均样品。

②水产品:小鱼、小虾可随机采取多个检样,切碎、混匀后形成原始样品,再分取缩减得到所需数量的平均样品;对个体较大的鱼,可从若干个体上切割少量可食部分得到检样,切碎、混匀后形成原始样品,再分取缩减得到所需数量的平均样品。

③果蔬:体积较小的(如山楂、葡萄等),可随机采取若干个整体作为检样,切碎、混匀形成原始样品,再分取缩减得到所需数量的平均样品;体积较大的(如西瓜、苹果、菠萝等),可按成熟度及个体大小的组成比例,选取若干个个体作为检样,对每个个体按生长轴纵剖分4份或8份,取对角线2份,切碎、混匀得到原始样品,再分取缩减得到所需数量的平均样品;体积蓬松的叶菜类(如菠菜、小白菜等),由多个包装(一筐、一捆)分别抽取一定数量的检样,混合后捣碎、混匀形成原始样品,再分取缩减得到所需数量的平均样品。四分法取样图解如图1-3所示。

(5) 小包装食品(罐头、袋或听装奶粉、瓶装饮料等)　这类食品一般按班次或批号连同包装一起采样。如果小包装外还有大包装(如纸箱),可在堆放的不同部位抽取一定量(总件数/2)1/2大包装,打开包装,从每箱中抽取小包装(瓶、袋等)作为检样;将检样混合均匀形成原始样品,再分取缩减得到所需数量的平均样品。

(三) 快速检测样本制备和前处理

样本的制备和前处理,两者没有本质上的区别,是指样本分析测定之前的一系列准备工作,包括样本的整理、清洗、匀化、缩分、粉碎、匀浆、提取、净化、浓缩、衍生化等一系列过程,有时为方便,将样本整理、清洗、匀化、缩分等步骤称为样本制备,而将粉碎、匀浆、消化、提取、净化、浓缩等步骤称为样本前处理。

1. 快速检测样本制备的一般方法

粮食、烟叶、茶叶等干燥产品:将样本全部磨碎,也可以四分法缩分,取部分样本磨碎,全部通过20目筛,四分法再缩分。

肉食品类:切细,绞肉机反复绞三次,混合均匀后缩分。

水产、禽类:将样本各取半只,去除非食用部分,食用部分切细,绞肉机反复绞三次,混合均匀后缩分。

罐头食品：开启罐盖，若是带汁罐头（可供食用液汁），应将固体物与液汁分别称重，罐内固体物应去骨、去刺、去壳后称重，然后按固体与液汁比，取部分有代表性数量，置捣碎机内捣碎成均匀的混合物。

蛋和蛋制品：鲜蛋去壳，蛋白和蛋黄充分混匀。其他蛋制品，如粉状物经充分混匀即可。皮蛋等再制蛋，去壳后，置捣碎机内捣碎成均匀的混合物。

水果、蔬菜类：如有泥沙，先用水洗去，然后除去表面附着的水分，取食用部分，沿纵轴剖开，切成四等份，取相对的两块，切碎，混匀，取部分置于捣碎机内捣碎成均匀的混合物。

花生仁、桃仁：样本用切片器切碎，充分混匀，四分法缩分。

2. 快速检测样本前处理

（1）粉碎　粉碎是用绞肉机、磨粉机、粮谷粉碎机等将块状的或颗粒较大的动植物样本细化的过程，目的是增大样本表面积，有利于待测组分的提取。

（2）提取　提取是使待测组分与样品分离的过程。提取的方法较多，有静置法、匀浆法、振荡。常用到的预处理过程包括粉碎、溶剂浸提、净化、物理及化学分离等。

主要的提取方法：

①振荡浸渍法：将样品切碎，放在合适的溶剂系统中浸渍，振荡一定时间，即可从样品中提取出被测成分。

②捣碎法：将切碎的样品放入捣碎机中加溶剂捣碎一定时间，使被捣成分提取出来。此法回收率高，但干扰杂质溶出较多。

③表面浸泡法：将浸提液滴加在样品表面浸渍一定时间，使样品表面的待测成分被提取出来，然后进行检测。此法精确度不高，对采样要求较高。

（3）净化　经过提取的待测组分，提取物中通常含有与该组分结构相似的杂质，将待测组分与杂质分离的过程，称为净化。该步骤是样本前处理的技术难点，也是关系到检测结果的真实性及检测方法可靠性的重要步骤。主要方法有固相萃取法、液－液分配法、化学处理法、扫集共蒸馏法、低温冷冻净化法、前置色谱柱净化法等。

（4）浓缩　由于净化过程所引入的溶剂，可能会降低待测组分的浓度或不适宜直接进样，需要去除部分或全部溶剂及进行溶剂转换，此过程为浓缩或富集，主要通过旋转蒸发器蒸干或惰性气体（如氮气）吹干除去溶剂。

（四）快速检测样本保存

1. 要保持样本原来的状态

样本应尽量从原包装中采集，不要从已开启的包装内采集。从散装或大包装内采集的样本如果是干燥的，一定要保存在干燥清洁的容器内，不要同有异味的样本一同保存。

装载样本的容器可选择玻璃的或塑料的，可以是瓶式、试管式或袋式。容器必须完整无损，密封不漏出液体。专供病原学检验样本的容器，使用前彻底清洁干净，必要时经清洁液浸泡，冲洗干净以后以干热或高压灭菌并烘干，如选用塑料容器，能耐高压的，经高压灭菌，不能耐高压的经环氧乙烷熏蒸或紫外线20cm、2h直射灭菌后使用。根据检验样本的性状及检验的目的选择不同的容器，一个容器装量不可过多，尤其液态样本不可超过容量的80%，以防冻结时容器破裂。装入样本后必须加盖，然后用胶布或封箱胶带固封。如是液态样本，在胶布或封箱胶带外还须用融化的石蜡加封，以防液体外泄。如果选用塑料袋，则应用两层袋，分别用线结扎袋口，防止液体流出或流入水污染样本。

2. 易变质的样本要冷藏

易腐食品在温度较高的情况下采样，一定要有冷藏保存，防止在送到检验室前发生变质。

3. 特殊样本要在现场进行处理

如做霉菌检验的样本，要保持湿润，可放在1%甲醛溶液中保存，也可储存在5%乙醇溶液或稀乙酸溶液里。

➢ 任务实操

实操一　变质鸡蛋鉴定采样记录

1. 方法原理

鲜蛋采样，可根据具体实验要求，选择取样方式。

2. 适用范围

鸡蛋、鸭蛋等蛋品品质鉴定。

3. 样品处理

鸡蛋去壳，蛋白和蛋黄充分混匀。

4. 检测步骤

记录采样前应了解该批食品的原料来源、加工方法、运输储藏条件、销售中各个环节的卫生状况。如外地进入的食品应审查该批食品的有关证件，包括商标、送货单、质量检验证书、兽医卫生证书、检疫证书、监督机构的检验报告等，并对该批食品进行感官检查，做好现场记录（见表1-1）。

采样完毕整理好现场后，将采好的样本分别盛装在容器或牢固的包装内，在容器盖接处或包装上进行签封，可以由采样人或采样单位签封。每件样本还必须贴上标签，明确标记品名、来源、数量、采样地点、采样人、采样日期等内容。如样本品种较少，应在每件样本上进行编号，所编的号码应与采样收据和样本名称或编号相符。

表 1-1　　现场采样记录表

______采样记录表

采样单位（章）：

<table>
<tr><td>样品名称</td><td></td><td>被采样单位</td><td></td></tr>
<tr><td>采样时间</td><td></td><td>样本产地</td><td></td></tr>
<tr><td>采样地点</td><td></td><td>商标</td><td></td></tr>
<tr><td>采样数量</td><td></td><td>生产日期</td><td></td></tr>
<tr><td>样品编号</td><td></td><td>样本状态</td><td></td></tr>
<tr><td colspan="4">采样方法：

被采样单位负责人：</td></tr>
<tr><td colspan="4">备注：</td></tr>
</table>

采样人签名：　　　　　　　　　　　　　　　　　　　　采样日期：

采样单一式两份，一份交被采样单位，一份由采样单位保存。采样单内容包括：

（1）被采样单位名称；

（2）样本名称、编号；

（3）被采样产品的生产日期（批号）；

（4）采集样本数量；

（5）采样单位（盖章）及采样人（签字）；

（6）被采样单位负责人签名。

5. 结果判定

无。

6. 注意事项

（1）随机选取鸡蛋；

（2）采样数量不少于三套，每套应至少为 2 个；

（3）详细记录表 1-1。

实操二　草莓农药残留快速检测样品的制备与预处理

1. 方法原理

采用匀浆法对草莓样品进行破碎，溶剂提取法提取农药类成分。

2. 适用范围

水果、蔬菜等样品的农药残留检测。

3. 样品处理

随机选取有代表性的样品。

4. 检测步骤

（1）将草莓样品用均质器制成匀浆。

（2）样品预处理　称取制备的样品10.0g，加入20mL乙腈，离心分离1min，加入3g氯化钠，剧烈振摇1min，静置分层30min，观察分层情况。

（3）净化浓缩　准确吸取上层溶液5mL，将氮吹仪温度调至80℃。调整氮气流速，缓慢吹干。

（4）认真填写相关表格。

5. 结果判定

无。

6. 注意事项

（1）随机选取草莓样品；

（2）采样数量不少于三组，每组应至少为2个；

（3）以团队形式完成采样处理工作，并详细填写表1－2至表1－6内容。

表1－2　　采样方案设计表

组长		组员			
学习项目					
学习时间		地点		指导教师	
准备内容	采样方案				
	采样工具				
具体步骤					

表1－3　　采样工作分工表

姓名	工作分工	完成时间	完成效果
			☆☆☆☆☆
			☆☆☆☆☆
			☆☆☆☆☆
			☆☆☆☆☆
			☆☆☆☆☆
			☆☆☆☆☆

注：给几颗星，涂满。

表 1 -4　　采样工具统计表

工具名称	型号	数量/个	使用前情况	使用后情况

表 1 -5　　食品样品采样单

检测类别	样品名称		
样品编号	商标		
采样日期	采样地点		
样品基数	采样量		
采样部位	采样方式		
包装方法	签封标志	完好	不完好

采样时的环境条件和气候条件

遇到的问题及解决方案

抽样人及被抽样单位（人）仔细阅读下面的文字，确认后签字：

我认真负责地填写（提供）以上的内容，确认填写的内容及所抽样品的真实、可靠。

被抽样（单位）人盖章或签名　　　　抽样单位盖章

抽样人签名

年　月　日　　　　年　月　日

此单一式三份，第一联存根（或交任务下达部门），第二联随样品，第三联由被抽样单位保存。

表 1 -6　　回收登记表

组号	使用材料	使用情况	所用工具	使用情况	所用仪器	使用情况

> 任务拓展

拓展

国家食品安全抽样检验抽样单。

> 复习思考题

1. 食品安全快速检测样品采集原则和注意事项是什么？
2. 食品安全快速检测样品采集的方法有哪些？
3. 农产品综合市场、大型超市等销售场所，如何对蔬菜、水果、肉制品等产品进行采样？
4. 食品安全快速检测样品前处理的方法有哪些？

任务四 食品安全快速检测的数据处理

> 任务引入案例

唐山2018年6月实现食品安全快速检测全覆盖

唐山市食安办、食药监局近日联合印发通知，全面推进集中交易市场食品及食用农产品快速检测工作，计划今年6月份，唐山全市所有食品及食用农产品批发市场（零售市场）、标准化菜市场、农贸市场和各类集市市场（早市、农村大集等）全部建立快检室并配备快检设备，实现食品及食用农产品通过快速检测入场的工作目标。

据了解，快速检测室统一建设标准，面积要达到4平米以上，配备2名专（兼）职检验人员，以及与检测工作量相适应的检验设备，至少具备农药残留、肉类水分、瘦肉精、甲醛、孔雀石绿等几十个基本项目。同时统一检测要求，建立检测制度和检测规程，每次检测数量不少于入场食品及食用农产品的20%。对于无检测报告、产地证明、购货凭证三者之一的食用农产品，做到批批检测。建立检测记录档案，及时、准确、真实、规范地记录检测过程和数据。检测记录保存期限不少于1年。同时各集中交易市场要在卖场醒目位置，公示每天的食品及食用农产品检测结果，自觉接受群众监督。

据悉，对检测合格的食品及食用农产品允许进入市场正常销售；对检测不符合食品安全标准的食品及食用农产品，销售者立即停止销售，并按规定进行无公害化处理，同时向当地食品安全监督管理部门报告。

➢ 任务介绍

当前，多个省份已实现食品安全快速检测全覆盖，对于检测人员的要求也越来越高。在任何一项检测分析中，采用同一种方法，测定同一样品，虽然经过多次测定，但是测定结果总不会是完全一样的，这说明测定中有误差，为此我们必须了解检测数据真实性的表示方法，尽可能地将误差减小到最小，以提高分析结果的准确性。

➢ 任务实操

实操一　计算原料乳中三聚氰胺的快速检测数据

1. 方法原理

依据 GB/T 22400—2008《原料乳中三聚氰胺快速检测　液相色谱法》；通常情况下计算结果保留三位有效数字；结果在 0.1 ~ 1.0mg/kg 时，保留两位有效数字；结果小于 0.1mg/kg 时，保留一位有效数字。

2. 适用范围

液相色谱法快速检测原料乳中三聚氰胺的方法。

3. 样品处理

无。

4. 计算步骤

（1）高效液相色谱法测定原料乳中三聚氰胺计算公式：

$$X = c \times \frac{V}{m} \times \frac{1000}{1000}$$

式中：X——原料乳中三聚氰胺的含量，mg/kg；

c——从校准曲线得到的三聚氰胺溶液的浓度，mg/L；

V——试样定容体积，mL；

m——样品称量质量，g。

（2）依据计算公式和原始数据记录表 1－7 计算原料乳中三聚氰胺的含量。

表 1－7　原始数据记录表

样品名称	平行次数	样品质量 m /g	定容体积 V /mL	峰面积对应的三聚氰胺溶液的浓度/(mg/L)	样品中三聚氰胺的含量 X /(mg/kg)	样品中三聚氰胺的平均含量 X/(mg/kg)
原料乳 1	1	14.99	50.00	0.12		
	2	14.96	50.00	0.11		
	3	14.98	50.00	0.12		

续表

样品名称	平行次数	样品质量 m /g	定容体积 V /mL	峰面积对应的三聚氰胺溶液的浓度/(mg/L)	样品中三聚氰胺的含量 X /(mg/kg)	样品中三聚氰胺的平均含量 X/(mg/kg)
原料乳2	1	15.01	50.00	0.05		
	2	15.03	50.00	0.06		
	3	15.00	50.00	0.05		
鲜牛乳	1	15.05	50.00	0.01		
	2	15.04	50.00	0.01		
	3	15.02	50.00	0.01		

5. 结果判定

无。

6. 注意事项

（1）有效数字的保留。

（2）数值修约规则的应用。

➢ 任务拓展

GB/T 8170—2008《中华人民共和国国家标准——数值修约规则与极限数值的表示和判定》。

拓展

➢ 复习思考题

1. 食品安全快速检测数据的精密度和准确度对结果有什么影响？
2. 在食品安全快速检测过程中，采用哪些方法确保数据的准确性？

模块二

日常食品安全快速检测

【模块介绍】

2015 年 10 月 1 日实施的《中华人民共和国食品安全法》第一百一十二条规定县级以上人民政府食品药品监督管理部门在食品安全监督管理工作中可以采用国家规定的快速检测方法对食品进行抽查检测。同时在第八十八条也提到可以采用国家规定的快速检测方法对食用农产品进行抽查检测。

食品快检是基层食品安全监管工作的辅助技术手段，在日常检查、重大活动保障、案件查办等工作中发挥着重要作用。我国正在加快推进食品快速检测方法制定工作。快速检测技术正迅速推广，成为各领域食品安全第一道防线。

项目一 粮油的快速检测

知识要求

1. 了解粮油快速检测的优点及意义。
2. 了解粮油速测技术的进展。

能力要求

1. 应用各种检测技术进行粮油的检测。
2. 熟练分析粮油的快速检测结果。

教学活动建议

1. 广泛搜集粮油快速检测相关的资料。
2. 关注食品企业使用粮油快速检测技术的新信息。

【认识项目】

民以食为天，食以安为先。作为日常生活中重要的主食和副食，粮油的安全尤为重要。近年来时有镉大米、掺假米、地沟油的报道惶恐人心。如何利用快速检测技术，迅速检测粮油及其制品中的黄曲霉毒素、重金属、微生物、漂白粉含量及检测它们的新鲜度、掺伪等情况具有十分重要的意义。

任务一　大米及其制品质量与安全问题的快速检测

➢ 任务引入案例

光明新区高级中学食堂问题大米

光明食品药品监督管理局于2017年9月6日上午对光明新区高级中学食堂问题大米进行了执法抽检并委托深圳市计量质量检测研究院依据国家标准GB 2715—2016检测，共计2个品种3个批次的样品，其中标称“江苏大米”（徐州顺达食品有限公司，批号20170718）2个批次，标称“仙桃香米”（徐州顺达食品有限公司生产，批号20170801）1个批次，检测项目包括色泽气味、霉变粒、无机砷、总汞、铅、镉、铬、黄曲霉毒素B_1、赭曲霉毒素A共计9个项目。检验结果表明，标称“江苏大米”的2个批次，9个检测项目均合格，结果判定为合格；标称“仙桃香米”的1个批次，感官指标“色泽气味”一项不合格，其他项目合格，结果判定为不合格。

➢ 任务介绍

稻谷是我国各族人民日常生活中最广泛食用的粮食之一，也是我国战略储备粮食的主要品种之一。由于它在人们日常生活中所占的重要地位，一些不法厂商利用各种非法手段，将更新粮食储备替换下来的陈化粮、超过储存期限或因保管不善造成霉变的大米，掺加在新鲜大米中出售，甚至采用液体石蜡、矿物油进行加工后冒充新鲜大米出售，严重危害人民群众的身心健康。做好大米新鲜度的检测监管，保证人民群众的食用安全，确保身心健康，是广大食品安全检测人员的重要任务之一。

陈化粮是指储存品质明显下降，一般不宜直接作为口粮食用的粮食。近年来，国家各职能部门大力监督，及新闻媒体的广泛关注和宣传，直接用陈化粮加工成大米作为口粮在市场上流通的现象已经杜绝了。但陈化粮加工大米仍有暴利可图，不法厂家、商家还是铤而走险，用陈化粮加工大米。其手段主要是将陈化粮按照一定比例掺入稻谷中加工成大米，在市场上流通销售。这种做法不易为广大消费者所察觉，潜在危害较大。

➢ 任务实操

实操一　大米新鲜度及新陈率的快速检测

方法一　感官检测

感官鉴别大米（谷类）等质量的优劣时，一般依据色泽、外观、气味、滋味等项目进行综合评价。眼睛观察可感知大米颗粒的饱满程度，是否完整均匀，质地的紧密与疏松程度，以及其本身固有的正常色泽，并且可以看到有无霉变、虫蛀、杂质、结块等异常现象，鼻嗅和口尝则能够体会到大米的气味和滋味是否正常，有无异臭异味。其中，注重观察其外观与色泽在对大米感官鉴别时有着尤为重要的意义。

1. 色泽鉴别

进行大米色泽感官鉴别时，应将样品在黑纸上撒一薄层，仔细观察其外观并注意有无生虫及杂质。

优质大米：呈青白色或精白色，具有光泽，呈半透明状。

次质大米：呈白色或微淡黄色，透明度差或不透明。

劣质大米：霉变的米粒色泽差，表面呈绿色、黄色、灰褐色或黑色等。

2. 外观鉴别

优质大米：大小均匀，坚实丰满，粒面光滑、完整，很少有碎米，爆腰（米粒上有裂纹）、腹白（米粒上乳白色不透明部分叫腹白，是由于稻谷未成熟，淀粉排列疏松，糊精较多而缺乏蛋白），无虫，不含杂质，如图 2－1 所示。

次质大米：米粒大小不均，饱满程度差，碎米较多，有爆腰和腹白粒，粒面发毛、生虫、有杂质，如图 2－2 所示。带壳粒含量超过 20 粒/kg。

劣质大米：有结块、发霉现象，表面可见霉菌丝，组织疏松，如图 2－3 所示。

3. 气味鉴别

进行大米气味的感官鉴别时，可取少量样品于手掌上，用嘴向其中哈一口热气，然后立即嗅其气味。

优质大米：具有正常的香气味，无其他异味。

次质大米：微有异味。

图2-1　优质大米

图2-2　次质大米

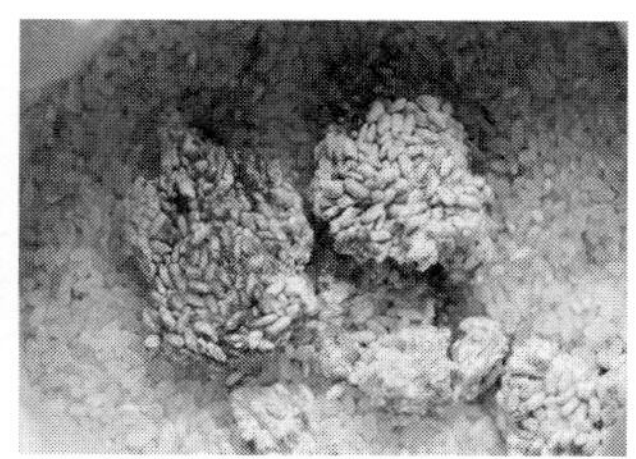
图2-3　劣质大米

劣质大米：有霉变气味、酸臭味、腐败味及其他异味。

4. 滋味鉴别

进行大米滋味的感官鉴别时，可取少量样品细嚼，或予以磨碎后再品尝。遇有可疑情况时，可将样品加水煮沸后再品尝。

优质大米：味佳，微甜，无任何异味。

次质大米：乏味或微有异味。

劣质大米：有酸味、苦味及其他不良滋味。

方法二　理化检测

1. 方法原理

大米或米粉在储藏过程中会发生变化，除口感渐差外，还可能产生一些有毒有害物质，如过氧化物、黄曲霉毒素等。大米随着储存时间的延长及储存条件不当，逐渐氧化，光泽减退、酸度增加；香味消失、黏性下降、蒸煮品质变差，这就是大米的陈化。新鲜大米是指保持最佳成熟度特性的大米，其特征是：脂肪等化学成分未被分解，蒸煮食用时具有新米的香气与黏性。大米随着储藏时间的增长，其中的脂肪被氧化生成脂肪酸，从而使酸度增加，pH 随之下降。目前，评定大米陈化的技术标准尚未出台，报批稿规定脂肪酸值 >37% 为陈化，新米的 pH 在 6.5～6.8，而陈米的 pH 在 5.8～6.8。37% 相当于滴瓶标签色卡上"三年及三年以上米"的最后一个色阶，新鲜大米样品液颜色由红色转为绿色，陈化米样品液颜色由红色转为黄色甚至橙色。

三种常用的酸碱指示剂显色范围见表2-1。

表2-1　酸碱指示剂显色范围

溴百里酚蓝（BTBT）	pH6.5～7.6（黄-蓝）
甲酚红（CR）	pH6.2～8.0（亮黄-紫红）
甲基红（MR）	pH4.4～6.2（红-黄）

2. 适用范围

适用于米、米粉等米制品新陈度的快速检测。

3. 样品处理

原样处理。

4. 检测步骤

(1) 试纸　用试纸检测大米新陈度方法如图 2－4 所示。

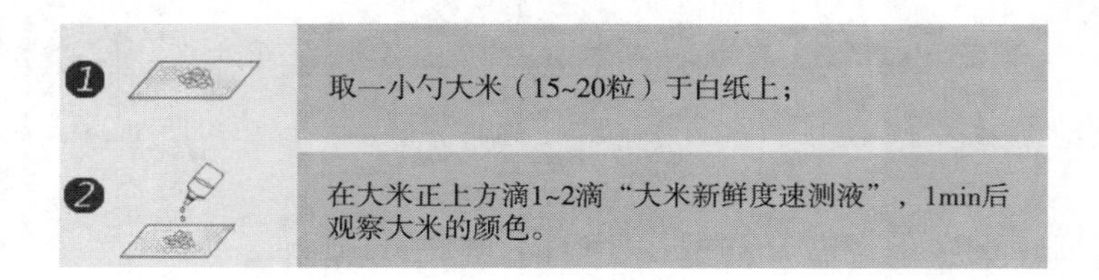

图 2－4　大米新鲜度试纸法操作步骤

(2) 试管　用试管检测大米新陈度如图 2－5 所示。

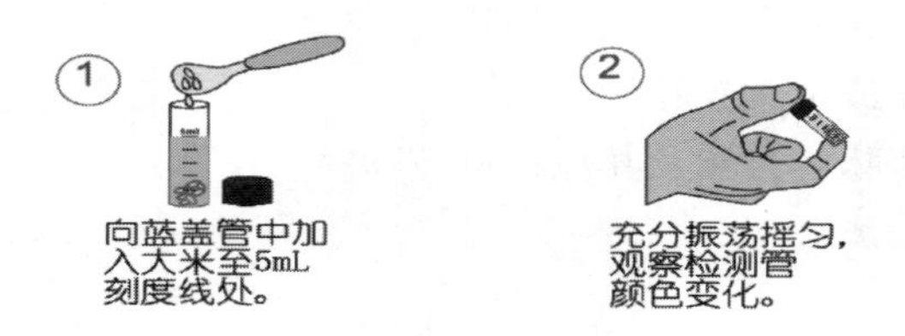

图 2－5　大米新鲜度试管法操作步骤

5. 结果判定

新鲜大米为绿色，越新鲜颜色越绿；陈米为黄色至橙色，越不新鲜颜色越偏向于橙色。可对照标准色板进行判定。

6. 注意事项

(1) 试剂瓶底有沉淀，使用前需摇匀。

(2) 10min 内要完成结果判断，不能放置时间太长，否则可能影响结果判断的准确性。

(3) 每次检测完毕后，塑料刻度吸管、管制瓶应清洗干净，晾干备用。

(4) 新鲜度与储藏条件有关，本检测结果表示正常储存条件下大米和米制品的新鲜度。本法为现场快速检测，精确定量需在实验室中进行。

(5) 本试剂无毒，如有皮肤接触，冲洗干净即可。

实操二　大米中石蜡、矿物油的快速检测

陈化米的表面色泽暗淡，加入石蜡、液体石蜡或其他矿物油混合后可使表面光滑亮丽，但却掩盖了陈化米中可能存在的霉菌毒素。液体石蜡来源于石油分馏的产物，对人体的肠胃有刺激作用，食用后会导致腹部不适、腹泻，偶有恶心呕

吐，甚至有致畸、致癌的危险。一些不法商贩为了牟取暴利，利用液体石蜡对原来色泽灰暗、甚至有霉点的大米进行“加工”，使陈米变得晶莹透亮，从而冒充新米在市场上销售，严重损害了消费者的经济利益和身体健康。

方法一　物理法

1. 方法原理

固体石蜡的熔点为50～65℃。常温下，矿物油不溶于水，且密度低于水。在70℃以上的热水中会溶解，温度下降后石蜡会再次凝固而浮于水上，矿物油溶解后也浮于水上。

2. 适用范围

石蜡或液体石蜡源于石油分馏产物，属矿物油类。纯度较高的产品可用于医药和化妆品中，低级产品中所含杂质较高，如果掺入食品，对人体有害。

3. 样品处理

原样处理。

4. 检验步骤

（1）取大米于样品杯中一半体积（铺满烧杯底部）；

（2）加入70℃以上的热水至样品杯近满处；

（3）用洁净牙签轻轻搅动30s以上；

（4）静置片刻使溶液温度降低到50℃以下（固体石蜡的熔点为50～65℃）。

5. 结果判断

如果样品中掺有石蜡，液面上会出现细微的油珠，随着温度的降低和时间的延长，液体石蜡的油珠聚集加大，固体石蜡的油珠会结成白色片状物浮于液面上。

6. 注意事项

必要时可做对照实验。发现阳性样品时，可送实验室进一步验证。

方法二　试剂盒法

1. 方法原理

石蜡来源于石油分离的产物，属于较高级的直链烷烃，而大米中油脂系高级脂肪酸的甘油酯，在加入本速测试剂后，大米中油脂被皂化后溶于水，而石蜡不会被皂化，呈现浑浊或有油状物析出。

2. 适用范围

适用于陈化米中加入液体石蜡的快速检测。

3. 样品处理

原样处理。

4. 检测步骤

（1）称取大米1g加入到10mL比色管中，加入5滴指示剂A和5mL指示剂B。

（2）比色管不加盖，于80℃左右水浴中加热，约10min。

（3）取出比色管，加入纯净水或蒸馏水5mL，不用摇动。

（4）静置观察。

5. 结果判定

发现有白色浑浊现象时为阳性，证明陈化米中含有石蜡，反之为阴性。

6. 注意事项

（1）本方法为现场快速检测方法，不合格样品应送实验室用标准方法加以确认。

（2）指示剂 A 有强腐蚀性，避免与皮肤、眼、鼻及口腔等部位接触，如误入眼中，请立即用大量清水冲洗。

（3）实验时，可用阴性样品作空白对照。

（4）实验中，若没有水浴，可以取一杯开水，然后将比色管放置开水中约 10min。

实操三　大米中黄曲霉毒素的快速检测

粮食在储存、运输中管理不善，水分过高、温度过高时极易发霉。一般情况下，对比人工合成培养基，霉菌更易于在天然食品中繁殖，但不同的菌种易在不同的食品中繁殖。大米、面粉、玉米、花生和发酵食品中，主要是曲霉、青霉，个别地区以镰刀菌为主。玉米、花生中黄曲霉及其毒素检出率较高，小麦和玉米以镰刀菌及其毒素污染为主，青霉及其毒素主要在大米中出现。

方法一　感官检验

市售粮曾发现，有人将发霉米掺入好米中销售，也有人将发霉米漂洗之后销售，进口粮中也曾发现霉变米。感官检验霉变米的方法是，看是否有霉斑、霉变臭味，米粒表面是否有黄、褐、黑、青斑点，胚芽部位是否有霉变变色，如果有上述现象，说明待检测米是霉变米。

（1）色泽　发了霉的米，其色泽与正常米粒不一样，它呈现出黑、灰黑、绿、紫、黄、黄褐等颜色。

（2）气味　好米的气味正常，霉变米有一股霉气味。

（3）品尝　好米煮成饭，食之有一股米香味，霉变的米，食之有一股霉味。

方法二　理化检验：霉菌孢子的检验

1. 适用范围

适用于大米样品中霉变大米的检测。

2. 样品处理

原样处理。

3. 检验步骤

取 10g 待测样品置于三角瓶中，加生理盐水 100mL，放数粒玻璃珠，于振荡器上振荡 20min，即成 1∶10 的菌悬液。然后再用生理盐水以 1∶100、1∶1000 和 1∶10000 稀释度进行稀释。取各稀释度的稀释液 1mL 注入无菌平皿中，各做两个平行样。

再将冷却至45℃左右的改良蔡氏培养基倒入平皿中，轻轻转动，使菌液与培养基混合均匀。待凝固后翻转平皿，置于28℃温箱中培养3~5d，菌落长出后，选取每皿菌数20~100个的稀释度的平皿，计算菌落总数，并观察鉴定各类真菌。

4. 结果判定

正常霉菌孢子计数≤1000个/g；10^3~10^5个/g为轻度霉变；若≥10^5个/g为重度霉变。

5. 注意事项

经漂洗后的霉变米，用该法测定不能反映真实情况。

方法三　快速检测方法

利用免疫层析技术原理来定性检测粮食、饲料及粮食发酵产物中的黄曲霉毒素 B_1 残留，具有操作简单、检测时间短、可通过肉眼直接判读结果的特点。具体方法见本教材模块三中项目三的任务一。

实操四　小米加色素的速测技术

小米是一种营养丰富的粮食，蛋白质含量高于大米和玉米，脂肪、热量、硫胺素和维生素E含量高于大米和小麦粉，用它煮饭或熬粥，色、香、味俱佳，并容易为人体消化吸收，是孕妇及老、弱、婴儿和病人较理想的食品。

在农贸市场上曾发现一些经过染色的小米在出售。所谓染色，是指小米发生霉变，失去食用价值时，投机商将其漂洗后，再用黄色进行染色，使其色泽艳黄，蒙骗消费者。人们吃了这种染色后的黄色米，会伤害身体。

小米的品质特征为色泽均匀一致，富有光泽，气味正常，不含杂质，碎米含量不超过6%。如果小米色泽混杂，碎米和杂质多，则质量不好。

方法一　感官鉴别

色泽：新鲜小米，色泽均匀，呈金黄色，富有光泽；染色后的小米，色泽深黄，缺乏光泽，看上去粒粒色泽一样。

气味：新鲜小米，有一股小米的正常气味，无霉味、酸味、色素味等不良气味；染色后的小米，闻之有染色素的气味，如姜黄素就有姜黄气味。

滋味：新鲜小米尝起来味佳，微甜，无任何异味；染色后的小米或劣质小米尝起来无味、微有苦味、涩味及其他不良滋味。

方法二　物理方法（水洗）

新鲜小米，用温水清洗时，水色不黄；染色后的小米，用温水清洗时，水色显黄。

方法三　纸搓

取少量待测小米放于软白纸上，用嘴哈气使其湿润，然后用纸捻搓小米数次，观察纸上是否有轻微的黄色，如有黄色，说明待测小米中染有黄色素。

方法四　化学鉴别

1. 适用范围

适用于小米的染色快速检测。

2. 样品处理

原样处理。

3. 检测步骤

（1）称取样品。

（2）置于乳钵中，加入25mL的无水乙醇，研磨。

（3）取其悬浊液25mL，置于比色管中，然后加入10%的氢氧化钠2mL，震荡，静止片刻，观察颜色变化。

4. 结果判定

如果呈橘红色，说明小米是用姜黄素染色。

5. 注意事项

必要时可做对照实验。

➤ 任务拓展

拓展一　早米与晚米的鉴别。

拓展二　大米中重金属的快速检测。

拓展一～拓展二

任务二　面粉及其制品质量与安全问题的快速检测

➤ 任务引入案例

2017年9月8日，据甘肃省食药监局通报，甘肃宁县盛雪面粉厂生产的小麦粉检出漂白剂。

据悉，本次抽检粮食加工品96批次，食用油、油脂及其制品88批次，方便食品31批次，共计抽检样品215批次，仅1批次小麦粉不合格。

通报显示，该批小麦粉中过氧化苯甲酰检出值为17mg/kg，资料显示，过氧化苯甲酰是一种强氧化剂，能够破坏面粉中的维生素A和维生素E等营养成分，长期食用会对肝脏造成损害。2011年国家7部门发布《关于撤销食品添加剂过氧化苯甲酰、过氧化钙的公告》称，自2011年5月1日起，禁止在面粉生产中添加过氧化苯甲酰。

甘肃省食药监局表示，对抽检中发现的不合格产品，生产企业所在地庆阳市食品药品监管部门已责令企业查清产品流向，召回不合格产品，并分析原因进行整改。

➤ 任务介绍

面制食品作为老百姓的三餐主食之一，尤其是作为早餐，普遍食用。面粉及其制品质量安全问题直接关系到消费者的食用安全。面粉及其制品中常见违法使用“吊白块”、甲醛、滑石粉，出现增白剂（过氧化苯甲酰）超标准使用、灰分超标、含砂量超标、添加剂超标、净含量不足等问题。

在市场抽检中发现，某些生产经营者，为赚取不义之财，违法在面粉中添加滑石粉以增加其滑润感；在面粉、米粉及其制品中添加“吊白块”和甲醛以增加其韧性和漂白，严重地危害了消费者的健康。

过氧化苯甲酰能够破坏食品中的维生素，降低了食品的营养价值，同时其还原产物苯甲酸摄入过多也不利于人体健康。过氧化苯甲酰在我国已被禁用作食品添加剂。

面粉在加工过程中往往添加膨松剂硫酸铝钾或硫酸铝铵，使用量较大。铝通过食物进入人体，在体内蓄积，会损害脑细胞，是老年痴呆的病因之一。人若长期过量摄入铝超标的食品会影响人体对铁、钙等成分的吸收，导致骨质疏松、贫血，甚至影响神经细胞的发育。

针对这些面粉及其制品的安全问题利用食品安全快速检测技术能够更简便快速的进行现场的质量安全检测。

➤ 任务实操

实操一　面粉的质量感官

根据表 2－2 进行面粉的质量感官鉴定。

表 2－2　　不同质量面粉的感官对比

	色泽	组织状态	气味	滋味
面粉质量	进行面粉色泽的感官鉴别时，应将样品在黑纸上撒一薄层，然后与适当的标准颜色或标准样品做比较，仔细观察其色泽异同	进行面粉组织状态的感官鉴别时，将面粉样品在黑纸上撒一薄层，仔细观察有无发霉、结块、生虫及杂质等，然后用手捻捏，以试手感	进行面粉气味感官鉴别时，取少量样品置于手掌中，用嘴哈气使之稍热，为了增强气味，也可将样品置于有塞的瓶中，加入 60℃ 热水，紧塞片刻，然后将水倒出嗅其气味	进行面粉滋味的感官鉴别时，可取少量样品细嚼，遇有可疑情况，应将样品加水煮沸后尝试之

续表

	色泽	组织状态	气味	滋味
优质面粉	色泽呈白色或微黄色，不发暗，无杂质的颜色	呈细粉末状，不含杂质	具有面粉的正常气味，无其他异味	味道可口，淡而微甜，没有发酸、刺喉、发苦、发甜以及外来滋味，咀嚼时没有砂声
次质面粉	色泽暗淡	手捏时有粗粒感，生虫或有杂质	微有异味	淡而乏味，微有异味，咀嚼时有砂声
劣质面粉	色泽呈灰白或深黄色，发暗，色泽不均	面粉吸潮后霉变，有结块或手捏成团	有霉臭味、酸味、煤油味以及其他异味	有苦味，酸味，发甜或其他异味，有刺喉感

实操二　面粉中滑石粉、石膏粉、吊白块的快速检测

方法一　理化测定

在农贸市场上，有些商贩为达到增加面粉质量的目的，在面粉中掺入大白粉、滑石粉等，这些物质都是无机物。

正常面粉中矿物质（以灰分计）的含量：特制粉不超过0.75%，标准粉不超过1.2%，普通粉不超过1.5%，面粉中掺入石膏、滑石粉等，皆能导致面粉中灰分增加。在灰分中测出钙离子、硫酸根、二氧化硅，就能定性掺入的物质。根据表2－3进行面粉的理化检测。

表2－3　面粉的理化测定方法

方法	检验步骤	结果判断
灰分的测定	称取样品2g放入预先550℃灼烧恒重的坩埚中，在电炉上加热至炭化，再放入550℃的马弗炉中，灼烧2h，取出冷却降温。如果灰化不完全，再加水或硝酸使灰分湿润，微温至干，然后再放在马弗炉中灰化2h，取出冷却至200℃，移至干燥器中，冷却后称重，重复之前操作至恒重，计算灰分	正常面粉的灰分为0.75%～1.5%，如果面粉中检验出的灰分在1.06%～2%，认为有可疑现象；如果灰分在2%以上，说明面粉中掺入石膏等无机物 采用这种测定方法，可测面粉中掺入1%的石膏或滑石粉
二氧化硅定性	测完灰分含量的灰分中，加入2倍量以上的研成粉末的氢氧化钾，混合均匀，于600℃熔融，冷后加水溶解，向水溶液中滴加（1:1）盐酸，使之呈酸性	如果有胶状物析出（H_3SiO_3），说明检出了二氧化硅，同时作空白对照。正常面粉，一般用此法检不出二氧化硅，但掺入大白粉、滑石粉在1%以上时，则可检出

续表

方法	检验步骤	结果判断
钙离子和硫酸根检验	取样品灰分，加（1∶1）盐酸溶液 10mL，加热溶解、过滤，滤液分成两份，一份溶液加入 1% 氯化钡溶液 1mL，如果产生大量沉淀，说明检出了硫酸根，同时作空白对照。再在另一份滤液中加入饱和草酸铵溶液 1mL，滴加（1∶1）氨水呈弱酸性，产生大量沉淀，则为阳性，同时作空白对照	灰分中如果仅检出钙离子、硫酸根，可认为掺入石膏；如果同时检出二氧化硅及上述两种离子，可认为是检出了滑石粉或大白粉。当前市场上出售的大白粉，是将滑石粉精制加工而成，其成分与滑石粉相同

方法二　滑石粉、石膏粉快速检测法

1. 方法原理

利用密度的原理，面粉中滑石粉、石膏粉密度各不相同。

2. 适用范围

适用于面粉中滑石粉、石膏粉的快速检测。

3. 样品处理

原样处理。

4. 检验步骤

（1）取一固定容器，如 50mL 平口烧杯，将样品面粉轻轻撒入其中，并冒出瓶口，用器具平行刮去冒出部分的面粉，将装满面粉的烧杯放在天平上称量，记录总体质量。

（2）采用同一容器，将对照面粉进行称量，记录总体质量。

5. 结果判断

掺有滑石粉、石膏粉的面粉质量远远大于正常面粉。

方法三　吊白块速测盒

吊白块又称雕白块，是工业漂白剂甲醛合次硫酸氢钠的俗称，主要用于印染工业。吊白块对人体有严重的毒副作用，国家严禁其在食品中使用。吊白块速测盒在检测时不再需要配制试剂，速测盒试剂与吊白块反应，可以马上生成紫红色物质，肉眼即可直接观察，反应专一性强，可以快速、准确判定食品中有没有加入吊白块，便于有关部门和单位对吊白块的使用进行监督和检验，特别是满足基层和现场检测的需要。本产品的检测范围：液体样品为 0～500mg/L，固体样品为 0～5000mg/kg。适用于腐竹、馒头、米、面、豆制品、白糖和榨菜等食品的快速检测。

1. 方法原理

在酸性条件下（盐酸氯化钠溶液）释放出甲醛与二硝基苯肼反应生成紫红色二硝基苯腙。

2. 样品处理

原样处理。

3. 检验步骤

液体样品：无色或颜色较浅的液体样品可直接取样，作为样品待测液。

固体样品：取 2g 剪碎样品于样品杯中，加纯净水或蒸馏水至 20mL，浸泡 10min，其间搅拌数次，待测。

取待测液 1mL 于离心管中，依次加入 3 滴检测液 A，3 滴检测液 B，盖上盖子后摇匀，反应 5min 后加入 1 滴检测液 C，盖上盖子后摇匀，反应 5min，观察颜色变化。

4. 结果判定

溶液出现明显的紫红色，说明样品中含有吊白块，且颜色越深表示吊白块浓度越高，对照标准比色板可进行半定量判定。

5. 注意事项

对于粉丝、米粉、面粉、馒头、面条、年糕、竹笋、腐竹等食品，本底会显示一定的颜色，含量大约在 20mg/kg，当样品的检测结果显示吊白块含量大于这一数值时，应检测样品中二氧化硫的含量是否大于国家标准规定值来确定样品中是否掺入了吊白块成分。

本方法为现场快速检测方法，精确定量应以标准方法为准。

配套的离心管清洗干净后可重复使用。

方法四　吊白块检测试剂（仪器版）

1. 方法原理

吊白块分解出的甲醛与 AHMT（4－氨基－3－联氯－5－巯基－1,2,4 三氮杂茂）反应生成紫色化合物，其紫色深浅与样品中吊白块的残留量成正比。利用分光光度计进行检测，能够简单便捷获得检测结果。

2. 适用范围

米面豆制品等。

3. 样品处理

称取 20g 待测样品，切碎或研碎，混合后取 2g 于“样品杯”中，加入 20mL 蒸馏水或纯净水，置 70～80℃水浴加热 15～20min，其间振荡数次，然后取出冷却至室温，待测。

4. 检测步骤

空白测试：每批检测须做一个空白对照，即向一支吊白块检测试剂管中加入 2mL 蒸馏水或纯净水，混匀，反应 10min 后向管中加入 1 滴（约 50μL）氧化剂反应 10min。检测时以该溶液作为测试的参比溶液，对仪器进行调零。

样品测试：取一支吊白块检测试剂管，分别加入 1.8mL 蒸馏水或纯净水和 0.2mL 样品待测液，盖上盖子摇匀，反应 10min。打开检测试剂管上盖，向其中加入1滴（约50μL）氧化剂，混匀。反应10min后倒入1cm比色杯，放入仪器中检测。

安全提示：检测试剂中含有碱性物质，需小心操作以防止检液渗漏；若不小心沾到检液，可用清水冲洗干净；用过的检测试剂管应妥善处理，不可乱丢或让儿童接触到。

5. 结果判定

记录仪器所测浓度值 Cs，即为样品中所含吊白块的浓度，单位为mg/L或mg/kg。对于阳性结果，需要再进行二氧化硫检测，若同为阳性，可初步判定为吊白块。

6. 注意事项

（1）产品保存及保质期　置通风干燥的室温环境中，密封避光保存，保质期1年。

（2）液体样品无需处理，直接取样测定，样品处理中若按其他梯度稀释，最终结果应视相应稀释倍数加以修正。

（3）检测时各样品的提取时间、反应时间及操作方法应尽可能保持平行一致。

（4）所测结果应结合实际样品及相关标准要求判定为：“合格”或“不合格”。

（5）检测时，如果比色杯中待测溶液含有气泡，影响测定结果，可略摇动比色杯或用手指轻弹比色杯外壁，以驱散溶液中的气泡。

（6）本检测试剂易于吸潮结块，检测试剂管开封后，最好一次性用完；若不能，应置于干燥环境中，防止试剂吸潮。

实操三　面粉中增白剂的快速检测

1. 概述

面粉增白剂的有效成分过氧化苯甲酰（BPO），学名叫稀释过氧化苯甲酰，它是我国20世纪80年代末从国外引进并开始在面粉中普遍使用的食品添加剂，面粉增白剂主要是用来漂白面粉，同时加快面粉的后熟。2011年3月1日，卫生部等多部门发公告，自2011年5月1日起，禁止生产、添加食品添加剂过氧化苯甲酰，过氧化钙。

2. 方法原理

违法添加于面粉及面制品中的过氧化苯甲酰能与本试剂反应生成紫红色的产物，颜色深浅与添加量成正比。反应时间为15min。最低检限为50mg/kg。

3. 适用范围

广泛用于检测小麦粉、各类面粉及其制品中过氧化苯甲酰的残留量。

4. 样品处理

原样处理。

5. 检测步骤

（1）用天平称取1g样品放入样品杯中，用塑料刻度吸管加入4mL无水乙醇，可用吸管搅拌或振摇提取5min以上，静止。

（2）取1.5mL提取的样品液于2.0mL离心管中，高速离心机中离心30s。

（3）用塑料滴管移取离心后的上层清液1mL于1.5mL离心管中，滴加1滴试剂1，再滴加1滴试剂2，开始计时10min，每隔1min，把离心管颠倒一次。

6. 结果判定

显色10min后立即与比色卡对照，找出相应的含量，如需确认应送实验室进一步检测。

7. 注意事项

（1）无水乙醇自备。

（2）显色时间要严格控制，10min后应立即比色，久置溶液颜色会加深。

（3）所有实验用水均应使用蒸馏水或纯净水。

（4）每次用后，实验器皿应用清水冲洗三遍以上，然后用蒸馏水或纯净水洗后晾干备用。

（5）过氧化苯甲酰检测液极易受空气和光的影响，用后应立即盖上密闭，于冰箱或阴凉干燥处避光保存；若长时间在空气中暴露易失效。有效期1年。

实操四　面粉中含铝添加剂的快速检测

1. 方法原理

根据GB 2760—2014标准，我国面制食品中铝的最大允许量为100mg/kg。食品中铝与显色试剂形成蓝色物质。

2. 样品处理

将样品粉碎，称取0.25g粉碎的样品于50mL烧杯中，加入9.5mL蒸馏水，10滴（0.5mL）试剂A，搅拌2min，静置3min。

3. 检验步骤

在10mL比色管中，加入2滴（0.1mL）样品提取液，8滴（0.4mL）蒸馏水，10滴（0.5mL）试剂B，1滴试剂C，混匀，加2滴试剂D，混匀，再加2滴试剂E，摇匀后，室温放置20min或40℃水浴5min。

4. 结果判定

与标准色阶卡对比，读出样品中铝的含量。

实操五　面制品中溴酸钾速测盒

1. 方法原理

溴酸钾是面粉增筋剂，但因其对人体有致癌性、慢性毒性，2005 年我国全面禁用。根据溴酸钾与显色剂反应出现颜色变化来判断其存在及含量。该试剂盒适用于面粉中溴酸钾含量的检测。

2. 样品处理

原样处理。

3. 技术指标

检测下限：10mg/kg；检测范围：0 ~ 100mg/kg。

4. 检测步骤

（1）用耳勺取待测面粉样品一勺于 5mL 显色管中，加水稀释至 4mL 刻线处，盖上显色管盖，摇动 20s 使面粉和水混合均匀。

（2）加入 6 滴溴酸钾试剂 1，2 滴溴酸钾试剂 2，摇动 20s，静置 2min。

（3）打开显色管盖，用吸管吸取样品上清液于另一只显色管 1mL 刻线处，加入 2 滴溴酸钾试剂 3，加入 2 滴溴酸钾试剂 4，再加入 3 滴溴酸钾试剂，盖上显色管盖，上下摇动六次，放置 30s 显色。

（4）30s 后，与面制品溴酸钾色阶卡比较，判断样品中溴酸钾含量。

5. 结果判定

（1）将显色管与面粉中溴酸钾快速检测色阶卡进行比较，即可检出被测样品中溴酸钾的含量。

（2）根据所测结果，判断样品中是否加入溴酸钾。

6. 注意事项

（1）产品在阴凉处避光保存；不小心将试剂溅到皮肤上时，要立即用清水冲洗。

（2）样品显色管洗净后可重复使用。

实操六　粉丝中甲醛的快速检测

1. 方法原理

违法添加于食品中的甲醛能与快速测定试剂反应生成紫色的产物，颜色的深浅与样品中甲醛的残留量成正比。因此，米、面、豆制品等样品液加入本试剂，反应后若呈现明显的紫色，表明此样品可能添加了甲醛，建议用乙酰丙酮等方法进一步做定量实验。蛋白质、脂肪、氨基酸、糖类、乙醛、丙醛、甲醇、乙醇、硫酸盐、亚硫酸（氢）盐及二氧化硫等食品中成分或结构类似物对本测定方法无干扰。

2. 适用范围

用于检测食品中的甲醛，如米、面等各种粮食制品及腐竹、豆腐皮、粉丝等各种豆制品。

3. 样品处理

原样处理。

4. 检测步骤

(1) 样品处理　取少量待测样品于10mL烧杯中（约1/3杯），稍微剪碎，再加入等量的干净自来水，浸泡10～20min，其间搅拌数次。

(2) 往“多孔比色管”的孔中先滴加1滴检测液A，1滴检测液B，随后用3mL吸管吸取样品浸泡液0.5mL（约10滴）加到该孔中，若用0.25mL吸管需20～25滴（约两管），摇动混匀（最好采用搅拌混匀），混合均匀后约过1min再加入1滴检测液C，观察颜色变化，参考色卡进行结果判断。

5. 结果判定

若反应液无色或显黄色，表明样品未受甲醛污染，若反应液呈明显的紫色，表示被检样品掺有甲醛，其颜色越深表示含量越高；若呈淡紫色，可视为无人为添加甲醛，或延长样品提取和反应时间，再次实验。

6. 注意事项

(1) 操作时检测液A、检测液B在“多孔比色管”的孔中与样品液混合一定要均匀（最好采用搅拌混匀），否则可能使检测结果不重现，甚至产生假阴性的结果。

(2) 每次使用多孔比色管等器皿后，需将孔内液体甩干，并用清水冲洗三遍以上，晾干备用。

➢ 任务拓展

2017年食药监总局：严查在小麦粉中非法添加行为。

拓展

任务三　食用油质量与安全问题的快速检测

➢ 任务引入案例

上海市食药监局发布最新一期食品安全抽检信息

2016年上海市食药监局发布最新一期食品安全抽检信息，通报了2批次食品不合格，分别为1批次惠宜牌菜籽油及1批次风筝牌小麦粉不合格，知名商场沃尔玛有售。

公告显示，1批次沃尔玛华东百货有限公司销售的遵义中土粮油收储有限公司（分装）生产的惠宜牌菜籽油被检出脂肪酸组成不合格。

据了解，脂肪酸组成是反映油品纯度的指标，每种食用油都有特定的脂肪酸组成比例，如果掺入其他食用油，则其脂肪酸组成比例会偏离标准范围。

造成产品脂肪酸组成不合格的原因：油品混装、混存，或设备、容器清洗不彻底引起混杂而造成食用植物油脂肪酸组成的改变。部分生产者将低值油脂掺入高值油脂中，以次充好。

➢ 任务介绍

食用油是膳食必需营养素之一，也是人体能量的重要来源。近几年，我国食用油生产、加工、贸易迅速发展，国内外食用油脂产品市场竞争日益激烈。人们的消费观念也从“吃饱”到吃“精细”再到“吃出健康、吃得安全”。

2014年，各级食品安全监管部门共检查食用油生产经营单位1072790户次，责令整改11884户，取缔违法经营348户，立案查处食品违法案件1604件，移送司法机关10起，查扣不合格食用油118407kg。其中，总局共抽检食用植物油8806批次，检出不合格样品201批次，不合格样品检出率为2.3%。不合格项目主要是苯并芘含量、酸值、黄曲霉毒素B_1含量、过氧化值、极性组分、溶剂残留量等。地方食品安全监管部门共抽检食用植物油16271批次，检出不合格样品362批次，不合格样品检出率为2.2%。对监督抽检中发现的问题，各地食品安全监管部门均在第一时间责令生产经营企业采取产品召回下架、停产、整顿等措施进行处置。

总体上看，我国食用油质量状况较好。但少数生产经营食用植物油的企业存在掺杂造假、安全指标不合格的问题；一些食用油加工小作坊工艺设备简陋、卫生环境脏乱；有的企业生产过程质量控制措施不落实；农村集贸市场散装食用油经营户、小型餐饮服务企业违反索证、索票和处置餐厨废弃物规定。

➢ 任务实操

实操一　食用油中酸价、过氧化值的快速检测

油脂保质的主要指标是酸价和过氧化值，也是油脂品质好坏的重要标志。酸价和过氧化值高，会导致不饱和脂肪酸、脂溶性维生素氧化破坏，油脂就开始酸败变质，油脂迅速“变味”，出现被称为哈喇味的酸涩异味。

酸败后的油脂会产生大量自由基，不但对人体健康造成不良影响，如对机体重要酶系统有明显破坏作用，可导致肝脏肿大、生长发育障碍和加速衰老等，还会引起食物中毒和产生致癌物危害人类生命的严重后果，所以，酸价和过氧化值

超标是油脂保质的天敌。

评价食用植物油是否符合国家卫生标准，常用的理化指标是酸价和过氧化值。国家标准检验方法分别使用酸碱滴定和氧化还原滴定法。这两种方法需要对滴定液标定和在实验室中进行。食用油酸败速测卡（以下简称速测卡），采用纸片显色与标准色板对比法进行目视定量，不但加快了检测速度，而且解决了现场检测的问题。

1. 方法原理

利用食用植物油酸败所产生的游离脂肪酸与试纸中的药剂发生显色反应，以此反映出油脂酸败的程度。利用食用植物油氧化所产生的过氧化物与试纸中的药剂发生显色反应，以此反映出油脂被氧化的程度。

2. 适用范围

本法适用于食用植物油中酸价和过氧化值的快速定量测定。

3. 实验材料

速测卡：密封包装，从包装中取出的试纸条应在10min内使用，开封后的试纸条应在1个月内使用完。酸价纸片上如带有红色痕迹、过氧化值纸片上如带有灰色痕迹，说明该纸片已被污染或已失效。

4. 样品处理

原样处理。

5. 检验步骤

直接取植物油（动物油需加热使其融化）样品适量（约5mL）于清洁、干燥容器中，将油样温度调整至25℃ ±5℃，将试纸端插入油样中并开始计时，试纸插入油样1～2s立即取出，从试纸侧面将多余的油吸掉，将试纸面朝上平放。

酸价测试纸的反应计时时间为（90 ±5）s，最佳反应时间为5min，3～8min内比色有效。

过氧化值测试纸的反应计时时间按环境温度而定，在表中规定的时间内比色有效，见表2－4。

表2－4　过氧化值测试纸的反应计时时间与环境温度

环境温度/℃	0～4	5～9	10～19	20～29	30～36
反应时间/s	90 ±5	75 ±5	60 ±5	50 ±5	40 ±5

6. 结果判定

酸价纸片的测试范围在0～5.0mg KOH/g，过氧化值的测试范围在0～25mmol/kg。试纸颜色与色卡相同或相近以色卡标示值报告结果。

颜色相同色块下的标记数值即为样品的检测值。如试纸颜色在两色块之间，则取两者的中间值。

国家食品卫生标准GB 2716—2005《食用植物油卫生标准》对食用植物油酸价

和过氧化值有统一的最高限量标准，即植物原油酸价≤4mg KOH/g，食用植物油酸价≤3mg KOH/g；植物原油和食用植物油的过氧化值都要≤0.25g/100g（相当于19.7meq/kg，1meq/kg=0.28g KOH/100g）。对现场监测超出国家规定酸价或过氧化值的样品，应送实验室做精密定量。

7. 常见植物油酸价和过氧化值卫生标准（表2-5）

表2-5　　我国食用油分级管理的酸价和过氧化值卫生标准

品名	酸价/(mg KOH/g)	过氧化值/(meq/kg)
菜籽原油、大豆原油、花生原油、葵花籽原油、棉籽原油、米糠原油、油茶籽原油、玉米原油	≤4.0	≤7.5
成品菜籽油、成品大豆油、成品玉米油和浸出成品油茶籽油		
一级	≤0.2	≤5.0
二级	≤0.3	≤5.0
三级	≤1.0	≤6.0
四级	≤3.0	≤6.0
成品葵花籽油、成品米糠油和浸出成品花生油		
一级	≤0.2	≤5.0
二级	≤0.3	≤5.0
三级	≤1.0	≤7.5
四级	≤3.0	≤7.5
压榨成品花生油和压榨成品油茶籽油		
一级	≤1.0	≤6.0
二级	≤2.5	≤7.5
成品棉籽油		≤5.0
一级	≤0.2	≤5.0
二级	≤0.3	≤5.0
三级	≤1.0	≤6.0
麻油	≤4	≤12
色拉油	≤0.3	≤10
食用煎炸油	≤5	
食用猪油	≤1.5	≤16
人造奶油	≤1	≤12
国际食品法典委员会规定的标准		
食用植物油	≤0.6	≤10
棕榈油	≤0.6	≤10

引用标准：GB/T 1536—2004《菜籽油》，GB/T 1535—2017《大豆油》，GB/T 19111—2017《玉米油》，GB/T 11765—2003《油茶籽油》，GB/T 10464—2017《葵花籽油》，GB/T 19112—2003《米糠油》，GB/T 1534—2017《花生油》，GB/T 1537—2003《棉籽油》。

8. 注意事项

（1）严格掌握环境温度与反应时间，以便得到正确结果。

（2）测定动物油脂时，取少量样品融化，待油温降至30℃以下还未凝固时进行测定。

（3）注意样品采集的均匀性，罐口、桶口的样品往往不能代表整体样品。对超标严重的样品可采取处理措施。对难以判断是否超标的样品，应送实验室确定。

9. 含油脂较高的食品中油脂酸价和过氧化值的快速测定

取适量样品，用正己烷提取油脂后，挥干正己烷，参考以上操作，用酸价或过氧化值速测卡测试提取出的油脂。

实操二　食用油中矿物油的快速检测

矿物油来源于石油分馏的产物，属于较高级的直链烷烃，对人体有害。而食用油脂系高级脂肪酸的甘油酯，尽管两者外观有某些相似，但化学性质有很大的差别。矿物油污染食用油的情况常见于机器润滑油溢入，盛装过矿物油的瓶、桶又装食用油，掺杂使假等。

方法一　比浊测定法

1. 方法原理

作为食用油脂的高级脂肪酸的甘油酯，可以在碱性条件下发生水解反应（即皂化反应），其产物皆易溶于水。而矿物油则不能皂化，也不溶于水，会出现浑浊现象，据此证明矿物油的存在或其本身就是矿物油。

2. 适用范围

本方法适用于食用油中污染、掺入矿物油的快速检测。试剂对矿物油的最低检出量为0.1%。

3. 样品处理

原样处理。

4. 检测步骤

取2滴油样于比色管中，加5滴矿物油检测试剂，加无水乙醇至5mL，不加盖，于80～100℃水中加热（或将开水倒入烧杯中，将比色管放入水中）10min，加热过程中随时轻轻摇动，取出时乙醇容量不要少于4mL，加入5mL蒸馏水或纯净水。

5. 结果判定

若比色管中溶液发生浑浊为阳性，其浊度随矿物油的浓度增加而加大。如果油中混有硬度较大的水时，也会发生浑浊，久放产生沉淀；混有矿物油时久放析出透明油滴浮于液面。

6. 注意事项

（1）操作中必须做一个不加油样的空白试验，如果空白试验管也出现浑浊，说明无水乙醇有问题，需要更换无水乙醇。

（2）现场检测出的阳性样品应送实验室进一步确证。

方法二　荧光观测法

1. 方法原理

矿物油在紫外光下出现青色荧光，植物油无荧光反应。

2. 适用范围

食用油中掺入矿物油的快速检测。

3. 样品处理

原样处理。

4. 检验步骤

取油样1滴，滴于白色滤纸上，置紫外光下观察。同时做一份已知不含矿物油的相同种类油的空白对照实验以便观察。

5. 结果判断

出现青色荧光则表示油中含有矿物油。

6. 注意事项

用此方法检出阳性样品时，应采用其他方法进行确证。

实操三　芝麻油纯度的快速检测

方法一　感官检验

1. 颜色检验

小磨香油的颜色红中带黄，机榨香油俗称大槽油，比小磨香油颜色浅淡。香油中加入菜籽油后颜色呈深黄色，加入棉籽油后颜色呈黑黄色。还可将少许待测油样倒入试管中，用力摇动，如不起泡，或只有少量的泡沫，且迅速消失，说明待测油样为纯正芝麻油；如泡沫多且消失得慢，可能是掺有花生油；如泡沫是黄色，且不易消失，用手掌心擦一擦除有香油味外尚有一股豆腥味，说明掺进了豆油。另外，用筷子蘸1滴香油，滴到平静的水面上，纯香油会出现无色透明的薄薄大油花，掺假产品则会出现较厚较小的油花。

2. 气味检验

纯香油具有芝麻酚的香味，且香味醇厚浓郁。如掺入别的油，醇香味差，并带有其他油的气味。

3. 透明度检验

香油在阳光下透明，如掺入 1.5% 的水，在光照下即成不透明液体，掺入 3.5% 的水，油会分层并易沉淀变质。

方法二　试剂盒法

1. 方法原理

芝麻酚，又名 3,4－亚甲二氧基苯酚，是芝麻油的重要香气成分，也是芝麻油重要的品质稳定剂。芝麻酚与糠醛发生特征反应生成红色化合物，从而判断油样中是否含有芝麻油。油样在浓盐酸介质中，加入糠醛乙醇溶液进行充分混合，振动 30s，静置 10min 后，观察样品是否出现红色，从而判断油样中是否存在芝麻油。

若油样中芝麻油的体积浓度高于 0.25%，就能观察到明显的红色。该方法特异性好，灵敏度高，干扰因素少，但油样色泽较深时，需要进行脱色处理。样品中的芝麻油酚与显色剂反应生成有色化合物，采用目视比色分析的方法，借助芝麻油速测色阶卡直接读出样品中芝麻油的含量。

2. 适用范围

芝麻油纯度的快速检测。

3. 样品处理

原样直接进行检测。

4. 检测步骤

取 2.5mL 待测样品到 10mL 比色管中，加入 2.5mL 浓盐酸到比色管中，混匀，再加入 2 滴芝麻油试剂，盖盖摇匀 30s，室温显色 10min。

5. 结果判断

观察产生的颜色，若有深红色出现则加水 5mL，再摇动，如红色消失，表示没有芝麻油存在；如红色不消失，便是有芝麻油存在，红色越深，芝麻油纯度越高。

6. 注意事项

（1）在通风橱内使用浓盐酸。

（2）阳性怀疑样品可重复操作来加以确定。

（3）试剂有腐蚀性，小心操作，如沾染皮肤应立即用清水冲洗。

实操四　食用油中黄曲霉毒素的快速检测

方法一　亲和层析法

1. 方法原理

食品中黄曲霉毒素残留经过提取，提取液经过滤、稀释后，滤液经过含有黄曲霉毒素特异抗体的免疫亲和层析净化，此抗体对黄曲霉毒素 B_1、B_2、G_1、G_2 具有专一性，黄曲霉毒素交联在层析介质中的抗体上，用水将免疫亲和柱上杂质除去，用洗脱剂将其洗脱于点滴板上，滴加衍生化试剂，在紫外灯下观察。若有蓝紫色荧光，说明样品中含有黄曲霉毒素 B_1、B_2，若显黄绿色荧光，则说明样液中含有黄曲霉毒素 G_1、G_2。检测下限：5μg/kg（5μg/g）。

2. 适用范围

用于玉米、花生及其制品（花生酱、花生仁、花生米）、大米、小麦、植物油脂、酱油、食醋等食品中黄曲霉素的快速定性检验。

3. 样品处理

准确称取试样 2g（大米、玉米、小麦、花生及其制品经过磨，细粒度小于 2mm）于提取瓶中振摇 2min。定性滤纸过滤，准确移取 5mL 滤液并加入 15mL 水稀释。

4. 检验步骤

（1）净化　依次用 2mL 激活剂、2mL 洗脱剂、5mL 蒸馏水（或纯净水）激活柱子。

（2）将样品处理液分次加入小柱中，洗耳球上加压排出液体，弃去全部流出液，用 5mL 蒸馏水洗涤，挤干。

（3）用 0. 8mL 洗脱剂洗脱于点滴板上，加 2 ~ 3 滴衍生化试剂混匀。

5. 结果判定

5min 后用波长 365nm 紫外灯照射观察液体颜色变化，若有蓝色荧光，可初步判断样本中含有黄曲霉毒素 B_1、B_2；若有黄绿色荧光，可初步判断样本中含有黄曲霉毒素 G_1、G_2。

层析柱再生：层析柱可重复使用，层析柱用完后取 2mL 激活剂加入层析柱中，用洗耳球上加压挤干后，再加 5mL 蒸馏水挤干以备下次使用，每根层析柱可用 5 次。

6. 注意事项

（1）可现场操作，用于快速筛选法；

（2）检测速度快，检测一个样品 20min 左右；

（3）不需用任何设备，可完成整个检测过程；

（4）不需用其他试剂，检测成本低；

（5）不需要做对照实验，特异性高，可准确定性；

（6）操作简便，不需专业技术人员；

（7）可进行黄曲霉毒素 B_1，B_2，G_1，G_2 总量分析。

方法二　竞争法胶体金免疫层析法

1. 方法原理

利用免疫竞争法分析原理结合胶体金标记技术设计的一种快速检测试剂，简单、快速，无需特殊的仪器设备，既可以在实验室进行，也可在农场、饲料混合车间等实地进行测定。结果准确，灵敏度为5μg/kg，准确率大于95%。

2. 适用范围

适用于粮食、饲料原料、配合饲料、发酵产品、加工食品、中药原料和中成药等样本中黄曲霉毒素的检测。

3. 样品处理

（1）取1g样品，加入2mL样品抽提液，充分搅拌混合，至少5min，静置10min。

（2）静置后轻轻吸取上清液200μL，加入样品稀释液管，混合后用于测定。必要时可用滤纸过滤上清液，取滤过的样品进行测定。

4. 检验步骤

（1）试卡袋中取出所需试卡，在卡上做好标注。向样品槽中缓慢加入100μL处理后的样品。

（2）观察5min后测定结果，并与标准黄曲霉毒素的结果或标准比色卡对比，估算黄曲霉毒素浓度。

5. 结果判定

阴性：对照线（C）和测试线（T）同时出现，表明样品中黄曲霉毒素的浓度小于5μg/mL。

阳性：只有对照线（C），无样品测试线（T），表明样品中黄曲霉毒素的浓度大于5μg/mL。

无效：对照线（C）和测试线（T）都不出现。

6. 注意事项

仅用于体外诊断，必须在有效期内使用，当包装袋被打开后，应立刻使用；标本处理过程中应戴手套，并防止形成气溶胶。

方法三　酶联免疫吸附法（ELISA）

1. 方法原理

将已知抗原吸附在固态载体表面，洗除未吸附抗原，加入一定量抗体与待测样品（含有抗原）提取液的混合液，竞争培养后，在固相载体表面形成抗原抗体复合物。洗除多余抗体成分，然后加入酶标记的抗球蛋白的第二抗体结合物，与吸附在固体表面的抗原抗体复合物相结合，再加入酶的底物。在酶的催化作用下，底物发生降解反应，产生有色物质，通过酶标检测仪测出酶底物的降解量，从而推知被测样品中的抗原量。

2. 仪器与试剂

（1）仪器　微孔板，恒温培育箱，酶标仪，涡流振荡器。

（2）试剂　四甲基联苯胺、30%过氧化氢、牛血清白蛋白、吐温-20等。

①抗体：抗黄曲霉毒素 B_1 的特异性单克隆抗体（或抗血清）。

②包被抗原：黄曲霉毒素 B_1 与载体蛋白（牛血清白蛋白或多聚赖氨酸等）的

结合物。

③酶标二抗：羊抗鼠免疫球蛋白 G 与辣根过氧化酶结合物。

④缓冲液系统：包被缓冲液为 pH9.6 的磷酸盐缓冲液；洗液为含 0.05% 吐温 -20 的 pH7.4 的磷酸 - 柠檬酸缓冲液；底物缓冲液为 pH5.0 的磷酸盐缓冲液；终止液为 1mol/L 的硫酸。

⑤黄曲霉毒素 B_1 的标准溶液：用甲醇配成 1mg/mL 的黄曲霉毒素 B_1 储备液，-20℃冰箱储存，于检测当天，准确吸取储备液，用 20% 甲醇的 PBS 稀释成制备标准曲线的所需浓度。

⑥底物溶液：10mg 四甲基联苯胺于 1mL 二甲基甲酰胺中，取 75μL 四甲基联苯胺溶液，加入 10mL 底物缓冲液，加 10μL 30% 过氧化氢溶液。

3. 样品处理

称取 10g 粉碎的样品于锥形瓶中，用 50mL 乙腈 - 水（50 + 50，体积分数），用 2mol/L 碳酸盐缓冲液调 pH 至 8.0 进行提取，振摇 30min 后，滤纸过滤，滤液用 0.1% BSA 的洗液稀释后，供实验备用。

4. 操作步骤

测定：用包被抗原（包被缓冲液稀释至 10μg/mL）包被酶标微孔板，每孔 100μL，4℃过夜。

酶标微孔板用洗液洗 3 次，每次 3min，每孔加 50μL 系列黄曲霉毒素 B_1 的标准溶液及 50μL 样品提取液，然后再加入 50μL 稀释后抗体，37℃培养 1.5h。

酶标微孔板用洗液洗 3 次，每次 3min，每孔加 100μL 酶标二抗；37℃培养 2h。

酶标微孔板用洗液洗 3 次，每孔加 100μL 底物溶液，37℃培养 0.5h，用 1mol/L 的硫酸终止反应。

5. 结果判定

计算：

$$\text{黄曲霉毒素 } B_1 \text{ 浓度（ng/g）} = \frac{C \times \frac{V_1}{V_2} \times D \times 1}{m}$$

式中 C——酶标微孔板上所测得的黄曲霉毒素的量，根据标准曲线求得；

V_1——样品提取液的体积，mL；

V_2——滴加样液的体积，mL；

D——样液的总稀释倍数；

M——样品质量，g。

实操五　食用油脂掺伪的快速检测——菜籽油掺假的速测技术

1. 方法原理

菜籽油中含有一种油脂中所没有的芥酸，它对营养产生副作用，如抑制生长、甲状腺肥大等。芥酸是一种不饱和的“固体脂肪酸”，熔点为33~34℃。它的金属盐与一般不饱和脂肪酸的金属盐不同，仅微溶于有机溶剂，这一点与饱和脂肪酸的金属盐相似。当以金属盐的分离方法分离油脂中的脂肪酸时，如有芥酸存在，它的金属盐则与饱和脂肪酸的金属盐混合，一起分离出来。因此，由“固体脂肪酸”的碘值（又称芥酸值）可以判定芥酸的存在情况，以及芥酸的大约含量。

2. 试剂

氢氧化钾乙醇溶液（取40mL 50%氢氧化钾溶液与40mL水混合，用95%乙醇稀释至1000mL）；乙酸铅溶液（取50g乙酸铅和5mL 90%乙酸混合，并以80%乙醇稀释至1000mL）；0.2mol/L碘乙醇溶液（称取5.07g碘溶于200mL 95%乙醇中）；0.1mol/L硫代硫酸钠标准溶液；乙醇乙酸混合液（1:1，体积比）。

3. 样品处理

原样处理。

4. 检验步骤

准确称取0.5g样品于50mL锥形瓶中，加入5mL氢氧化钾乙醇溶液，接上空气冷凝管，在水浴上回流皂化1h。取下，用20mL乙酸铅溶液和1mL 95%乙酸处理，置混合物于回流冷凝器，继续加热回流至铅盐溶解为止。稍冷后加入3mL水摇匀，置入恒温箱中，在20℃下保持14h。取出，将沉淀倾入垂熔玻璃漏斗（G_3号）中以12mL 70%乙醇（20℃以下）分数次洗涤锥形瓶和沉淀。用20mL热乙醇乙酸混合液将垂熔玻璃漏斗中的沉淀溶入350mL碘量瓶中，并以10mL乙醇乙酸混合液洗涤漏斗，洗液并入碘瓶中。

加入新配制的0.2mol/L的碘乙醇溶液20mL，轻轻振摇后立即加入200mL水混匀，再置暗处放置1h。以淀粉为指示液，用0.1mol/L硫代硫酸钠标准溶液滴定，同时以30mL乙醇乙酸混合液作一空白实验。

5. 计算

$$\omega = \frac{(V_1 - V_2) \times 0.0169}{m} \times 100\%$$

式中 ω——芥酸值，样品中含芥酸的量，%；

V_1——空白滴定时所消耗的硫代硫酸钠标准溶液的体积，mL；

V_2——样品滴定时所消耗的0.1mol/L硫代硫酸钠溶液的体积，mL；

m——样品的质量，g；

0.0169——1mL 0.1mol/L硫代硫酸钠标准溶液相当于芥酸的量，g。

6. 结果判定

如所测得的芥酸值>4%，表示有菜籽油存在。

7. 注意事项

（1）加入200mL水后略加振荡即可，振荡时间不宜太长，否则结果偏差较大。

（2）滴定过程中切勿剧烈振荡，以免游离碘吸附于铅皂中，难于观察滴定终点的到达，影响结果的准确性。

（3）淀粉指示剂应在接近滴定终点时加入。

实操六　劣质油（地沟油）检测管

1. 方法原理

广义的地沟油主要包含潲水油、煎炸老油、变质油和其他劣质油。其中，煎炸老油是多次煎炸食品残剩的不可再食用的油脂，由于长时间高温加热，油脂与空气中的氧、煎炸食物所带入水分发生作用，产生一系列饱和及不饱和的醛、酮、内酯等有害物质。潲水油则更甚，经过烹调的油被废弃到下水道中，再与水、金属元素、微生物等作用，酸败并发生更复杂的反应；在回收提炼过程中，由于高温加热，酸败以及其他反应又会继续，产生更多有毒有害物质。变质油是正常的油样在保存过程中由于氧化、水解等反应发生变质，产生了有害物质。

地沟油、煎炸老油、变质油等劣质油中产生某种相同的极性物质，该物质在油样经过酸碱水洗、脱色、过滤、纯化等精炼过程中不易被去除。利用该特性研制出劣质油（地沟油）检测管，通过极性组分与特定试剂反应显色对油样进行快速评定。

2. 适用范围

适用于快速检测食用油。

3. 适用场合

市场监管、企业自检、家庭自检。

4. 样品处理

原样处理。

5. 检验步骤

取少量油样于样品杯中，用小滴管吸取油样，加4滴到地沟油检测管中，拧紧盖子摇匀50次；将上述检测管按顺序摆放到配套的白色架子上，然后将架子放到水中煮沸5min后取出，观察颜色变化。

6. 结果判定

与对照管相比，呈粉红色且颜色比对照管深的为阳性，说明样品可能为地沟油；颜色比对照管浅，或为其他颜色的为阴性。

7. 注意事项

（1）本方法为快速检测方法，检测结果为阳性的样品，需送到实验室进一步确认；

（2）检测时，对照管和未使用的检测管勿与加了油样的检测管一同加热。

（3）加热时，小心操作，避免烫伤。

实操七　食用油中大麻油的快速检测

方法一　盐酸－蔗糖测定法

1. 方法原理

大麻油与盐酸－蔗糖试剂反应后产生红色聚合物。

2. 适用范围

本方法适用于食用油中污染、掺入及中毒残留油中大麻油的快速检测。

3. 样品处理

原样处理。

4. 检验步骤

取油样 1mL 置试管中，加入浓盐酸 3～5mL，将大麻油鉴别试剂 A 倒入试管中，振摇 1min 后，10min 内观察。同时做一份已知不含大麻油的相同种类油的空白对照实验以便观察。

5. 结果判断

若酸层（溶液下层）出现粉红色，静置后逐渐变成红色，表示有大麻油存在。

6. 注意事项

（1）芝麻香油对本方法有干扰。

（2）发现阳性样品后，应采用国标法 GB/T 5009.37—2003《食用植物油卫生标准的分析方法》加以确证。

方法二　磷酸测定法

1. 方法原理

大麻油与磷酸作用后出现绿色聚合物，检出限为 9%。

2. 适用范围

本方法适用于食用油中污染、掺入及中毒残留油中大麻油的快速检测。

3. 样品处理

原样处理。

4. 检验步骤

取油样 1mL 于试管中，加入 50 滴大麻油鉴别试剂 B，摇匀，静置 5min，10min 内观察。同时做一份已知不含大麻油的相同种类油的空白对照实验以便观察。

5. 结果判定

若酸层（溶液下层）呈现绿色时，表示有大麻油存在。

6. 注意事项

发现阳性样品后，应采用国标法 GB/T 5009.37—2003《食用植物油卫生标准的分析方法》加以确证。

拓展

➢ 任务拓展

2018 年食用油市场创新低，下跌空间预计有限。

➢ 复习思考题

1. 如何运用快速检测方法提高粮食的储藏质量？
2. 如何快速检测食用油中转基因植物成分？
3. 黄曲霉毒素常在哪些食品中出现？毒素有何特点？
4. 谈谈地沟油的危害。

项目二 果蔬的快速检测

知识要求

1. 了解果蔬中农药残留快速检测的优点及意义。
2. 掌握果蔬中农药残留快速检测原理。
3. 熟悉果蔬中农药残留快速检测方法。
4. 掌握食品中常见金属元素的快速测定原理、测定方法。

能力要求

1. 掌握有机磷、氨基甲酸酯类农药的快速检测方法。
2. 了解并掌握不同农药残留速测仪的使用方法。
3. 独立完成铅、汞、砷等重金属污染项目的检测。

教学活动建议

1. 广泛搜集水、茶叶中农药残留的快速检测相关的资料。
2. 关注农贸市场利用农药残留快速检测技术的新信息。

【认识项目】

多年来，果蔬中农药残留超标的情况一直较突出，农药中毒事件常有报道。究其原因，一是农户不按规定的用药量、次数、方法或安全间隔期施药，或施用不允许在果蔬上使用的剧毒、高毒农药；二是现有标准施行的农药残留测定需要通过有机溶剂提取、净化和用大型分析仪器进行，无法对廉价的果蔬进行快速检测而导致监管不到位。加强对农户的宣传指导和建立适合我国国情的、规范化的农药残留快速检测方法，是解决问题的关键所在。

目前果蔬所施用的农药按其化学结构大致可分为以下几类：有机氯类、有机磷类、氨基甲酸酯类、拟除虫菊酯类等。在我国农药中，70%为有机磷农药，而在我国生产使用的有机磷农药中，70%为剧毒、高毒类，且较多是禁止在蔬菜作物上施用的。

根据以上情况，应用和推广果蔬中农药残留快速检测方法有着十分重要的意义，使其不受时间、地点、场合等条件限制，甚至普通消费者也能够操作使用，有利于及时发现问题、采取措施，控制高残留农药蔬菜的摄入，降低农药中毒事件发生率，保障消费者食菜安全。

任务一　蔬菜中农药残留的快速检测

➢ 任务引入案例

2017年12月28日，原国家食品药品监督管理总局官网陆续发布《总局关于12批次食品不合格情况的通告》（2017年第205号）、（2017年第210号）及（2017年第221号）。其中，广州市白云区广州江南果菜批发市场的6个农残超标批次分别为：鲜菜区127档销售的韭菜，腐霉利检出值为0.86mg/kg，比国家标准规定高出3.3倍；鲜菜区337档销售的茄子，涕灭威检出值为0.267mg/kg，比国家标准规定高出7.9倍；鲜菜区531档销售的韭菜，克百威检出值为0.210mg/kg，比国家标准规定高出9.5倍；鲜菜区219档销售的菠菜，毒死蜱检出值为0.18mg/kg，比国家标准规定高出80.0%；鲜菜3区310档销售的上海青（普通白菜），毒死蜱检出值为0.52mg/kg，比国家标准规定高出4.2倍；而超标最严重的为鲜菜区317档销售的芹菜，毒死蜱检出值为1.8mg/kg，比国家标准规定高出35倍。

从已公布情况看，农残超标的蔬菜一共1940公斤，包括国家“205号”里的韭菜茄子1430公斤和“210号”通告里的菠菜韭菜510公斤，这些蔬菜都全部销售完毕了。对此，白云区食药监局解释，国家食药监总局于9月份开始进行抽检，到白云区食药监局收到不合格检验报告，差不多过了一个月的时间，要找到购买该批次蔬菜的客户非常困难。

收到不合格检验报告后，白云区食药监局要求经营者依法提供进货查验资料，以及追溯生产源头，开展风险控制工作。据悉，白云区食药监局已经对广州江南果菜批发市场经营管理有限公司涉事的6个档口送达了不合格报告并进行了现场检查。经查，因涉事经营者皆履行了食用农产品进货查验等义务，有充分证据证明其对所采购的食用农产品不符合食品安全标准不知情，并能如实说明其进货来源，因此按照规定对经营者免予处罚。

白云区食药监局也分别向天津市武清区市场和质量监督管理局、都匀市市场监督管理局、昆明市呈贡区食品药品监督管理局等发去了关于协查农残超标蔬菜相关情况的函件。

➢ 任务介绍

常规的有机磷和氨基甲酸酯类农药残留量的检测手段为气相色谱法，前处理步骤复杂，所需器皿和仪器繁多，不适合现场快速检测。

国标 GB/T 5009.199—2003《蔬菜中有机磷和氨基甲酸酯类农药残留量的快速检测（速测卡法）》可以实现现场快速筛选，农药速测仪正是基于此原理进行检测。

国标 GB/T 5009.145—2003《植物性食品中有机磷和氨基甲酸酯类农药多种残留的测定》分析方法：用水和丙酮振荡或超声提取目标物质，抽滤或离心分离出上清液，取上清液进行液液分配净化，提取液进行旋转蒸发进行浓缩，浓缩液用微型柱再次净化，净化液用旋转蒸发方式再次进行浓缩，浓缩液定容后用气相色谱仪分析。

➢ 任务实操

蔬菜中有机磷和氨基甲酸酯类农药残留的快速检测。

本标准规定了由酶抑制法测定蔬菜中有机磷和氨基甲酸酯类农药残留量的快速检验方法。

本标准适用于蔬菜中有机磷和氨基甲酸酯类农药残留量的快速筛选测定。

方法一　速测卡法

1. 方法原理

胆碱酯酶可催化靛酚乙酸酯（红色）水解为乙酸与靛酚（蓝色），有机磷或氨基甲酸酯类农药对胆碱酯酶有抑制作用，使催化、水解、变色的过程发生改变，由此可判断出样品中是否有高剂量有机磷或氨基甲酸酯类农药的存在。

2. 试剂和材料

（1）固化有胆碱酯酶和靛酚乙酸酯试剂的纸片（速测卡）。

（2）pH7.5 缓冲溶液　分别取 15.0g 磷酸氢二钠（$Na_2HPO_4 \cdot 12H_2O$）与 1.59g 无水磷酸二氢钾（KH_2PO_4），用 500mL 蒸馏水溶解。

3. 样品处理

原样处理。

4. 仪器

（1）常量天平。

（2）有条件时配备 37℃ ±2℃恒温装置。

5. 检验步骤

（1）整体测定法

①选取有代表性的蔬菜样品，擦去表面泥土，剪成 1cm 左右见方碎片，取 5g 放入带盖瓶中，加入 10mL 缓冲溶液，振摇 50 次，静置 2min 以上。

②取一片速测卡，用白色药片沾取提取液，放置10min以上进行预反应，有条件时在37℃恒温装置中放置10min。预反应后的药片表面必须保持湿润。

③将速测卡对折，用手捏3min或用恒温装置恒温3min，使红色药片与白色药片叠合发生反应。

④每批测定应设一个缓冲液的空白对照卡。

（2）表面测定法（粗筛法）

①擦去蔬菜表面泥土，滴2~3滴缓冲溶液在蔬菜表面，用另一片蔬菜在滴液处轻轻摩擦。

②取一片速测卡，将蔬菜上的液滴滴在白色药片上。

③放置10min以上进行预反应，有条件时在37℃恒温装置中放置10min。预反应后的药片表面必须保持湿润。

④将速测卡对折，用手捏3min或用恒温装置恒温3min，使红色药片与白色药片叠合发生反应。

⑤每批测定应设一个缓冲液的空白对照卡。

6. 结果判定

结果以酶被有机磷或氨基甲酸酯类农药抑制（为阳性）、未抑制（为阴性）表示。

与空白对照卡比较，白色药片不变色或略有浅蓝色均为阳性结果。白色药片变为天蓝色或与空白对照卡相同，为阴性结果。

对阳性结果的样品，可用其他分析方法进一步确定具体农药品种和含量。

7. 附则

（1）速测卡技术指标

①灵敏度指标：速测卡对部分农药的检出限见表2-6。

表2-6　部分农药的检出限

农药名称	检出限/（mg/kg）	农药名称	检出限/（mg/kg）	农药名称	检出限/（mg/kg）
甲胺磷	1.7	乙酰甲胺磷	3.5	久效磷	2.5
对硫磷	1.7	敌敌畏	0.3	甲萘威	2.5
水胺硫磷	3.1	敌百虫	0.3	好年冬	1.0
马拉硫磷	2.0	乐果	1.3	呋喃丹	0.5
氧化乐果	2.3				

②符合率：在检出的30份以上阳性样品中，经气相色谱法验证，阳性结果的符合率应在80%以上。

8. 注意事项

（1）葱、蒜、萝卜、韭菜、芹菜、香菜、茭白、蘑菇及番茄汁液中，含有对酶有影响的植物次生物质，容易产生假阳性。处理这类样品时，可采取整株（体）蔬菜浸提或采用表面测定法。对一些含叶绿素较高的蔬菜，也可采取整株（体）蔬菜浸提的方法，减少色素的干扰。

（2）当温度条件低于37℃，酶反应的速度随之放慢，药片加液后放置反应的时间应相对延长，延长时间的确定，应以空白对照卡用手指（体温）捏3min时可以变蓝，即可往下操作。注意样品放置的时间应与空白对照卡放置的时间一致才有可比性。空白对照卡不变色的原因：一是药片表面缓冲溶液加的少、预反应后的药片表面不够湿润，二是温度太低。

（3）红色药片与白色药片叠合反应的时间以3min为准，3min后的蓝色会逐渐加深，24h后颜色会逐渐褪去。

方法二　酶抑制率法（分光光度法）

1. 方法原理

在一定条件下，有机磷和氨基甲酸酯类农药对胆碱酯酶正常功能有抑制作用，其抑制率与农药的浓度呈正相关。正常情况下，酶催化神经传导代谢产物（乙酰胆碱）水解，其水解产物与显色剂反应，产生黄色物质，用分光光度计在412nm处测定吸光度随时间的变化值，计算出抑制率，通过抑制率可以判断出样品中是否有高剂量有机磷或氨基甲酸酯类农药的存在。

2. 试剂

（1）pH8.0缓冲溶液　分别取11.9g无水磷酸氢二钾与3.2g磷酸二氢钾，用1000mL蒸馏水溶解。

（2）显色剂　分别取160mg二硫代二硝基苯甲酸（DTNB）和15.6mg碳酸氢钠，用20mL缓冲溶液溶解，4℃冰箱中保存。

（3）底物　取25.0mg硫代乙酰胆碱，加3.0mL蒸馏水溶解，摇匀后置4℃冰箱中保存备用。保存期不超过两周。

（4）乙酰胆碱酯酶　根据酶的活性情况，用缓冲溶液溶解，3min的吸光度变化ΔA_0值应控制在0.3以上。摇匀后置4℃冰箱中保存备用，保存期不超过4d。

（5）可选用由以上试剂制备的试剂盒。乙酰胆碱酯酶的ΔA_0值应控制在0.3以上。

3. 样品处理

原样处理。

4. 仪器

（1）分光光度计或相应测定仪。

（2）常量天平。

（3）恒温水浴或恒温箱。

5. 检验步骤

（1）样品处理　选取有代表性的蔬菜样品，冲洗掉表面泥土，剪成1cm左右见方碎片，取样品1g，放入烧杯或提取瓶中，加入5mL缓冲溶液，振荡1～2min，倒出提取液，静置3～5min，待用。

（2）对照溶液测试　先于试管中加入2.5mL缓冲溶液，再加入0.1mL酶液、0.1mL显色剂，摇匀后于37℃放置15min以上（每批样品的控制时间应一致）。加入0.1mL底物摇匀，此时检液开始显色反应，应立即放入仪器比色池中，记录反应3min的吸光度变化值ΔA_0。

（3）样品溶液测试　先于试管中加入2.5mL样品提取液，其他操作与对照溶液测试相同，记录反应3min的吸光度变化值ΔA_τ。

6. 结果的表述计算

（1）结果计算如下

$$抑制率(\%) = [(\Delta A_0 - \Delta A_\tau)/\Delta A_0] \times 100\%$$

式中　ΔA_0——对照溶液反应3min吸光度的变化值；

ΔA_τ——样品溶液反应3min吸光度的变化值。

（2）结果判定

结果以酶被抑制的程度（抑制率）表示。

当蔬菜样品提取液对酶的抑制率≥50%时，表示蔬菜中有高剂量有机磷或氨基甲酸酯类农药存在，样品为阳性结果。阳性结果的样品需要重复检验2次以上。

对阳性结果的样品，可用其他方法进一步确定具体农药品种和含量。

7. 附则

（1）酶抑制率法技术指标

灵敏度指标：酶抑制率法对部分农药的检出限见表2－7。

表2－7　酶抑制率法对部分农药的检出限

农药名称	检出限/(mg/kg)	农药名称	检出限/(mg/kg)
敌敌畏	0.1	氧化乐果	0.8
对硫磷	1.0	甲基异柳磷	5.0
辛硫磷	0.3	灭多威	0.1
甲胺磷	2.0	丁硫克百威	0.05
马拉硫磷	4.0	敌百虫	0.2
乐果	3.0	呋喃丹	0.05

（2）符合率：在检出的抑制率≥50%的30份以上样品中，经气相色谱法验证，阳性结果的符合率应在80%以上。

8. 注意事项

（1）葱、蒜、萝卜、韭菜、芹菜、香菜、茭白、蘑菇及番茄汁液中，含有对酶有影响的植物次生物质，容易产生假阳性。处理这类样品时，可采取整株（体）蔬菜浸提。对一些含叶绿素较高的蔬菜，也可采取整株（体）蔬菜浸提的方法，减少色素的干扰。

（2）当温度条件低于37℃，酶反应的速度随之放慢，加入酶液和显色剂后放置反应的时间应相对延长，延长时间的确定，应以胆碱酯酶空白对照测试3min的吸光度变化ΔA_0值在0.3以上，即可往下操作。注意样品放置时间应与空白对照溶液放置时间一致才有可比性。胆碱酯酶空白对照溶液3min的吸光度变化ΔA_0值<0.3的原因：一是酶的活性不够，二是温度太低。

方法三　速测仪法

1. 检测原理

利用速测卡中的胆碱酯酶（白色药片）可催化靛酚乙酸酯（红色药片）水解为乙酸与靛酚，由于有机磷和氨基甲酸酯类农药对胆碱酯酶的活性有抑制作用，使催化水解后的显色发生改变。根据显色的不同，可以判断样品中含有有机磷或氨基甲酸酯类农药的残留情况。

2. 主要仪器参数及特点

测量通道数：10个。

恒温温度：38℃，可选范围：30～50℃。

反应时间：10min，可选范围：0～60min。

显色时间：3min，可选范围：0～60min。

3. 适用范围

主要用于蔬菜、水果、茶叶、粮食、水及土壤中有机磷和氨基甲酸酯类农药残留的检测。适用于农业生产基地、农贸市场、环境保护、质量监督、卫生防疫、宾馆饭店等部门。

4. 样品处理

原样直接进行检测。

5. 检测步骤

（1）装入速测卡　按住开关面板上的“开/关”键约2s，仪器开机，等待提示亮点闪烁消失，预热完成，可以开始测试。

将速测卡插入压条下的各通道底板上，红色药片一端在上方，白色药片一端在下方。

（2）加洗脱液、反应计时

①粗筛法：擦去蔬菜表面泥土，在被测菜叶正面接近叶尖部位滴两滴洗脱液，用另一片菜叶在滴液处轻轻摩擦，将菜叶上洗出的水滴，滴一滴在白色药片上，按“启动”键，反应计时开始（反应时间为10min）。

②整体测定法：对于瓜果或整株类蔬菜样品，擦去表面的泥土，用剪刀或水果刀剪切成1cm见方的碎片，取5g放入三角瓶中，加入10mL萃取液，振摇50次，静置2min后待用。用滴管移取萃取静置后的溶液，滴一滴在白色药片上，按“启动”键，反应计时开始。

（3）加热、显色反应　检查速测卡放置位置是否正确，速测卡中间的虚线应与压条对齐，不要歪斜。仪器发出急促的蜂鸣音（六声）时，关闭上盖将速测卡对折并压住显色开关，仪器开始对速测卡加热、恒温和显色计时。显色时间为3min，显色结束仪器发出缓和的蜂鸣音（三声），同时液晶显示器出现亮点指示“提示”，打开仪器上盖。

（4）结果判定　观察速测卡上白色药片的颜色并与标准色卡进行比对，判断农药残留的强弱，蓝色表示农药为阴性，浅蓝色为弱阳性，白色表示农药为阳性。

6. 结果判定

GB/T 5009. 199—2003《蔬菜中有机磷和氨基甲酸酯类农药残留量快速检测》规定，抑制率≥50%时，表示样品中农药超标。

NY/T 448—2001《蔬菜上有机磷和氨基甲酸酯类农药残毒快速检测方法》规定，抑制率≥70%，表示样品中农药超标。

7. 注意事项

（1）葱、蒜、萝卜、韭菜、芹菜、香菜、茭白、蘑菇及番茄汁液中，含有对酶有影响的植物次生物质，容易产生假阳性。处理这类样品时，可采取整株蔬菜浸提或采用表面测定法。对一些含叶绿素较高的蔬菜，可采用整株蔬菜浸提的方法，减少色素的干扰。

（2）红色药片和白色药片叠合后反应时间以3min为准，3min后的蓝色会逐渐加深，24h后颜色会逐渐褪去。

（3）预反应后的药片表面必须保持湿润。

➢ 任务拓展

拓展一　茶叶中农药残留的快速检测

拓展二　GB/T 5009. 146—2008《植物性食品中有机氯和拟除虫菊酯类农药多种残留的测定》（节选）

拓展一

拓展二

任务二　果蔬中重金属的快速检测

➢ 任务引入案例

2018年3月16日，韩国食品药品安全处发表消息称，韩国食品生产加工企业瑞山市农产品共同加工中心所生产、销售的紫色生胡萝卜汁（食品类别：果蔬汁）产品中检出铅超过残留限量标准，命令其停止销售并召回相关所有产品。

该产品中每公斤检出铅0.09mg，在韩国该类产品中铅的标准为0.05mg/kg以下。

召回对象：保质期至2019年2月1日的紫色生胡萝卜汁产品。

➢ 任务介绍

重金属中，特别是砷、汞、锡、铬、镉等具有显著的生物毒性，其危害性是空前的。重金属一旦进入土壤后，很难从土壤中移除。尽管土壤对重金属等有毒物质有一定的缓冲能力，但是大量重金属的存在会对土壤的理化性质、土壤微生物、土壤酶活性以及土壤生产能力产生明显的不良影响。重金属在土壤中的危害还具有长期性、隐蔽性和交互性的特点，所以土壤一旦被重金属污染，其危害性将是长远的。

国内外都有一些研究，报道过特定地区、特定种类的果蔬中的重金属含量超标的例子，这可能与该地区是重要的工业基地，土壤、水源被污染有关。

我国 GB 2762—2017《食品安全国家标准　食品中污染物限量》中对谷物及其谷物碾磨加工品、糙米及大米、婴幼儿谷物辅助食品（添加藻类的除外）、添加藻类的婴幼儿谷物辅助食品等食品中的重金属限量均做了明确要求。

➢ 任务实操

实操一　果蔬中重金属砷的快速检测

1. 检测原理

氯化金与砷相遇发生反应，可使氯化金硅胶柱变成紫红或者灰紫色，在装有氯化金硅胶的柱中，砷含量与变色的长度成正比，以此可达到半定量的目的。

2. 适用范围

本方法适用于食物、水及中毒残留物中砷的快速检测。

3. 实验材料

检砷管、反应瓶、酒石酸、二甲基硅油消泡剂、产气片。

4. 检验步骤

取粉碎后的固体样品 1g（油样取 2g，水样取 10mL）于反应瓶中，加入蒸馏水或纯净水到 20mL，固体样品需要振摇后浸泡 10min，加入 3 平勺（约 0.2g）酒石酸，摇匀，富含蛋白质的样品如油样或奶样需加入 5 滴消泡剂，摇匀。取检砷管 1 支，将空端较长的一端头朝下，在台面上轻敲几下后，剪去两端封头，将空端较长的一头插入带孔的胶塞中使其刚刚露头即可。向反应瓶中加入 1 片产气片，2s 内将带有检砷管的胶塞紧紧插入反应瓶口中，待产气停止，观察并用尺子测量检砷管中氯化金硅胶柱变成紫红或灰紫色的长度。

5. 结果判定与表述

根据变色长度，查表 2 - 8 求出样品含砷量，对照表是取样量为 1g 时的结果值，若为油样，查表得出的结果需要除以 2，水样需要除以 10。对于含砷量较低的食物，可适当加大取样量和酒石酸的使用量，在计算结果时除以加大取样量的倍数，如对于卫生标准（表2－9）要求含砷量在0.05mg/kg以下的食品（如鲜乳、蔬菜、水果、畜禽肉类等样品），取样量可为2g，变色范围长度在1.4mm以下时可视为合格产品。为了便于观察颜色长度情况，可做阳性对照实验，即在样品中滴加一定量的砷标准液，对比操作。

表2－8　　检砷管变色范围长度与样品砷含量对照表

变色长度/mm	≤0.6	0.7～1.4	1.5～2.4	2.5～3.4	3.5～4.4	4.5～5.9
砷含量/(mg/kg)	0.0	0.1	0.2	0.5	1.0	2.0
变色长度/mm	6～7	8～9	10～11	12～13	14～15	16～18
砷含量/(mg/kg)	3.0	4.0	5.0	6.0	8.0	10.0

表2－9　　食品中砷的限量标准（GB 2762—2017）

品种	限量值/(mg/kg)
大米	0.2
面粉	0.5
蔬菜、水果	0.5

6. 注意事项

（1）操作应在20～30℃下进行，天冷时可用手温热或用温水加热。

（2）取1.0mg/L的砷标准溶液1mL加入反应瓶中，按方法操作，变色长度应在3.5～4.4mm。

实操二　果蔬中重金属汞的快速检测

1. 方法原理

汞与载有碘化亚铜的试纸发生反应，使试纸变为橘红色。

2. 适用范围

本方法适用于食物、水及中毒残留物中汞的快速检测。

3. 实验材料

测汞试纸30条（60次测定量）、反应瓶1个、检汞管5支、试剂棉2瓶、酒石酸1袋（7g）、消泡剂1瓶（3mL）、产气片1瓶（60片）。

4. 检验步骤

取粉碎后的固体样品5g于反应瓶中，加入20mL蒸馏水或纯净水（如果样品为饮用水，直接取20mL于反应瓶中），固体样品需浸泡5min以上（富含蛋白质的样品需加入5~10滴消泡剂），摇匀后加入2平勺（约0.2g）酒石酸（如果固体样品取样量为10g以上，加入3平勺的酒石酸），摇匀，取检汞管1支，在下端（细端）松松塞入试剂棉少许，插入1/2条测汞试纸，在检汞管上端再塞入少许试剂棉，将检汞管的下端插入带孔的胶塞中。向反应瓶中加入1片产气片（如果固体样品的取样量为10g以上，加入2片产气片），立即将带有检汞管的胶塞插入反应瓶口中，待产气停止，观察测汞试纸的变化情况。

5. 结果判定与表述

试纸不变色为阴性，变为橘红色为阳性，检出限0.2μg，按取样量5g计算，最低检出量为0.04mg/kg。汞的中毒量为100~200mg，如果中毒是由汞引起，其试纸整体都会变为橘红色。汞在饮用水中的限量标准为≤0.001mg/L，如果试纸上出现橘红色时，即已超出国家标准规定值的10倍以上。国家标准对不同的食品有着不同的汞限量标准（表2-11），可如表2-10所示取样量称取样品进行检测，不得出现阳性反应，由此加以监控。

表2-10　　汞含量限量指标称取取样量

限量指标/(mg/kg)	样品取样量/g	限量指标/(mg/kg)	样品取样量/g
≤0.01	20	≤0.1	2
≤0.02	10	≤0.2	1
≤0.05	4	≤0.3	0.7

表2-11　　部分食品中总汞的限量标准指标　　单位：mg/kg（以Hg计）

品种	指标	品种	指标
鲜奶、酸奶、蔬菜、水果、薯类	0.01	鲜食用菌，蘑菇罐头	0.1
粮食（成品粮）	0.02	干食用菌	0.2
肉、蛋（去壳）	0.05	保健食品（藻类、茶类）	0.3

6. 注意事项

（1）操作应在20℃以下温度进行。

（2）加入产气片后应立即将带有检汞管的胶塞插入反应瓶口中。

（3）当检出阳性结果样品时，应将样品送实验室进一步测试。

（4）经常检测限量指标≤0.01mg/kg的样品，取样量大于20g时，可改用较大一些的玻璃瓶。

（5）试剂有效期为2年，阳性对照试验无反应时不可再用。生产日期见包装处。

实操三　果蔬中重金属铅的快速检测

铅在地壳中含量不大，自然界中存在的游离态铅量很少，主要以化合态存在。方铅矿（CPbS）是人们提取铅的主要来源。铅及其化合物用途广泛，主要用于制造铅蓄电池，铅合金可用于铸铅字、做焊锡，还用来制造放射性辐射、X 射线的防护设备，被用作建筑材料、枪弹和炮弹，奖杯和一些合金中也含铅。

方法一　重金属铅离子的现场快速检测

1. 检测原理

食品中的铅是一种有毒金属，主要来源于食品加工、包装、存放过程中的污染。过量摄入铅会发生中毒，可以引起贫血、神经功能失调及肾损伤。国家对食品，尤其是婴儿食品中铅的含量有严格限制，并建立了铅含量检测的国家标准方法，即二硫腙比色法和原子吸收法。但二硫腙比色法操作复杂，选择性差，还需要用到剧毒试剂氰化钾及有机溶剂，难以被分析人员接受；原子吸收法样品处理困难，成本较高且受仪器限制，不适合于现场快速检测。

本法利用蔬菜等农产品残留的铅离子与特定显色剂在酸性条件下反应，生成的产物颜色深浅与蔬菜中残留的铅离子的含量相关，在一定浓度范围内产物颜色的深浅与重金属铅的含量呈比例关系，本方法标准品检测限为 0.1mg/kg。GB 2762—2017《食品安全国家标准　食品中污染物限量》规定食品中铅的限量标准为：新鲜水果≤0.1mg/kg，新鲜蔬菜（芸薹类蔬菜、叶菜蔬菜、豆类蔬菜、薯类除外）≤0.1mg/kg，芸薹类蔬菜、叶菜蔬菜≤0.3mg/kg。

2. 适用范围

适用于应急保障以及日常对白糖、皮蛋、蔬菜水果等样品中重金属铅离子的现场快速检测，检测限为 0.1mg/kg。

3. 检验步骤

称取 2.0g 于容器中，加入蒸馏水或纯净水至 10mL 容量，加入 3 滴指示剂 A，搅拌后浸泡 10min 以上。

4. 结果判定与表述

取样品处理后的上清液或滤液 5mL 于比色管中，依次加入 5 滴指示剂 B，混匀，2 滴指示剂 C，混匀，2 滴指示剂 D，混匀，3min 后观察颜色变化并与比色卡比对，找出相同或相近的色阶，色阶上标示的数值乘 5 即为样品中所含铅的大概含量（mg/kg）。

5. 注意事项

（1）本方法为现场快速检测方法，主要检测样品中离子铅的含量，实际样品中铅的总量（含有机铅）会比本检测结果高，精确定量应以国标法为准。

（2）GB 2762—2017《食品安全国家标准　食品中污染物限量》部分食品中铅

的限量标准（供参考）：水果蔬菜≤0.1mg/kg；谷类、豆类、薯类、禽畜肉类、鲜蛋等≤0.2mg/kg；薹类蔬菜、叶菜≤0.3mg/kg；白糖、饼干类食品≤0.5mg/kg；皮蛋≤2.0mg/kg；茶叶≤5.0mg/kg。

（3）试剂盒配置：A、B、C、D试剂各1瓶，比色卡1片，比色管5支（清洗干净后可重复使用）。试剂保质期8个月，若在冰箱中于4~10℃温度下保存，可延长至1年。

方法二　果蔬中游离铅及水中铅含量的定性或半定量检测

1. 检测原理

样品经处理后铅与反应试剂显色，与果蔬铅含量快速检测色阶卡进行比较，即可读出被测样品中铅含量的参考浓度。

2. 适用范围

用于果蔬中游离铅及水中铅含量的定性或半定量检测。

3. 主要仪器

剪刀、电子秤、塑料试管。

4. 试剂

（1）试剂A　浓酸溶液。

（2）试剂B　0.2mol/L三羟甲基氨基甲烷溶液。

（3）试剂C　20mL 1%邻二氮菲与50mL 2.8%醋酸铵混合溶液。

（4）试剂D　0.10g铅试剂（双硫腙）置于100mL 2%吐温-20溶液中，于70℃恒温水浴中加热30min。

（5）蒸馏水等。

5. 检验步骤

（1）将待测样品先用蒸馏水或纯净水冲洗一下（洗去表面泥土，以免干扰检测），晾干，用刀或剪刀将样品剪成1cm左右的小块，称取处理好的样品1g置于20mL塑料取样管中，加水10mL。

（2）加入4滴试剂A，用搅拌针将样品压在液面下，盖上取样管盖，上下摇动10次，放置1min，再上下摇动10次，取出果蔬样品，溶液作为待测液备用。

（3）移取样品液1mL于一支空白样品管中。加入3滴试剂B，盖上取样管盖，上下摆动5次，再分别加入2滴试剂C和2滴试剂D，上下摆动5次，室温显色5min。

6. 结果判定

将样管与果蔬铅含量快速检测色阶卡进行比较，即可读出被测样品中铅含量的参考浓度。

7. 注意事项

（1）当样品中含有铁离子、钙离子、镁离子等金属离子时可能会对溶液显色造成假阳性。

（2）此方法适用于游离铅测定，对有机铅测定时需按常规实验室方法进行消解。

➢ 任务拓展

拓展

食品中的农药残留对健康有害吗？

➢ 复习思考题

1. 简述农药速测仪的操作步骤。
2. 我国蔬菜中主要有哪 3 类农药残留？
3. 饮用水中的农药残留应该如何检测？
4. 新鲜茶叶和加工茶叶上的农药残留都能使用速测卡检测吗？

项目三

动物源性食品的快速检测

知识要求

1. 了解动物源性食品典型安全问题。
2. 了解动物源性食品速测技术的进展。

能力要求

应用各种检测技术进行动物源性食品安全检测。

教学活动建议

1. 广泛搜集动物源性食品快速检测相关的资料。
2. 关注动物源性食品速测技术的新进展。

【认识项目】

动物源性食品是指全部可食用的动物组织以及蛋和奶。它们为人类提供了丰富的优质蛋白、脂肪、维生素和矿物质等营养成分，是人类生存不可或缺的物质资料。动物源性食品在改善人们饮食结构、提高人民生活水平的同时，为农民增收、出口创汇、发展经济创造了条件。

然而，近年来我国动物源性食品的安全问题越来越引起人们的注意。一方面，随着人们生活水平的提高，动物性食品的消费量快速增加，食品安全自然成为关注的焦点；另一方面，近年来国内爆发的一系列重大食品安全事件使人们产生了心理恐慌，从注水牛肉到红心鸭蛋、三聚氰胺、瘦肉精、地沟油，涉及面之广、影响人数之多，使食品安全前所未有地受到公众关注。不安全的动物源食品不仅影响到人民群众的身体健康和生命安全，其所造成的经济损失也是显而易见的。近年来，日、韩等国多次以我国出口禽肉药物残留超标以及存在禽流感病毒为由，加强对我国出口禽肉的检验检疫，并多次采取封关措施。面对我国严峻的动物源性食品安全问题，如何加强食品安全监管，改善我国的动物源性食品安全状况，全面提升我国的动物源食品安全水平，是我国政府和相关监管部门所面临的巨大挑战。

肉、水产品、蛋和乳等动物及动物源制品与人们的生活息息相关。随着经济全球化、贸易自由化和食品国际贸易的迅速发展，食品安全的重要性越来越凸显，动物源性食品的安全问题尤其引人关注。世界食品贸易在极大地丰富人们饮食种类、提高生活质量的同时，由农兽药残留、环境污染物、生物毒素、重金属等有害物质残留导致的食品安全问题越来越多。“瘦肉精”、氯霉素、硝基呋喃、孔雀石绿、恩诺沙星、黄曲霉毒素、贝类毒素等有害残留物质引起的重大食品安全事件或风波接连不断，不仅给人类健康带来了一些急性的或潜在的安全危害，引起消费者的极大恐慌，而且可能引发经济危机。动物源性食品中有害物质残留的控制问题已成为人类健康和国际贸易关注的重点和热点。

任务一　肉及肉制品安全问题的快速检测

➢ 任务引入案例

山东1批次速冻调制牛排检出瘦肉精

2018年3月21日，山东省食药监局发布了一则公告。公告称，该局抽检了糕点、饮料、罐头、淀粉及淀粉制品、方便食品、速冻食品、水产制品、肉制品等类食品298批次样品，其中抽检项目合格的产品290批次，不合格产品8批次，合格率97.3%。其中标称青岛创造食品有限公司生产的1批次速冻调制牛排克仑特罗项目不合格。在动物饲料中加入克仑特罗，可促进动物生长，提高畜禽瘦肉比，因此称之为瘦肉精。通过食用含瘦肉精残留的动物内脏或肉类，可导致中毒发生。

➢ 任务介绍

2015年我国肉类总产量8625万吨，连续多年成为世界肉类生产第一大国。肉制品食品安全问题直接关系到人民的餐桌安全，随着经济的发展和人民生活水平的提高，人们日益关注肉制品质量安全这一问题。近年来，欧洲“马肉事件”、“福喜事件”和“僵尸肉”等事件，使肉类食品的安全问题已经成为了食品安全的热点问题。根据公开报道，2010年至今，肉制品质量安全主要风险因子存在于注水肉、肉制品中微生物、瘦肉精、亚硝酸盐和色素等指标。

一、注水肉问题概述

目前市场上发现的“注水肉”是指：违反国家相关食品法律法规的不法经营者，人为利用注射器、皮管、压力泵等器械，对宰前或者宰后的禽（鸡、鸭、鹅）畜（牛、猪、羊、兔），通过禽畜肛门直肠、动物血管、皮下、口腔食道等部位注射部分水分，从而增加禽畜重量，致使禽畜肌肉、胴体等部位的含水量增加，甚至使得含水量达到饱和，这些禽畜统称为注水肉。

注水肉的特征主要表现在以下三个方面：

①注水肉的胴体肌肉表现出无鲜肉均匀的红色和特有的光泽、肉的颜色苍白呈现水肿、表面湿润有水样光泽等现象，同时，禽畜肢体与身体躯干相连处的皱褶，以及禽畜的腹部脂肪组织和疏松结缔组织存在水珠。内脏表现为水肿且内脏体积扩大近1倍，内脏血管膨胀严重，似在水中浸泡过，颜色苍白。手提起肺时感觉较沉重，切开肺叶时会流出许多液体。肝脏的质地硬脆，包膜紧张且边缘肥厚，切面隆起。

②牛肉和羊肉注水后主要表现为弹性降低、颜色变淡、挤压时有血水渗出、松软、黏度降低、切面湿润且外翻、肉质不良等现象。

③禽肉中最常用的注水方式是将水注入胸部肌肉、皮下、大腿根部和翅根下，注水后的禽肉重量能够增长20%左右。

注水肉的危害主要有：第一，注入的水分多种多样，常见有自来水、河水甚至废水等，由于注入水分达不到相应卫生标准，导致肉极易被病原微生物污染；第二，注入大量不洁净水后的各种动物胃肠表现为严重松弛、蠕动缓慢，并且胃肠道内的物质与不洁净的水反应出现腐败，进而分解出有毒物质（如氨、胺、硫化氢等），随着血液循环，这些有毒物质进入动物机体，肉的品质和营养价值也会受到很大影响，随着流入市场最终导致消费者身体健康受到损害；第三，不法商贩生产和销售注水肉属于违法的行为，严重侵犯了消费者权益，同时，注水肉食用问题很多，如：口感差、极易变质，有时会酿成严重的食品安全卫生事件。依据现行国家标准 GB 18394—2001《畜禽肉水分限量》：猪肉水分含量≤77%；鸡肉水分含量≤77%；羊肉水分含量≤78%；牛肉水分含量≤77%。

二、肉及肉制品中瘦肉精问题概述

兽药中有一类人工合成的、具有同化作用的生长激素能够促进瘦肉生长并抑制肥肉生长，可实现这种功能的物质是一类肾上腺素受体激动剂的药物，也称瘦肉精。瘦肉精不是一种特定的物质，而是一类化学合成的苯乙醇胺类物质，可大致分为苯胺型（如克伦特罗、西马特罗、马布特罗等）、苯酚型（如莱克多巴胺、沙丁胺醇等）、苯二酚型（如特步他林、盐酸多巴胺）等三大类。兽药残留主要是由于不合理使用药物治疗疾病和作为饲料添加剂而引起的，滥用兽药的直接后果是导致兽药在动物性食品中残留，摄入人体后，影响人类的健康。

克伦特罗是一种典型的瘦肉精，作为一种β肾上腺受体激动剂，在临床上用于治疗支气管哮喘、慢性支气管炎和肺气肿等疾病。因该药可以提高瘦肉率，减少脂肪沉积和促进动物生长，被一些畜牧养殖企业作为养殖促进剂使用。作为饲料添加剂，克伦特罗的用量远超过临床用药剂量的5～10倍，人食用了饲喂克伦特罗作为添加剂的动物所生产的禽畜产品后，残留的克伦特罗可引起食物中毒，通常会出现肌肉震颤、心悸、精神紧张、头疼、肌肉疼痛、晕眩、恶心、呕吐、发烧、战栗等症状，严重者可引起死亡，对消费者的健康构成极大危害。世界多个国家都有食用克伦特罗残留的食物导致食物中毒的案例发生，动物养殖业非法使用克伦特罗也成为公众关注的社会问题。因此，世界许多国家禁止在饲料中添加克伦特罗来增加动物的瘦肉率。

三、肉制品中亚硝酸盐问题概述

作为发色剂和防腐剂的亚硝酸盐在食品加工中应用广泛，主要包括亚硝酸钠和亚硝酸钾，是一种白色不透明结晶的化工产品，剧毒物质，成人摄入0.2～0.5g即可引起中毒，3g即可致死。亚硝酸盐能使人体血红蛋白氧化而失去运输氧的能力，造成慢性、急性中毒，还能与食品中、人体内的仲胺类化合物反应生成具有强致癌性的亚硝胺类化合物。亚硝胺除致癌外，还可经胎盘对胎儿产生致畸和毒性作用。6个月以内的婴儿对亚硝酸盐特别敏感，食用亚硝酸盐或硝酸盐浓度高的食品引起的“高铁血红蛋白症”，能导致婴儿缺氧，出现紫绀，甚至死亡，因此欧盟规定亚硝酸盐严禁用于婴儿食品。

由于亚硝酸盐对肉制品具有发色和防腐保鲜作用，高浓度的亚硝酸盐不仅可改善肉制品的感观色泽，还可大大缩短肉制品的加工时间，因此在肉制品加工中经常被大量使用。同时，蔬菜和肉类中富含的硝酸盐在腌制、加工或储存不当的情况下，也会在还原酶的作用下转变成有毒的亚硝酸盐。我国对食品中的亚硝酸盐允许的残留量有严格的限量标准，但目前食品中亚硝酸盐超标的现象仍较普遍。

四、肉丸中硼砂问题概述

硼砂（Borax）为硼酸钠（sodiμm borate）的俗称。我国自古就习惯使用硼砂于食品，如年糕、油面、烧饼、油条、鱼丸等，多用硼砂作为增加韧性、脆度以及改善食品保水性、保存性的添加物。由于硼砂能对食品的口感有显著的提高作用，特别是肉制品，因而被不少小吃店等肉制品单位添加使用，由于硼砂的防腐力比较低，为了达到效果，添加量均比较大。近年来还使用硼砂防止虾类的黑变，以保持其色泽美观。但硼砂因为毒性较高，国家明文规定禁止其作为食品添加剂使用。

硼砂影响人体健康，进入体内后经过胃酸作用转变为硼酸，而硼酸在人体内有积存性，连续摄取会在体内蓄积，妨碍消化酶的作用，引起食欲减退、消化不良、抑制营养素吸收，促进脂肪分解，因而体重减轻，其中毒症状为呕吐、腹泻、红斑、循环系统障碍、休克、昏迷等所谓硼酸症。硼酸防腐力较弱，因而常被多量使用，致死量成人约为20g，小孩约3g。

➢ 任务实操

实操一　注水肉的快速检测

1. 方法原理

正常畜禽肉的含水量在试纸上虹吸展开的距离有着一定的规律。当被检样品超出这一规律的常规值时，可推断出样品的含水量超出限定值。

2. 适用范围

本方法适用于畜禽肉含水限量的现场快速检测。

3. 样品处理

取猪肉样品若干。

4. 检测步骤

在被检肉的肌肉（瘦肉）横断面上切一小口，将检测纸片插入约1cm（最深1.15cm）深处，将两侧肉体与试纸轻轻靠拢，等待2min，目视或用尺子测量肉体表面以上部位的试纸吸水高度。

5. 结果判定

吸水高度大于0.5cm以上的样品，可初步判定为注水肉，可将样品送实验室按GB/T 5009.3—2016《食品安全国家标准　食品中水分的测定》方法进一步测定。

6. 注意事项

（1）切口深度应大于1cm；市售鸡肉往往外部较湿，肉皮部位不能代表肉体含水程度，肉皮部位不要靠拢纸片。

（2）附带的干燥剂无色后，应更换新的干燥剂，或将干燥剂重新干燥后放回原处。

实操二　肉及肉制品中瘦肉精的快速检测

1. 方法原理

检测卡的中央膜面上固定有两条隐形线，克伦特罗抗原固定在测试区作为检测线（T线），二抗固定在质控区作为对照线（C线）。当样品溶液滴入加样孔后，因层析作用往上扩散。如果样品溶液含有克伦特罗，将和T线上的胶体金抗体先行反应，T线将较C线显色淡或甚至无显色，判定为阳性。反之，卡上的T线显色与C线相近或偏深，判定为阴性。

2. 适用范围

本方法适用于猪肉肝脏、肺脏、肾脏、瘦肉样品中盐酸克伦特罗（俗称：瘦肉精）的快速检测。检出限为5μg/kg。

3. 样品处理

取4g以上的瘦肉或内脏样本剪碎，装入5mL采样管中（以装满管子3/4为宜），拧紧管盖。放入90℃以上水浴中加热10min（肉熟透为准），取出冷却至室温。

4. 检测步骤

（1）测试前将未开封的检测卡恢复至室温。

（2）从铝箔袋中取出检测卡平放于台面（在1h内使用），同时取出用吸管封装的展开液，剪去吸管封口，取3滴（约100μL）到1.5mL离心管中，弃去吸管中剩余的展开液，用此吸管吸取加热后渗出的样品液，取3滴（约100μL）同样滴入到1.5mL离心管中，弃去吸管中剩余的样品液，用吸管混匀两种溶液后，垂直缓慢滴加3滴溶液到检测卡加样孔中并开始计时。结果在5～10min读取，如判读不明显可以延长时间10min。

5. 结果判定

阴性：T线比C线颜色深或一样为阴性（未检出）结果。

阳性：T线比C线颜色浅或T线无显色为阳性（瘦肉精含量大于5μg/kg）结果。

无效：未出现C线，表明不正确的操作过程或试剂已失效。

6. 注意事项

（1）脂肪会导致假阳性结果，取样时请弃去肉眼可见的脂肪部分。

（2）检测时避免阳光直射。

（3）本方法不宜采用纯净水作为空白阴性对照，可用瘦肉精溶液作阳性对照。

（4）对于重复检测仍为阳性结果的样品，应送实验室进一步确定。气质联用法是瘦肉精检测的确证方法。

实操三　肉制品中亚硝酸盐的快速检测

1. 方法原理

样品中抽提分离出的亚硝酸盐在弱酸性溶液中，与对氨基苯磺酸反应，生成重氮化合物。再与盐酸萘乙二胺生成紫红色化合物，其颜色的深浅与亚硝酸盐含量成正比，含量越高颜色越深。根据颜色深浅与标准比色卡对照确定样品中亚硝酸盐含量。

2. 适用范围

检测范围：0～200mg/L。

适用范围：检测食品中亚硝酸盐含量是否超标。

3. 样品处理

样品匀浆。

4. 检测步骤

（1）液体样品测定　液体样品需澄清，有颜色样品用活性炭脱色。取样品5mL加入到比色管中，插入检测试纸条2s后取出，与标准色阶卡比较得出亚硝酸盐的含量。

（2）固体或半固体样品测定　粉碎样品，取粉碎的样品5.0g于烧杯中，加50mL水，浸泡20min。取上清液10mL于比色管中，将试纸条浸入上清液中，5s后取出与色阶卡比较，所得数值即为样品中亚硝酸盐的含量。

5. 结果判定

（1）吹干试纸后没有出现紫色，或只有很小的紫色，表示样品中没有亚硝酸盐。

（2）吹干试纸后在样品液区域出现明显的紫色色斑，表示样品中含有亚硝酸盐，紫色色斑颜色越深，表示亚硝酸盐浓度越高。

6. 注意事项

（1）在生活饮用水中存在微量的亚硝酸盐，不能作为检测用水，可以用市售纯净水代替。

（2）肉类制品由于含有蛋白质，如在检测中干扰颜色判断，应采用过量的饱和硼砂溶液（一般是1∶2的质量比）去除蛋白质。

（3）对于阳性样品应重复操作加以确定。

实操四　肉丸中硼砂的快速检测

1. 方法原理

试剂盒采用样品提取液与A检测液反应，其产物再与姜黄试纸加热反应生成红棕色色斑，该色斑再与B检测液反应显示为蓝紫色来确定是否添加硼砂。

2. 适用范围

鱼丸、牛肉丸、牛肉、牛肉制品、扁食、米粉、油面、扁肉、蒸饺、水饺肉馅、各种粽子等。

3. 样品处理

取样品5～10g，剪碎，加25mL左右蒸馏水或纯净水，振摇多次，浸泡10min。

4. 检测步骤

（1）取试纸1条，用小吸管吸取浸泡液，加1滴至试纸正中间，再加1滴检测液A在同一位置，适当倾斜试纸，使两者均匀混合。

（2）拿好试纸，用电吹风的低挡风将试纸慢慢吹干（3min左右）。

（3）试纸出现红棕色色斑，再往色斑上滴加1滴检测液B；若未出现红棕色色斑，不用加检测液B。

5. 结果判定

（1）吹干试纸后没有出现红棕色色斑，或只有很小的红棕色色斑，表示样品中没有添加硼砂。

（2）吹干试纸后在样品液区域出现明显的红棕色色斑，并在滴加B检测液后色斑变成蓝紫色或绿黑色，表示样品中含有硼砂，红棕色色斑颜色越深，表示硼砂浓度越高。

注：吹干试纸后试纸只有边缘有一点或一道红色斑，或只有很小的红棕色色斑，可判断为样品中没有添加硼砂；加有硼砂一般在加液部分显示红棕色比较明显。

6. 注意事项

（1）试纸应避光保存。

（2）所有试剂应在有效期内使用。

（3）初次使用建议各做一次阳性和阴性对照。

（4）对照方法如下

阳性对照：用1滴标准品代替样品液加到试纸条上，其他操作步骤与样品检测相同。试纸条加液部分均应出现红棕色。

阴性对照：用1滴蒸馏水代替样品液加到试纸条上，其他操作步骤与样品检测相同。试纸不显色或仅在边沿有少许红边。

➢ 任务拓展

拓展一　兽药知识知多少。

拓展二　NY/T 468—2006《动物组织中盐酸克伦特罗的测定气相色谱/质谱法》（节选）。

拓展一

拓展二

拓展三　GB 5009 33—2016《食品安全国家标准　食品中亚硝酸盐与硝酸盐的测定》之试样预处理（节选）。

拓展四　食品中4种肉类成分多重PCR的快速鉴别方法。

拓展三

拓展四

➢ 复习思考题

1. 肉制品中常见的危害有哪些？
2. 畜禽肉瘦肉快速检测的原理和检测过程中的注意事项是什么？
3. 肉制品中亚硝酸盐快速检测过程中干扰因素有哪些？如何去除干扰物质？

任务二　水产品安全问题的快速检测

➢ 任务引入案例

杭州一母亲买银鱼给孩子做蛋羹吃3天发现甲醛严重超标

2018年3月24日，家住下沙的蒋女士托婆婆从高沙农贸市场买了一袋银鱼，用来给孩子做鸡蛋羹吃。三天后，蒋女士自己下厨时，发现这袋银鱼与平时买的不太一样，口感也不对，“平时的银鱼糊糊的，大拇指一捻就碎了，这袋银鱼很难捏碎，只有使劲抠才能抠下肉来。”

蒋女士怀疑，这袋银鱼被福尔马林泡过。“孩子已经吃了三天了，让人很着急。”之后，蒋女士向政府服务热线12345与浙江在线《消费维权在现场》栏目进行了投诉。在古荡农贸市场的食品安全检测室，记者看到了蒋女士提供的问题银鱼。与正常的银鱼相比，问题银鱼的颜色偏黄，肉质弹性较大。

检测员陈云兵告诉浙江在线记者，检测的方法是将浸泡过银鱼的溶液与相关溶液进行化学反应，如果溶液变紫，则证明银鱼中含有甲醛，反之则溶液无色透明。

半小时后，浙江在线记者看到，浸泡过问题银鱼的溶液变成了深紫色，与一旁浸泡过正常银鱼的无色透明溶液形成了鲜明对比。“甲醛含量越多，颜色越深，可以判断消费者买的银鱼中甲醛严重超标。”陈云兵说。

根据初检结果，蒋女士购买的银鱼中，每千克含有80.9毫克甲醛。

➢ 任务介绍

《2016年中国水产品质量安全状况研究报告》指出，我国水产品总产量居世界第一位，而水产品例行监测合格率位列五大类农产品末位。水产品是质量安全水平相对薄弱的食品种类，是我国需要聚焦的主要食品种类之一，我国水产品质量安全问题亟待引起高度重视。

国家食品药品监督管理总局于 2016 年 11 月启动对北京、上海、南京、武汉、广州等 12 个大中城市的 468 家经营鲜活水产品的集中交易市场、销售企业和餐饮服务单位的检查，随机抽取了近年来抽检监测发现问题较多的多宝鱼、黑鱼、桂鱼等鲜活水产品 808 批次，检验项目为孔雀石绿、硝基呋喃类代谢物、氯霉素，检验结果合格 739 批次，检出不合格样品 69 批次，合格率 91.46%。

目前我国养殖捕捞环节水产品质量安全主要的问题是农兽药残留超标、环境污染引发的质量安全问题、微生物污染、寄生虫感染、含有有毒有害物质、含有致敏原等，其中农兽药残留超标以及环境污染引发的重金属超标、生物毒素中毒是主要风险。加工环节水产品及制品的主要风险因子是菌落总数超标、大肠菌群超标、挥发性盐基氮超标、检出亚硫酸盐、检出苯甲酸、酸价超标、铅超标、检出日落黄、山梨酸超标。经营环节主要风险因子是孔雀石绿、硝基呋喃代谢物和氯霉素。

一、 水发水产品中甲醛问题概述

甲醛（俗称福尔马林）是一种毒性较强、可以破坏生物细胞蛋白的物质，可引起人体过敏、肠道刺激反应、食物中毒等疾患。食品在生产、加工与运输环节，一般不容易被甲醛污染。某些食物本身存在有微量的甲醛不足以对人体造成危害。

由于甲醛可以改变一些食品的色感并有防腐作用，在无知或金钱利益的驱使下，一些地区的不法分子在某些食品中加入了甲醛。甲醛被加入到食品中可使食品保质期延长，防止食品变质，起到消毒和杀菌的作用。但残留在食品中的甲醛可严重危害人类的健康，过量摄取可引起恶心、气喘和肺水肿，长期接触可引发慢性呼吸道疾病、肝功能异常、染色体异常、儿童体质下降，严重的甚至可导致死亡。

目前已有的甲醛检测方法有：液相色谱法、间苯三酚法、酚试剂法和乙酰丙酮法等。但这些方法都不适于现场检测。

二、 水发水产品中工业碱问题概述

工业火碱又名氢氧化钠，是一种常见强碱，碱性很强，腐蚀性强，俗称烧碱、火碱、苛性钠，易溶于水，溶解度随温度的升高而增大，溶解时能放出大量的热。它的水溶液有涩味和滑腻感，广泛应用于肥皂、石油、造纸、纺织、印染等工业。它不同于我们生活中可以食用的碱（碳酸钠、碳酸氢钠），属剧毒化学品，具有极强的腐蚀性，会强烈刺激人体胃肠道，还存在致癌、致畸形和引发基因突变的潜在危害，只需食用 1.95g 就能致人死亡。正常情况下，食用碱泡发的东西，个头儿不会特别大。用烧碱泡发的水发食品，发泡体积大，外观饱满好看，使产品含水量大大增加，从而增加收益。

由于烧碱具有很强的腐蚀性，经常食用烧碱浸泡的产品，对消化系统会产生很大的腐蚀作用，常见于海参、鱿鱼等干水产品、豆腐中。

三、水发水产品中二氧化硫问题概述

漂白剂作为一种食品添加剂，具有漂白、脱色、防腐和抗氧化的作用。二氧化硫是使用最广的一种漂白剂。利用漂白剂来对食品进行添加或熏蒸，可使食品表面颜色新鲜、白亮、有光泽，并可起到防腐防霉的作用。利用漂白剂对发霉、发黑的食品进行处理，还可起到掩盖霉斑、使不法商贩达到以次充好的目的。

通过添加或熏蒸处理后的食品中，将有一定量的二氧化硫残留。人长期摄入二氧化硫残留过高的食品，将直接影响生长发育，并容易引起多发性神经炎和骨髓萎缩等病症。二氧化硫残留量是亚硫酸盐在食品中存在的计量形式。亚硫酸盐主要包括亚硫酸钠、亚硫酸氢钠、低亚硫酸钠（又名保险粉）、焦亚硫酸钠、焦亚硫酸钾和硫黄燃烧生成的二氧化硫等。由于食品中二氧化硫残留对人体的影响，我国对不同食品中二氧化硫残留的量均有不同的规定，其中水发水产品中不得添加二氧化硫、亚硫酸氢钠、低亚硫酸钠。

四、水产品中氯霉素问题概述

氯霉素是一种广谱抗生素。由于其具有效果好以及价格低廉等优点，目前已被普遍应用于各类家禽、家畜、水产品、牛乳及蜂制品的各种传染性疾病的治疗。然而氯霉素有其严重的副作用，它会抑制人体骨髓的造血功能，从而引起再生障碍性贫血和粒细胞缺乏症。目前，我国已禁止其使用。

五、水产品中孔雀石绿问题概述

孔雀石绿是一种带有金属光泽的绿色结晶体，又名碱性绿、孔雀绿。它既是杀真菌剂，又是染料，易溶于水，溶液呈蓝绿色。研究结果表明，孔雀石绿具有高毒素、高残留和致癌、致畸、致突变等副作用。鉴于孔雀石绿的危害性，许多国家都将孔雀石绿列为水产养殖禁用药物。我国也于 2002 年 5 月将孔雀石绿列入《食品动物禁用的兽药及其化合物清单》中。

➢ 任务实操

实操一　水发水产品中甲醛的快速检测

1. 方法原理

该甲醛检测试纸主要由显色剂、增敏试剂（酒石酸）等组成。

显色原理：根据甲醛在碱性介质中与显色剂缩合，然后生成紫红色络合物，且络合物颜色深浅与甲醛的含量呈线性关系，通过比较颜色深浅可以对甲醛的浓度进行半定量。

2. 适用范围

本法主要针对水发产品浸泡液中甲醛含量的检测。

检出范围：0 ~ 50mg/L。

3. 样品处理

有色样品液体，可取同等量的液体做对照液观察；深色液体可以用活性炭脱色进行实验。

4. 检测步骤

取样品溶液 10mL，加入甲醛检测液 A 液 3 ~ 4 滴，摇匀。再加入检测液 B 液 3 ~ 4 滴，摇匀。放置 1min 后比色，即为样品中甲醛含量。

5. 结果判定

（1）吹干试纸后没有出现紫色，或只有很小的紫色，表示样品中没有甲醛；

（2）吹干试纸后在样品液区域出现明显的紫色色斑，表示样品中含有甲醛，紫色色斑颜色越深，表示甲醛浓度越高。

6. 注意事项

（1）甲醛含量低的样品会褪色，高含量的样品不褪色或者褪色很慢。

（2）如果样品颜色过深，应进行稀释后再检测。检测结果乘以稀释倍数即为样品中甲醛含量。

（3）试剂 B 为强腐蚀性溶液，勿沾染皮肤，如果误入眼中，请立即用大量清水冲洗。

实操二　水发水产品中工业碱的快速检测

方法一　试纸法

1. 方法原理

氢氧化钠和氢氧化钾等工业碱为强碱性物质，会破坏细胞的通透性和改变细胞内外的水分平衡，通常细胞内的水分较少，通过浸泡工业碱的水产品，蛋白质变性加大细胞间隙，细胞自动吸收大量水分，从而使产品急剧膨胀，有的可以使水发产品体积膨胀 2 ~ 3 倍，质量也增加 2 倍多，甚至颜色显得更新鲜。

定性快速检测原理：pH 试纸在酸碱条件下显色不同，适于水发水产品的 pH 是否≥8。

2. 适用范围

干制品水发产品的水产品（包括水发海参、水发墨鱼、水发鱼翅等），浸泡销售的解冻水产品（解冻虾仁、解冻银鱼等），以及浸泡销售的鲜水产品（鲜墨鱼仔、鲜小鱿鱼等)；其他类似水产品等。

3. 样品处理

取适量的样品于样品杯中，用蒸馏水或纯净水浸泡5～10min得均匀的待检测液，水发产品直接取浸泡液或淋洗液即可。

4. 检测步骤

1mL待检测液于小离心管中，截取1/2条试纸浸入检测液中，取出后如果试纸变成蓝色，可以认为样品浸泡过碱，为不合格产品。

5. 结果判定

如果试纸变成蓝色，可以认为样品浸泡过碱，为不合格产品。

6. 注意事项

(1) 试剂保质期为1年。

(2) 纯净水或蒸馏水作为稀释液。

(3) 试纸必须放在干燥阴暗的地方，避免与酸碱性气体及其他物质接触，否则会影响测定的结果。

方法二 试剂盒法

1. 方法原理

工业碱水速测试剂盒根据氢氧化钠与食用碱（碳酸钠、碳酸氢钠）理化性质的差异研制而成，可快速检测水发食品是否采用了苛性碱泡制。其基本原理是：试剂可在1s内迅速与水发产品浸泡液反应，若使用了工业碱，试纸会显出砖黄至砖红色，颜色越深，表示工业碱的用量越大。与色卡比较，可估测苛性碱在水发产品浸泡液中大致含量。

2. 适用范围

海参、鱿鱼等干水产品。

3. 样品处理

用蒸馏水浸泡水发食品约20min。

4. 检测步骤

(1) 用塑料样品杯取少量水发食品的浸泡液，将一条工业碱检测试纸浸入其中，0.5s取出，1s后即与色卡比较，如果检测试纸所显的颜色与色卡比较，比标示值为1.3g/L的色标的颜色更深，可以认为此浸泡液使用了工业碱；不必再做进一步检测；如果检测试纸所显的颜色与色卡比较，相当于色卡标示值0.4～1.3g/L，则应进行下一步试验。

(2) 如果检测试纸所显的颜色与色卡比较，颜色的深浅相当于色卡标示值0.4～1.3g/L，应进行如下试验：用0.25mL吸管吸取澄清的浸泡液3滴，滴入多孔比色管的孔中，加入28滴水（约0.5mL），然后滴入1滴检测液A，观察孔中的变化。

5. 结果判定

（1）如果检测试纸所显的颜色与色卡比较，比标示值为1.3g/L的色标的颜色更深，可以认为此浸泡液使用了工业碱；

（2）如果检测试纸所显的颜色与色卡比较，相当于色卡标示值0.4～1.3g/L，则应进行下一步试验。观察多孔比色管的孔中液体是否变得浑浊，如果没有观察到白色浑浊（沉淀）生成，则可以认为此浸泡液使用了工业碱。

6. 注意事项

（1）试剂用后应旋紧密闭，于冰箱冷藏或阴凉干燥处避光保存。检测试纸应于避光干燥处保存。

（2）所有实验用水均应使用蒸馏水或纯净水。

（3）每次使用后，实验器皿应用清水冲洗三遍以上，然后用蒸馏水或纯净水洗后晾干备用。

实操三　水发水产品中二氧化硫的快速检测——速测管比色测定法

1. 方法原理

二氧化硫试纸在弱酸性介质时与显色剂生成从浅紫色到紫红色化合物，颜色深浅与浓度有关，可通过比色法测定样品中二氧化硫的量。

2. 适用范围

海藻、鱼干、虾干等水产品中二氧化硫含量的快速检测。

3. 样品处理

准确称取1.0～5.0g样品，剪碎，用少量水将样品润湿，并用水将样品洗入10mL比色管中（也可将样品直接置入100mL容量瓶中），加水至总容量的1/2，加塞振荡（样品颗粒较大时，可用100W的超声波提取器提取1～2min）后，再加水至刻度，摇匀，浸泡20～30min待测。

4. 检测步骤

吸取1mL待测液于检测管中；加入2滴试剂A盖上盖摇匀；打开盖子加入2滴试剂B，盖上盖摇匀，5min后观察结果，并和比色卡进行比较。

5. 结果判定

速测管与色阶卡比色判定。

6. 注意事项

（1）本法不适于有色泽或色泽较深的样品。

（2）试剂有腐蚀性或毒性，避免与皮肤及黏膜接触，如误入眼中，请立即用大量清水冲洗。

（3）检测管中有底物，用前请勿冲洗。

（4）显色在5min后才稳定，必须在5min后观察结果。

实操四　水产品中氯霉素残留的快速检测

1. 方法原理

本方法为胶体金免疫层析法，是一种竞争抑制法，将氯金酸用还原法制成一定直径的金溶胶颗粒，标记抗体。样品中残留的氯霉素，滴加在氯霉素免疫胶体金快速检测试剂板的加样孔中，样品溶液以硝酸纤维素（NC）膜为载体，利用微孔膜的毛细管作用缓慢向另一端渗移，在移动过程中，样品溶液中的氯霉素与胶体金标记的特异性单克隆抗体结合，从而抑制了抗体和检测线上特异性结合抗原的结合，未被氯霉素结合的抗体与检测线上的抗原反应，并通过胶体金的颜色而显示红色条带。用胶体金读卡仪或目测比较板/卡上控制线（C 线）和检测线（T 线）上红色条带的有无及颜色的相对深浅进行判定。当试样中的氯霉素含量达到或超过本方法检出限时，检测线较控制线显色淡甚至无显色，判定为阳性；反之，当试样中的氯霉素含量在本方法检出限以下或无残留时，检测线与控制线显色一致或偏深，判定为阴性。

2. 适用范围

用于快速检测组织（畜禽肉、鱼、虾等）中的氯霉素残留，灵敏度为 1μg/kg。

3. 样品处理

（1）样品匀浆后，取 2.0g 样本于 5mL 离心管（1）中，再向 5mL 离心管（1）中加入 1.5mL 提取剂。

（2）剧烈振荡 5min 后，静置待测。

4. 检测步骤

（1）移取全部上清液于点滴板上，自然挥干或吸耳球吹干。

（2）用 0.3mL PBST 充分溶解残留物，取出残渣溶解液加入 5mL 离心管（2）中，同时加入 0.3mL 净化剂，摇匀，静置 2min。

（3）从原包装袋中取出试剂板。

（4）用滴管吸取至少 100μL 下层待检样品溶液，滴加 3 滴（约 100μL）于加样孔中，加样后开始计时；结果在 3～5min 读取，其他时间判读无效。

5. 结果判定

（1）阴性（－）　T 线（检测线，靠近加样孔一端）比 C 线（控制线）深或一样深，表示样品中氯霉素浓度低于 1μg/kg 或不含氯霉素残留物。

（2）阳性（＋）　T 线比 C 线浅，或 T 线无显色，表示样品中氯霉素浓度高于 1μg/kg；T 线比 C 线越浅，表示样品中氯霉素浓度越高。

（3）无效　未出现 C 线，表明不正确的操作过程或试剂板已变质失效。在此情况下，用新的试剂板重新测试。

6. 注意事项

（1）使用前将试剂板和待检样本溶液恢复至室温。尽量不要触摸试剂板中央的白色膜面。

（2）试剂板打开后在1h内使用。

（3）原包装应储存于4～30℃，阴凉避光干燥处，切勿冷冻；有效期12个月。

实操五　水产品中孔雀石绿的快速检测

1. 方法原理

水产品中的孔雀石绿、结晶紫及其代谢产物无色孔雀石绿、无色结晶紫经过前处理后，样液经过孔雀石绿专用SPE小柱富集形成有色环带，可初步判断样品中是否含有有色孔雀石绿、结晶紫。用洗脱剂将柱上待检物洗脱下来，经柱衍生化后，加萃取剂，若萃取剂有明显的绿色或紫色，说明样品中含有待检物质。将萃取剂取出滴于白色点滴板上，可在板上形成绿色或紫色环斑，从而可准确定性样品中是否含有孔雀石绿或结晶紫。

2. 适用范围

用于检测鱼类、虾类等孔雀石绿、结晶紫、无色孔雀石绿、无色结晶紫成分。适用于市场监督部门、水产监督部门、水产养殖部门对水产品的现场及化验室检测监控。

3. 样品处理

取水产品可食部分用绞肉机绞碎备用。

4. 检测步骤（实验室快速按照A，现场快速按照B）

（1）A取水产品可食部分用绞肉机绞碎后，准确称取10.0g于100mL离心管中，加入提取剂1、提取剂2各一瓶，振摇5min后，4000rpm离心5min，取上清液10mL于100mL量筒中，用蒸馏水定容至30mL；

B用剪刀剪取约10g样品于研钵中，加入一瓶提取剂2研碎后，再加入一瓶提取剂1继续研磨3～5min，用滤纸过滤后挤干残渣，收集滤液10mL于100mL量筒中，用蒸馏水定容至30mL。

（2）层析柱激活　层析柱在使用前依次加入2mL洗脱剂、5mL蒸馏水，吸耳球上加压，废液舍弃。

（3）过层析柱　将50mL注射器与层析柱连接，将步骤（1）中收集到的样液倒入注射筒里，用注射塞加压，加快流速，建议30mL样本通过柱子的时间为5～8min，待样液完全流干，弃去流出液，然后依次加2mL洗涤剂及2mL蒸馏水于层析柱中，吸耳球上加压，废液舍弃。

（4）结果初判　观察层析柱中吸附剂颜色变化，若吸附剂逐渐形成绿色环带，可初步判断样本中含有孔雀石绿；若吸附剂逐渐形成紫色环带，可初步判断样本中含有结晶紫；加0.8mL洗脱液于层析柱中，吸耳球上加压，用离心管1收集流出液，看液体颜色来判断。

（5）衍生化　依次用2mL洗脱液及2mL蒸馏水于层析柱中，吸耳球上加压，废液舍弃，将一瓶衍生化试剂倒入层析柱中，加入2mL蒸馏水，用吸耳球从上口加压挤干；弃去流出液，将步骤（4）中离心管1的洗脱液加入柱中，吸耳球上加压，用离心管2收集流出液，再用0.8mL洗脱液于层析柱中，吸耳球上加压，用此离心管2收集混匀。

（6）萃取　取步骤（5）中的离心管2，加入0.5mL蒸馏水后，再加入0.5mL萃取剂，扣上管塞混匀静置，离心管2下层若有明显的绿色或紫色，则可判断样品中含有孔雀石绿或结晶紫，若无明显的绿色或紫色需进一步的判断。

（7）检测　用1mL注射器取步骤（6）离心管2中的下层的萃取液（注意不要吸到上层的液体），加到白色点滴板的一个孔上，样液渐渐挥发干，若在孔上形成绿色斑环，说明样品中含有孔雀石绿，形成紫色斑环，样品中含有结晶紫。

5. 结果判定

若在孔上形成绿色斑环，说明样品中含有孔雀石绿，形成紫色斑环，样品中含有结晶紫。

6. 注意事项

试剂在4～30℃阴凉干燥处保存，有效期为2年。

➢ 任务拓展

拓展一　广东省水产品质量安全条例（节选）。

拓展二　农业部958号公告－13－2007《水产品中氯霉素、甲砜霉素、氟甲砜霉素残留量的测定气相色谱法》（节选）。

拓展一

拓展二

➢ 复习思考题

1. 水产品快速检测技术，在哪些方面需要改进？

2. 水产品中甲醛快速检测的原理？

3. 水产品中氯霉素残留快速检测结果未出现C线？请分析原因，并提出验证方案？

任务三　鸡蛋质量与安全问题的快速检测

➢ 任务引入案例

变质鸡蛋可能会导致食物中毒

鸡蛋是我们常见的也几乎是家家必备的平价营养食品之一，不管是正在长身体的孩子，还是体质虚弱的老人，抑或是工作辛苦费脑力的年轻白领，鸡蛋总是能满足不同口味的人群对于营养的需求，然而就是这样一个受欢迎的明星食品竟然把不少人送进了医院……沈阳一家三口因为吃炒鸡蛋出现呕吐、高烧、腹泻的症状；一个六个月大的婴儿突然出现呕吐、腹泻，继而抽搐、昏迷，原因也是因为吃鸡蛋出的问题；杭州一女子吃了韭菜炒鸡蛋后发生中毒现象。

➢ 任务介绍

我国是世界上鸡蛋生产和消费大国，但鸡蛋质量安全问题已成为当前鸡蛋产业面临的主要难题。近 30 年来中国禽蛋产业取得了巨大成就，产量年均增长 7.8%，产量位居世界第一，占世界禽蛋总量的 40% 左右。国家统计局发布《2016 年国民经济和社会发展统计公报》，公报显示：我国 2016 年禽肉产量 1888 万吨，增长 3.4%；禽蛋产量 3095 万吨，增长 3.2%，居世界前列。

鸡蛋质量是指鸡蛋的外观和内在品质，包括营养成分、色香味、口感、加工特性以及包装标识等。鸡蛋安全是指鸡蛋的危害因素，如农药残留、兽药残留和重金属污染等对人、动植物和环境存在的危害和潜在危害。随着鸡蛋的需求量越来越大，有关鸡蛋质量安全方面的问题也越来越多，鸡蛋质量安全关系到人民身体健康和生命安全。随着集约化家禽养殖业的发展，农药、兽药使用范围不断扩大，鸡采食饲料的安全性、鸡蛋在流通中的安全性等都不能得到保证。鸡蛋的质量安全对消费者的健康和国家的经济利益有着重要的影响。我国现阶段鸡蛋质量安全问题的风险来源主要是病原微生物感染、兽药滥用、环境和饲料中农药残留、重金属污染和非法添加化学违禁物。

一、 鸡蛋新鲜度及变质

鸡蛋品质主要包括两个部分：内部品质和外部品质。外部品质主要包括蛋壳质量（蛋壳强度、蛋壳结构、蛋壳颜色）、蛋质量、蛋形指数等；内部品质主要是指蛋白质量（蛋白高度、哈氏单位、蛋白 pH）、蛋黄品质（蛋黄颜色、蛋黄膜强度）、其他指标（化学成分、功能特性、滋味、气味、卫生指标、血斑、肉斑）。鸡蛋内部品质中最主要的一个评判标准就是蛋白的品质。鸡蛋的蛋白主要由两种成分构成：浓蛋白和稀蛋白。通常情况下我们通过测量浓蛋白的高度（一般以哈氏单位表示）以及蛋白中是否存在其他杂质来确定蛋白的品质。蛋白品质主要是由母鸡的年龄和蛋龄决定的，此外鸡蛋的储藏条件也会影响蛋白的质量，如高温、高湿环境会导致蛋白黏性迅速下降。蛋黄的品质主要是指蛋黄的形状、气味等，当鸡蛋的储存温度过高或者储存时间较长时，会出现散黄现象。鸡蛋的外部品质虽然和它的营养价值关系不大，但是这会影响鸡蛋的运输、储藏、加工及消费者的购买欲等。在蛋品加工和新鲜鸡蛋销售过程中，受生产条件、检测方法的制约，我们主要检测鸡蛋的质量、大小、新鲜度、蛋壳表面是否有污斑、蛋壳是否有裂纹以及蛋内是否有血斑、肉斑等杂质。随着生活水平的提高，消费者们对鸡蛋品质的要求也越来越高，因此对于鸡蛋品质的检测也越来越受到人们的关注。

二、 皮蛋中铅含量

皮蛋又叫变蛋、松花蛋等，色泽美观，具有特殊的滋味和气味，有促进人的食欲、开胃助消化的作用。其营养价值比鲜蛋高，且氨基酸比例平衡，在人体内易被消化吸收。

皮蛋是采用鸭、鸡等禽蛋为原料，经用石灰、碱、盐等配制的料汤（泥）或氢氧化钠等配制的料液加工而成的蛋制品。皮蛋加工常用主料：CaO、Na_2CO_3或NaOH，配料有PbO、$CuSO_4$、$ZnSO_4$、$FeSO_4$等不同原料。金属化合物促进NaOH的渗透以及蛋白的凝固。但有研究认为，在皮蛋加工的初期，铅、铜、锌等金属化合物加入到主料液中后，以$[Pb(OH)_3]^-$、$[Cu(OH)_4]^{2-}$（部分以$Cu(OH)_2$沉淀下来）、$[Zn(OH)_4]^{2-}$的形式存在，这些离子经过蛋壳、蛋壳内膜和蛋白膜而进入蛋内。

➢ 任务实操

实操一　鸡蛋新鲜度的快速检测——相对密度测试法（自配试剂）

1. 方法原理

新鲜鸡蛋的平均相对密度为1.0845，保存时间越长，蛋内水分蒸发越多，致使蛋内气室增大，相对密度降低。鸡蛋存放时间越长，新鲜度越低，微生物污染和繁殖率越高。

2. 适用范围

鸡蛋、鸭蛋等蛋品新鲜度鉴定。

3. 样品处理

取鸡蛋样品若干。

4. 检测步骤

（1）配制3种不同密度的盐水：11%食盐溶液，密度为1.080g/mL；10%食盐溶液，密度为1.073g/mL；8%食盐溶液，密度为1.060g/mL。

（2）把鸡蛋投入10%食盐溶液，再把鸡蛋移入11%和8%食盐溶液中，观察其沉浮情况。

5. 结果判定

在10%食盐液中下沉的蛋，为新鲜蛋；当移入11%食盐液中仍下沉的蛋，为最新鲜的蛋，在10%和11%食盐溶液中都悬浮不下沉的蛋，而在8%食盐液中下沉的蛋，表明该蛋介于新陈之间，尚可食用；如在上述 3 种食盐液中均悬浮不沉，表明为腐败变质的蛋，不可食用。

6. 注意事项

经过检测的蛋不宜久藏。

实操二　变质蛋的快速检测

1. 方法原理

变质蛋在外观上有许多异常，通过视觉检测，可甄别异常。

2. 适用范围

鸡蛋、鸭蛋等蛋品鉴定。

3. 样品处理

取鸡蛋样品若干。

4. 检测步骤

不同质量的鸡蛋的判定与处理（进行光照测试前先用厚纸卷成一个长 15cm，一端略细的纸筒，将蛋放在粗端对着阳光检测）方法如下：

（1）良质鲜蛋　蛋壳上有白霜，完整清洁，光照透视气室小，看不见蛋黄或呈红色阴影无斑点。

（2）血圈蛋（受精蛋）　由于受热开始生长，光照透视气血管形成，蛋黄呈现小血环。血圈蛋应在短期内及时食用。

（3）霉变蛋　轻者壳下膜可有小霉点，蛋白和蛋黄正常；严重者可见大块霉斑，蛋膜及蛋液内有霉点或斑，并有霉味，霉变蛋不能食用。

（4）黑腐蛋　蛋壳多呈灰绿色或暗黄色，有恶臭味。黑腐蛋不能食用。

5. 结果判定

参照检测步骤。

6. 注意事项

变质蛋不能食用。

实操三　皮蛋中铅含量的快速检测

1. 方法原理

在弱碱性条件下，铅离子与双硫腙生成红色配合物。

2. 适用范围

皮蛋等食物。

3. 样品处理

适量剥壳皮蛋，蛋清用剪刀剪碎，称取 2.5g，放入小烧杯中，加入蒸馏水

10mL，浸泡 10min，期间摇震溶解，待测。

4. 检测步骤

样品检测：取 1mL 样品浸泡液于试管中，加 2 滴试剂 1；之后依次加入：1 滴试剂 2，1 滴试剂 3，摇匀；静置 1min 后，滴加 10 滴试剂 4，摇匀，等待 10min，与标准比色卡对比，观察溶液颜色。

空白对照：用 1mL 蒸馏水代替样品浸泡液，其他与样品检测相同，颜色呈阴性淡黄色。

5. 结果判定

若样品显色明显比空白的深，呈橙红色到红色，即说明样品中重金属铅含量超过国家限量标准 GB 2762—2017，和比色卡对比得到半定量的结果。

若样品显色与对照一样或相近，呈黄色，则说明样品中重金属铅未检出。

➢ 任务拓展

拓展一　SB/T 10638—2011《鲜鸡蛋、鲜鸭蛋分级》（节选）。

拓展二　GB 5009. 12—2017《食品安全国家标准　食品中铅的测定》（节选）。

拓展一

拓展二

➢ 复习思考题

1. 哪些快速检测技术可以用于鸭蛋、鸽子蛋等蛋类品质检测？

2. 皮蛋中铅含量快速检测原理？

3. 现有鸡蛋新鲜度和变质蛋的快速检测方法有哪些缺点？查找文献，思考是否有解决方案？

任务四　乳及乳制品质量与安全问题的快速检测

➢ 任务引入案例

我国生鲜乳三聚氰胺已连续 8 年零检出国产奶安全性已优于进口奶

据中国之声《全国新闻联播》报道，原农业部、中国奶业协会 2017 年 7 月 19 日发布《中国奶业质量报告（2017）》。我国生鲜乳三聚氰胺已连续 8 年零检出，当前，国产奶安全性已优于进口奶。

原农业部、中国奶业协会通报，2016 年，我国奶类产量 3712 万吨，仅次于印度和美国，居世界第三位。原农业部连续 9 年实施全国生鲜乳质量安全监测计划，监测范围覆盖全国所有生鲜乳收购站和运输车。监测显示，国产生鲜乳主要质量卫生指标达到发达国家水平，乳品质量持续提升。中国奶业协会代理秘书长刘亚清介绍，2016年生鲜乳抽检合格率99.8%，三聚氰胺等违禁添加物抽检合格率连续8年保持100%；乳制品抽检合格率99.5%，在食品中保持领先。

尽管民族奶业发展势头良好，原农业部奶及奶制品质量监督检验测试中心主任王加启坦言，进口奶制品仍然是很多消费者的选择。事实上，当前，国产奶安全性已优于进口奶。在2016年，共有来自19个国家10类154批次进口奶产品不符合我国现行国家标准，被退货或销毁。进口液态奶有三个特点，第一，保质期长，第二，热加工的副产物糠氨酸含量显著高于国产液态奶，第三，β-乳球蛋白等活性蛋白含量显著低于国产液态奶，表明进口液态奶的活性物质受到了热伤害，按照国际指标衡量，不属于优质奶的范畴。消费者要消费优质奶，还是要依靠本土奶。

> 任务介绍

改革开放以来，我国乳业进入了飞速发展的黄金时期。然而“三聚氰胺”事件的出现，对中国奶业造成了致命的打击，生鲜乳及乳制品的掺假问题也日益受到社会各界的重视，乳制品安全问题成为公众最为关心的食品安全问题。如何快速准确地检测和判定生鲜乳及乳制品是否掺假、掺杂，保证乳品的安全，树立消费者对国产品牌的信心，已成为中国奶业发展的关键。

纵观近几年的乳品质量安全事件，可以发现影响乳品质量安全的因素主要有乳制品新鲜度、掺假问题和化学污染。

一、 牛乳新鲜度

牛乳是日常生活中一种常见的营养来源，成分丰富且易被吸收，是一种天然食品。鲜牛乳有“万食之王”美称，其营养丰富、富含多种生物活性物质。人们常说喝牛乳可以提高人体的免疫力，这便是牛乳中活性物质在起作用，因此鲜牛乳也被美誉为“命脉素”。鲜牛乳在天然饮品中基本是最完美的食品，有“白色液体”之称，为人体提供丰富的营养物质。通常鲜牛乳是由一些较为重要的化合物质组成，这些化合物的含量分别是：水分：87.5%；脂肪：3.5%；蛋白质：3.4%；乳糖：4.6%；无机盐：0.7%。全蛋白是指人体摄入的食物中的蛋白质含有全部的必需氨基酸，由于鲜牛乳中含有9种必需氨基酸，因此鲜牛乳中的蛋白是全价的蛋白质，它的吸收率高达98%，而豆类所含的蛋白质吸收率仅有80%。如今，人们越来越注重食品的安全问题与自身的养生，对牛乳的消费更重视其营养成分与安全状况。在选购和饮用牛乳时，对牛乳是否新鲜的知情需求日益突出。

然而，正是因为牛乳中含有丰富的蛋白质和水分，这些物质为细菌的生长、繁殖提供了环境。若是牛乳没有密封，空气中的灰尘落在其中，在适宜的温度下，细菌迅速繁衍，加速牛乳的变质。喝了变质的牛乳会对肠道有一定的刺激，危及人体健康，轻的会腹泻、呕吐、消化不良，严重的情况可能导致中毒。

二、牛乳掺假

生鲜牛乳是指从正常饲养的、无传染病和乳房炎的健康母牛乳房内挤出的常乳。我国生鲜牛乳质量管理规范规定鲜牛乳中禁止掺水、掺杂、掺入有害物质及其他物质。但记者调查发现，某地的一些乳品站在收购生鲜牛乳时存在着掺假行为。这些乳品站大部分都是机器化挤乳，每天乳农按时将乳牛赶到乳品站，用挤乳器将牛乳挤出，通过管道直接灌装到乳罐。乳品站的任务就是收购生鲜牛乳，储存到乳罐，通过专用车辆送到乳品加工生产企业。在拉乳的车来之前，一些乳品站为了增加分量多卖钱，都会先往乳罐里注水。之后，为了达到乳品企业收乳的标准，乳品站还要将蛋白、脂肪等掺入已经注过水的牛乳中。人们可以轻易地买到乳品站掺假时使用的脂肪油、蛋白粉、脂肪粉、麦芽糊精、维生素 C 钠等添加剂。掺假所获得的利润十分惊人，500 多元的原料就能用水凭空兑出 2000 多元的“牛乳”掺到真牛乳中。

如果原料乳在源头上就已经掺假，那么乳品企业就不可能生产出合格的乳制品。由于国内各大乳品企业对于各地的乳源争夺，乳农出于自身经济利益的考虑，常常会在鲜乳中掺假，这势必会影响乳品加工企业产品的内在质量和经济效益，同时也势必会对消费者的身体健康造成损害。目前乳及乳制品中常见的食品安全问题有：

（1）因生物性污染而造成产品腐败变质以及毒素存在。

（2）有毒金属物的污染。

（3）农药残留、兽药残留或有毒有机物的混入。

（4）人为掺伪。

而目前鲜乳中常见的掺伪手段有掺入水、碱性物质、葡萄糖类物质、尿素、豆浆、淀粉、糊精、甲醛、氯化物、硫酸盐等。这些物质在鲜牛乳中的非法掺入，一方面影响牛乳品质，营养成分下降，会导致乳制品企业无法生产出合格的产品，从而造成企业的经济损失；另一方面对消费者健康将造成严重威胁。因此，为了保障企业的利益和消费者的健康，维护市场和社会秩序，开发和使用快速、简便、灵敏的检测方法作为检测鲜牛乳掺伪的有效手段，具有重要意义。牛乳掺假的具体内容见模块二。

三、牛乳及其制品中三聚氰胺问题

三聚氰胺（英文名 Melamine），是一种三嗪类含氮杂环有机化合物，重要的氮杂环有机化工原料。分子式 $C_3N_6H_6$、化学式 $C_3N_3(NH_2)_3$，相对分子质量 126.12。

三聚氰胺性状为纯白色单斜棱晶体，无味。目前三聚氰胺被认为毒性轻微，大鼠口服的半数致死量大于3g/kg体重。据科学家做过的实验发现：将大剂量的三聚氰胺饲喂给大鼠、兔和狗后没有观察到明显的中毒现象。动物长期摄入三聚氰胺会造成生殖、泌尿系统的损害，膀胱、肾部结石，并可进一步诱发膀胱癌。1994年国际化学品安全规划署和欧洲联盟委员会合编的《国际化学品安全手册》第三卷和国际化学品安全卡片也只说明：长期或反复大量摄入三聚氰胺可能对肾与膀胱产生影响，导致产生结石。

四、 牛乳及其制品中四环素问题

在治疗奶牛疾病时，往往会通过各种方式使用抗生素，一种方法是采用肌肉注射或静脉注射，抗生素通过这种途径进入到奶牛体内后，由于血液的循环，抗生素会辗转进入到乳房中，并最终残留到所取牛乳中；另外一种方法是局部用药，也就是把抗生素直接注射到患病奶牛的乳房或其他病灶部位，这些方法显然都会使得所取牛乳含有抗生素。

四环素广泛用作抗菌药，四环素类抗生素主要包括土霉素、四环素（TC）和金霉素（CTC），目前常用于预防和治疗动物疾病。如果不合理地使用该类药物，如剂量过大，用药时间过长，滥用药物以及不遵守休药期提前屠宰等都会使该类药物残留于动物组织及牛乳中，被人们食用后带来极大危害，可造成致畸、致癌。为了有效预防四环素类药物的滥用，我国明确规定四环素类药物在牛乳中的最大残留限量。

➢ 任务实操

实操一 牛乳新鲜度的快速检测

1. 方法原理

正常情况下，新鲜挤出的牛乳呈弱酸性，若果酸度偏高，说明牛乳受微生物影响程度高。所以酸度是一个代表牛乳新鲜度的理化指标，可以用吉尔涅尔度来表示牛乳酸度。

吉尔涅尔度的表示符号为°T。测定时取100mL牛乳，用蒸馏水稀释两倍，用酚酞作指示剂，然后用0.1mol/L氢氧化钠溶液滴定，按所消耗的氢氧化钠的毫升数表示。消耗1mL为1°T，健康牛乳的酸度为15～18°T。采用液态奶新鲜度快速检测试剂盒，新鲜牛乳及巴氏杀菌、灭菌乳的正常酸度值在16～18°T。酸度高于18°T或低于16°T时为不新鲜的乳。

2. 适用范围

液态牛乳。

3. 样品处理

无。

4. 检测步骤

(1) 吸取10.0mL牛乳于100mL三角瓶中，加入20mL煮沸后放凉的水或纯净水，加4滴指示剂，混匀，用测定液滴定至初现粉红色，并在30s内不褪色为止。记录所消耗试液的滴数（D）；

(2) 同时用10mL纯净水代替牛乳做一份空白对照实验并记录所消耗试液的滴数（B）；

(3) 将数据代入公式计算牛乳酸度：°T = $(D-B) \times 0.6$

5. 结果判定

滴定液消耗26~31滴以内者为合格新鲜牛乳，即酸度为16~18°T，否则为不新鲜的乳。

6. 注意事项

(1) 滴定时注意滴瓶的直立性以减少误差。

(2) 滴一滴摇一下。

(3) 当消耗滴定液的滴数与规定值相差1滴时，应考虑到现场操作误差的存在，可送实验室精确定量。

(4) 试剂常温保存，有效期为1年。

实操二　鲜牛乳中掺水的快速检测

1. 方法原理

牛乳的密度和相对密度均可用乳稠计（20℃/4℃，密度计）测定。在同温下密度和相对密度的绝对值差异很小。由于测定的温度不同，牛乳的密度较比重小0.002，在乳品加工中常用此数来进行换算。如牛乳密度为1.030g/cm^{3}时，相对密度即为1.032。正常牛乳密度为1.028~1.032g/cm^3，平均为1.030g/cm^3，牛乳的密度会由于加水而降低。

2. 适用范围

液体牛乳。

3. 样品处理

无须特殊处理，直接测试。

4. 检测步骤

将牛乳充分搅拌均匀，抽取150~200mL牛乳，徐徐沿筒壁倒入200~250mL量筒内，避免产生气泡。然后将乳稠计轻轻插入量筒内牛乳的中心，使其缓缓下沉。切勿使其与筒壁相撞。待静止后读数，以牛乳液面月牙形上部尖端部分为准。同时测定牛乳的温度。如果牛乳的温度不是乳稠计的标准温度（20℃），需根据温度校正表进行校正。

5. 结果判定

（1）测定牛乳温度，最后算出相对密度值，相对密度低于1.028的牛乳即可视为异常奶。

（2）当温度在20℃时，将乳稠计的读数/1000+1即得出牛乳密度；在非20℃时，根据样品的温度和乳稠计读数查表换算成20℃时的读数，换算出的读数/1000+1最后得到牛乳实际密度。

6. 注意事项

（1）牛乳的密度受多种因素影响，如奶牛的品种、产奶量、季节、气温、挤奶间隔时间、饲料以及个体差异等，因此，如果测定密度低于1.028g/cm^3，仍不能确定掺水，要综合考虑各种因素，并通过到挤奶现场测定比较，才能做出较正确的判断。

（2）对于密度低于1.026g/cm^{3}的牛乳可视为掺水拒收。

（3）牛乳密度的降低与加入的水量成正比，每加入10%的水可使密度降低0.0029g/cm^3。牛乳加水百分率可以用公式计算出来。

实操三　牛乳及其制品中三聚氰胺的快速检测——试剂盒法

1. 方法原理

显色剂与三聚氰胺反应，生成白色浑浊物，通过目视比浊法或在410nm处测量浊度/吸光度，从而实现三聚氰胺含量的定性判断或定量检测。

2. 适用范围

液体牛乳。

3. 样品处理

（1）纯牛乳、酸乳等液体样品，直接称取混合均匀的样品2.0g；酸乳、果乳等较稠的样品，称取混合均匀的样品2.0g，加水5mL，颠倒混匀；奶粉等固体样品，称取充分混匀的样品2.0g，加水10mL，颠倒混匀。

（2）向制备好的样品中加入15mL乙腈，以沉淀蛋白质，振荡提取5min，加蒸馏水至25mL，4000r/min离心5min（或静置5min），上清液过0.45μm滤膜，作为提取液待用。

4. 检测步骤

（1）目视比浊法（定性判断）

①样品测量：取一支10mL干净的透明玻璃管，加入显色剂A 1mL，显色剂B 2mL，最后加入3mL待测提取液，颠倒混匀3min后观察是否有明显白色浑浊物出

现。如果有明显的白色浑浊物出现，说明待测液中的三聚氰胺的含量大于5mg/kg，沉淀量越多，含量越高；如果没有明显的白色浑浊物出现，则说明待测样中的三聚氰胺的含量小于5mg/kg；

②建议样品测定最好和空白进行比对，将有助于结果的判断。（空白比对：另取一支干净的10mL的透明玻璃管，加入显色剂A 1mL，显色剂B 2mL，最后加入3mL蒸馏水，颠倒混匀后作为空白比对样。）

（2）分光光度仪比色法（定量检测）

①打开仪器的电源开关。待自检完成后，选择测量波长至410nm，将蒸馏水加入到10mm比色皿中，进行校零；

②空白样的测量：取一支干净的10mL透明玻璃管，加入显色剂A 1mL，再加入显色剂B 2mL，最后加入3mL蒸馏水，颠倒摇匀后，立即将溶液转入10mm比色皿中，于410nm处测定试剂空白的吸光度值；

③样品的测量：取一支干净的10mL透明玻璃管，加入显色剂A 1mL，再加入显色剂B 2mL，最后加入3mL待测提取液，颠倒摇匀后，立即将溶液转入10mm比色皿中，于410nm处读取（在加入待测液后3min之内读取）样品吸光度值。将扣除试剂空白吸光度值后的差值代入标准曲线计算待测样品的浓度mg/kg（mg/L）。

④标准曲线的绘制：用三聚氰胺标准品配制标准溶液进行标准曲线的绘制。注意检测范围5.0~50.0mg/L。

5. 结果判定

依据标准曲线计算结果，进行判定。

6. 注意事项

（1）加入待测提取液后颠倒摇匀后请立即测量，混匀后3min之内测量结果有效。

（2）必须对样品进行预处理，否则结果不可靠。

（3）试剂盒需阴凉、密封保存。

实操四　牛乳及其制品中四环素的快速检测

（参见《动物性食品中四环素类药物残留检测　酶联免疫吸附法》，原农业部1025号公告-20-2008）

1. 方法原理

试样中残留的四环素类药物经提取，与结合在酶标板上的抗原共同竞争抗四环素类药物抗体上有限的结合位点，再通过与酶标羊抗兔抗体反应，酶标记物将底物转化为有色产物，有色产物的吸光度值与试样中四环素、金霉素、土霉素及多西环素浓度成反比。

2. 适用范围

本方法适用于牛乳中四环素、金霉素、土霉素及多西环素残留量快速筛选检测。

3. 样品处理

（1）取适量新鲜或冷冻的空白或供试牛乳。

（2）取供试样品作为供试材料；取空白样品作为空白材料；取空白样品，添加适宜浓度的标准溶液作为空白添加试料。

（3）取适量牛乳，用稀释液经 10 倍或 10 倍以上稀释后作为试样溶液供酶联免疫法测定。

4. 检测步骤

（1）四环素类药物检测试剂盒回温至 18～30℃后使用，以下所有操作应在 18～30℃下进行。

（2）洗液按 1 份洗液浓缩液 +9 份水进行稀释。四环素标准溶液、抗四环素类药物抗体溶液、酶结合物、底物溶液等均按 1 份试剂 +9 份缓冲液进行稀释和制备，稀释液均现用现配。

（3）依次向微孔中加标准溶液或试样溶液 50μL，稀释的抗体 50μL，至微型振荡器上振荡 30s，用封口膜封好，孵育 1h。弃去孔内液体，将酶标板倒置在吸水纸上拍打，使孔内没有残余液体。每孔加入洗液 250μL，弃去孔内液体，再将酶联板倒置在吸水纸上拍打，重复洗板 3 次。每孔加入稀释的酶结合物 100μL，在 450nm 波长处测定吸光值。

5. 结果判定

（1）

$$\text{相对吸光度值} = B/B_0 \times 100\%$$

式中 B——标准品或样品的平均吸光度值。

B_0——空白（浓度为 0 的标准液）的吸光度值。

（2）以标准溶液中四环素浓度（μg/L）的常用对数为 X 轴，相对吸光度值为 Y 轴，绘制标准曲线。根据试样溶液测得的相对吸光度值从标准曲线上得到相应的四环素类药物浓度，或用相应的软件计算，结果分别按下式计算牛乳中四环素类药物残留量：

$$X = \frac{c \cdot f}{n}$$

式中 X——试样中四环素类药物残留量，μg/kg 或 μg/L；

c——从标准曲线中得到试样中四环素类药物含量，μg/kg 或 μg/L；

f——试样稀释倍数；

n——交叉率。

表 2-12　　不同药物的交叉反应率

药物	交叉反应率/%	药物	交叉反应率/%
四环素	100	多西霉素	约 75
金霉素	约 100	土霉素	约 58

（3）临界值按交叉反应率最低的药物（土霉素）计算，在空白牛乳、肌肉和肝脏组织中分别添加土霉素至100μg/L、100μg/kg 和 300μg/kg，各做 20 个平行样品测定，重复 3 次，计算含量平均值和标准差。临界值按下式计算：

$$L = \overline{X} - 1.64 \times S$$

式中　L——临界值；

$\overline{X}$——空白添加样品中土霉素含量平均值；

S——空白添加样品中土霉素含量的标准差。如被测样品中四环素类药物残留量小于临界值，判断为阴性；当检测结果大于等于临界值时，则结果可疑，应用确证法进行确证。

6. 注意事项

（1）灵敏度　本方法在牛乳中的检测限均低于 10μg/L。

（2）准确度　本方法在牛乳中 100μg/L 添加浓度的回收率为 40% ~120%。

（3）精密度　本方法的批内变异系数 CV≤20%，批间变异系数 CV≤25%。

➢ 任务拓展

拓展一　掺假牛乳检测技术取得进展。

拓展二　GB/T 22400—2008《原料乳中三聚氰胺快速检测液相色谱法》（节选）。

拓展一

拓展二

➢ 复习思考题

1. 牛乳新鲜度快速检测的原理是什么？
2. 鲜牛乳中掺水快速检测结果判定需要考虑哪些因素？
3. 乳制品中三聚氰胺快速检测技术有哪些？
4. 现有乳制品中四环素类药物快速检测技术缺点，有哪些方面需要改进？

项目四

调味品的快速检测

知识要求

1. 了解调味品快速检测的意义及优点。
2. 了解调味品快速检测的主要指标。

能力要求

1. 应用各种快速检测技术进行调味品质量安全检测。
2. 熟练判断和分析调味品快速检测的结果。

教学活动建议

1. 广泛搜集调味品快速检测相关的资料。
2. 关注调味品快速检测技术的新信息。

【认识项目】

调味品是指在饮食、烹饪和食品加工中广泛应用的，用于调和滋味和气味并具有去腥、除膻、解腻、增香和增鲜等作用的产品。目前行业内对调味品主要分为：食用盐、食糖、酱油、食醋、味精、酱、香辛料和复合调味料产品。

近几年来，我国调味品行业发展迅猛，一直保持着20%以上的市场增长率，调味品行业总产量已超过1.5×10^7t，成为食品行业中新的经济增长点。据国家统计局最新数据显示，2013年1～2月调味品发酵制品制造工业销售产值达333.37亿元人民币，同比增长13.5%。

我国调味品行业市场潜力巨大，地域特征明显，企业众多。截至2013年6月，复合调味料食品生产许可获证企业已达到5598家，有相当一部分企业具备同时生产酱油、食醋和复合调味料等多种产品的能力。政府对调味品监管严格，2002年至2013年间，国家质检总局组织了近40次监督抽查。虽然监管严格，但还是存在部分质量问题：

（1）超限量使用食品添加剂　历年抽查中有个别食糖、酱油、食醋和酱等产品出现超量使用防腐剂、漂白剂和甜味剂的问题。

（2）产品微生物超标　历年抽查中有个别产品菌落总数、大肠菌群实测值超过标准限量值。

（3）部分产品品质指标不合格　总酸、氨基酸态氮、色值等分别是食醋、酱油、食糖的品质指标，直接反映产品的品质好坏，造成不合格的原因可能是企业工艺不稳定或存在以次充好的现象。

（4）标签标注不规范　抽查中有部分产品未按标准要求标明产品的生产工艺、属性以及使用的食品添加剂具体名称等；又如酱油，酱油分为酿造酱油和配制酱油两种，在SB/T 10336—2012《配制酱油》中规定，配制中酿造酱油的比例不得少于50%。若配制中酿造酱油含量未超过50%，则不能声称为酱油，仅能称调味料。

除了以上一些检测中发现的质量问题外，调味品食品安全事件屡见报道，如

"勾兑醋"、"毛发酱油"。目前对调味品行业监管还需要强调企业主体责任，规范生产管理制度；加大企业查处力度，强化证后监管力度，切实将巡查、强制检验、年审、监督抽查等监管措施落实；加强食品添加剂的使用管理，杜绝非食品原料的使用；督促企业及时进行标准更新学习，确保产品符合现行标准。

任务一 食盐质量与安全问题的快速检测

➢ 任务引入案例

造假盐牟取利润　男子被判刑一年并处罚金

2015 年 5 月，杨某某将工业用盐和食用盐按照 1∶1 的比例混合后，冒充宁夏盐业公司的中盐加碘精制盐销往银川市、永宁县周边的餐厅和贺兰县某某粮油店。执法人员从杨某某租赁房屋内查获混合假盐 4600kg、工业用盐 550kg、食用盐 1400kg，经鉴定杨某某制造的宁夏中盐加碘精制盐中含有禁止添加使用的亚硝酸盐成分且不含碘，属有毒、有害物质。经永宁县人民检察院提起公诉，法院以杨某某犯生产、销售有毒、有害食品罪判处其有期徒刑一年，并处罚金人民币 1 万元。

➢ 任务介绍

食盐是家家户户生活中的必需品。食盐的质量安全直接关乎每个人的健康，关乎社会稳定和民心安定。同时，食盐还承担着加碘消除碘缺乏病的社会公共卫生功能。国家一直把食盐安全和供应安全作为盐业工作的首要任务。

碘在人体内含量很少（5～20mg），70%～80%集中在甲状腺内。碘缺乏对人体造成的危害表现形式多样，包括在碘缺乏地区出现的相当数量的胎儿早产、死产、先天畸形、亚克汀病、单纯性耳聋、甲状腺肿和克汀病等。我国为了消除碘缺乏的危害，保护公民身体健康，于 1994 年 10 月 1 日起施行《食盐加碘消除碘缺乏危害管理条例》，采取长期供应加碘食盐（以下简称碘盐）为主的综合防治措施。

食盐加碘依据 GB 26878—2011《食品安全国家标准　食用盐碘含量》的规定：在食用盐中加入食品营养强化剂，包括碘酸钾、碘化钾和海藻碘。根据《食盐加碘消除碘缺乏危害管理条例》（中华人民共和国国务院令第 163 号）第二章第八条的规定，应主要使用碘酸钾。在食用盐中加入碘强化剂后，食用盐产品（碘盐）中碘含量的平均水平（以碘元素计）为 20～30mg/kg。食用盐碘含量的允许波动范围是食用盐碘含量平均水平 ±30%。不同地区食用盐碘含量平均水平如表 2－13 所示。

表 2－13　　食用盐碘含量（以碘元素计）

序号	所选择的加碘水平/(mg/kg)	允许碘含量的波动范围/(mg/kg)
1	20	14～26
2	25	18～33
3	30	21～39

目前，我国食用盐在质量方面可能存在的安全隐患：

1. 走私盐市场给食盐质量安全带来隐患

目前，我国实行的是食盐专营制度，国家对食盐的分配调拨实行指令性计划，食盐生产和加碘盐加工实行定点生产制度。国家按照计划进行调拨好销售的方式在一定程度上限制了伪劣产品进入市场。但是，由于我国产盐企业的产量越来越多，各种盐产品增加，一些产盐企业为了获取更高的利润，往往通过逃避监管的方法，利用一些不法的销售渠道进行私盐交易，更有不法商贩为获取暴利使用工业盐，经过加工包装就变成了食用盐流入市场。假盐大多会缺乏碘元素，工业盐含有亚硝酸盐、重金属等有毒有害物质，微量就可导致中毒甚至死亡。

2. 食盐生产及流通过程中的分包，给食盐质量安全带来隐患

我国食用盐的生产和调拨都是通过政府进行管控的，而且生产企业在向各地进行食用盐调拨的过程中，往往都是按照 1000kg、50kg 的大包装进行的。到达每个地方之后，地方相关企业或者部门进行再加工或分装，通过各地的包装进入到市场之中，这样就有安全隐患的存在。矿盐精制盐生产方面，生产企业的生产线基本都是全程监控，完全密封，但是一旦流入到各地方之后，其包装过程的生产条件不能够与原厂生产的安全标准相提并论。主要存在以下问题：为了降低成本，无法使用现代化的设备、生产环境的不安全因素，导致封口不严实，食盐受潮、被污染等。海盐湖盐生产方面，由于生产质量受环境的影响很大，海水的污染引起食盐的污染无法避免，由于人工及设备的缺乏而偷工减料，产品质量经常达不到国家产品标准要求。

3. 食用盐储存环节存在的质量隐患

因为一些特殊性食品的存在，国家相关部门规定，食用盐等可以不用标明保质期限（广东盐业部门例外，标注了两年的保质期）。由于长时间的储存往往影响食用盐的质量，在包装的过程中，如果食用盐受潮及气温升高，到达各地经销商处之后，由于储存不合理等现象，往往会导致食用盐发生结块、变黄、变蓝、添加剂变质等情况，其质量受到严重影响。

4. 多品种食盐开发和品质有待提高

最近几年，人民生活水平提高，收入增加，越来越多地关注自己的健康，对于食用盐的要求越来越多地向着营养方面发展。随着市场需求的变化，制盐行业逐步调整产品结构，扩大了“食盐补给”的范围，除了碘之外，还将人体必需的

锌、硒、钙、钾、铁、镁、核黄素等各种营养元素科学、合理地配入盐中，生产出品种繁多的盐产品。

多品种食盐是在食用盐中添加对人体健康有益的微量元素、调味剂或对食盐进行深加工后的产品，属于食盐。多品种盐有以食补为主的锌钙营养盐、硒营养盐、低钠盐等；有食品加工特需的腌制盐、泡菜盐等。例如锌强化营养盐，有利于儿童健脑、提高记忆力以及身体的发育，可防治多种因缺锌引起的疾病；铁强化营养盐，可用于治疗人体因缺铁而造成的缺铁性贫血，提高儿童的学习注意力、记忆力以及免疫力；钙强化营养盐，适用于各种需要补钙的人群，可以防治骨质疏松、动脉硬化，调节其他矿物质的平衡以及酶活化等；平衡健身盐，适量添加钾、镁、锌、钙等元素，可以平衡和补充人体内各种微量元素。

我国多品种盐市场潜力大，然而发展相对滞后。除了配方的开发和使用的原材料在质量上与国外有差距之外，多品种盐大部分都是企业标准，企业按照自己的标准生产，产品没有可比性。因此，多品种盐应不断强化质量管理的各项措施，认真制订品种盐产品检验及质量保证等措施，编印下发品种盐质量管理手册，争取产品上市的各项批件，逐步实现统一生产，统一品牌，统一价格，统一销售。

➢ 任务实操

实操一　食盐中碘含量的快速检测

碘是人体必需的微量元素，它被人体吸收后，作为一种原料，在甲状腺内合成、制造甲状腺激素，这种激素有促进人体发育，特别是大脑发育、增强智力的作用。人体缺碘和碘摄入量过多均会对机体造成危害。然而，在食盐市场上，却混有大量假碘盐或劣质盐以及工业废盐和土盐，给消费者的健康带来隐患，因此，测定食盐中碘含量有着极其重要的意义。

方法一　试剂盒法

1. 适用范围

适用于经碘酸钾强化后的食盐中碘含量的快速检测。不适用于海藻碘盐和四川井盐。

2. 检测原理

采用淀粉指示剂法，碘与碘盐试剂反应显色，颜色深浅与碘含量成正比，与标准比色卡对比确定碘含量。

3. 检测步骤

取被检盐 1g 左右，置于白色盘或白纸上，滴加试剂 1 ~ 2 滴，1min 后与标准比色板比色，确定含碘量的大约浓度（mg/kg）。

4. 结果判断

根据食盐中含碘量的不同，其呈现的颜色不同，1min 后与标准比色板（图 2-6）对照，即可确定食盐中的碘含量。

5. 注意事项

（1）本方法为碘盐含碘量的快速检测方法，准确测定需送实验室操作。

（2）滴检测液时，以离样品大约 1cm 高度滴加为宜。

（3）检测试剂出现絮状沉淀，不影响使用及结果的判定。

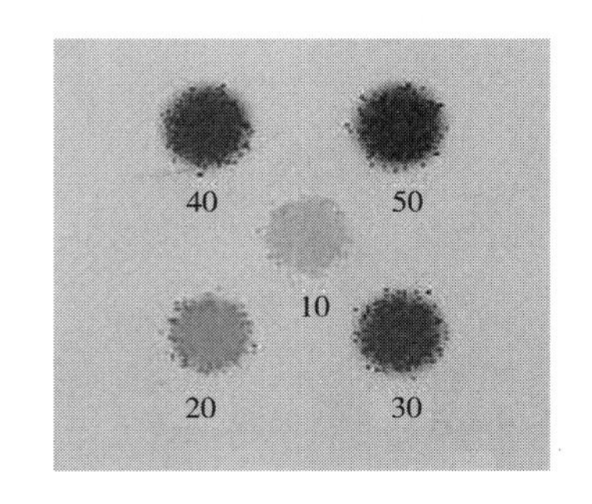

图 2-6　食盐中碘含量测定比色卡（mg/kg）

方法二　试纸法

1. 适用范围

适用于食盐中碘含量的半定量快速检测，用于检测添加碘酸钾的食盐中的碘，不适用海藻碘盐和四川井盐。

2. 检测原理

碘与试纸上的药剂发生显色反应，根据试纸的颜色变化可检测出加碘盐中碘的含量。

3. 检测步骤

（1）取适量食盐样品于洁净干燥容器；

（2）取出试纸，将试纸用蒸馏水或纯净水浸湿，并立即蘸食盐样品的表面；

（3）将试纸朝上水平放置，60s 时把试纸表面的盐粒拂去，与比色卡比较，读取结果。

4. 结果判断

根据 GB 26878—2011《食品安全国家标准　食用盐碘含量》的规定，当碘含量小于 20mg/kg 时，该项目不合格；当含量在 20 ~ 30mg/kg 时，则该项目合格。

5. 注意事项

（1）若检测结果小于或者超过国家标准中的规定，应进行多次重复验证，必要时可将样品送实验室做进一步检测。

（2）该试纸极易受潮气、光和热的影响，取出的试纸条应立即使用。

（3）请勿用手触摸试纸反应区，每条试纸限用一次，干燥剂不得取出。

实操二　食盐鉴伪——亚硝酸盐速测管

1. 适用范围

适用于食盐掺假工业盐的快速检测。

2. 检测原理

工业盐往往含有亚硝酸盐，可与试剂反应生成紫红色特殊物质，通过与比色卡对比，可判定食盐中是否掺假工业盐。

3. 检测步骤

使用试剂盒袋内附带小勺取食盐1平勺，加入到亚硝酸盐速测管中，加入蒸馏水或纯净水至1mL刻度处，盖上盖，摇匀至固体部分溶解，10min后与标准比色卡对比。

4. 结果判断

速测管颜色与比色卡一致的色阶数值乘以10即为食盐中亚硝酸盐的含量（mg/kg）。当样品出现血红色且有沉淀产生或很快褪色变成黄色时，可判定亚硝酸盐含量相当高，或样品本身就是亚硝酸盐。

5. 注意事项

（1）生活饮用水中常存有微量的亚硝酸盐，因此不能作为测定用溶解液或稀释液。

（2）对检测出含亚硝酸盐的食盐样本，应送实验室用标准检测方法加以确认。

> 任务拓展

广东省盐业体制改革实施方案（节选）。

拓展

任务二 食用醋质量与安全问题的快速检测

> 任务引入案例

造假证自行勾兑酱油醋

2013年，河南开封一食品酿造厂两责任人利用已过期的营业执照、生产许可证等，伪造了相关证件，自行琢磨的“配方”，将醋精、香精、色素、盐等原料和井水按一定比例勾兑在一起，大量生产酱油、白醋、料酒等未经检验合格的调味品，销往濮阳、信阳等省内城市以及山东菏泽、河北邢台等省外城市。根据销售单显示，仅2013年1月至5月该厂共销售伪劣产品价值达8.9万余元，危害了百姓的餐桌安全，造成不良的社会影响。

> 任务介绍

我国是食醋生产和消费大国，由于食醋酿制原料和工艺条件不同，风味各异。按制醋工艺流程来分，食醋可分为酿造食醋和配制食醋。酿造食醋是指单独或混合使用各种含有淀粉、糖的物料或酒精，经微生物发酵酿制而成的液体调味品。配制食醋是以酿造食醋为主体，与冰乙酸等混合配制而成的调味食醋，且酿造食醋的添加量不得少于50%。

食醋生产中的不法行为主要表现在：

①冒充酿造食醋：采用配制食醋工艺，冒充酿造食醋，理化指标符合酿造食醋标准要求；

②配制食醋中酿造食醋含量不足：按照SB/T 10337—2012《配制食醋》标准，配制食醋中使用的酿造食醋的含量应大于50%，而产品中不含有酿造食醋或者组分比例不到50%，理化指标符合配制食醋的标准要求；

③以次充好等假冒行为：以普通品牌食醋冒充知名度较高的食醋、以非地理标志产品冒充地理标志产品等；

④使用工业乙酸：在食醋生产过程中使用非食用物质工业乙酸。

目前，食醋掺假检验方法主要包括基于食醋特有的酿造属性的检验方法和基于食醋中掺入的非酿造组分的检验方法两种类型。其中，基于食醋特有的酿造属性的检验方法主要根据食醋作为一种酿造调味品，具有独特的风味及化学组成，通过对其风味成分及化学组成进行分析，探讨其品质控制及质量评价方法，同时开展酿造食醋的鉴别检验方法研究，主要包括基于挥发性组分、有机酸、游离氨基酸、多元醇类化合物、紫外指纹图谱、红外光谱数据、同位素的分析以及采用核磁共振等技术。

基于食醋中掺入的非酿造组分的检验方法主要包括游离矿酸和合成醋酸的检测。游离矿酸指盐酸、硫酸、硝酸等无机酸及草酸等有机酸。目前，食醋中游离矿酸的检测依据为GB 5009.233—2016《食品安全国家标准　食醋中游离矿酸的测定》，采用百里草酚蓝试纸法或甲基紫试纸法。合成醋酸的检测依据GB/T 22099—2008《酿造醋酸与合成醋酸的鉴定方法》，由于酿造醋酸中^{14}C的含量是稳定在一定范围内，而合成醋酸中的^{14}C大量衰变，只有微量残存，因此可采用同位素质谱分析法和液体闪烁计数仪测定醋酸中^{14}C同位素的方法。

> 任务实操

实操一　食醋中总酸的快速检测

酿造食醋按发酵工艺分为两类。其中固态发酵食醋是以粮食及其副产品为原料，采用固态醋醅发酵酿制而成的食醋；液态发酵食醋是以粮食、糖类、果类或酒精为原料，采用液态醋醪发酵酿制而成的食醋。食醋中含多种有机酸，其中以乙酸为主。GB/T 18187—2000《酿造食醋》规定，食醋总酸（以乙酸计）为每100mL食醋中总酸含量应≥3.5g。

1. 适用范围

本方法适用于食醋中总酸的现场快速检测。

2. 检测原理

食醋中主要成分是乙酸，含有少量其他有机酸，用氢氧化钠标准溶液滴定，以指示剂显示终点，得出样品中总酸的含量。

3. 检测步骤

（1）取1.0mL食醋样品至10mL比色管中，加水至10.0mL刻度，盖塞后摇匀；

（2）从中取1.0mL加入到另一支比色管或试管中，再加显色剂3滴，摇匀，用滴瓶垂直地滴加食醋总酸滴定液，每滴1滴都要充分摇匀，待溶液初显红色（深色食醋变为棕红色）时停止滴定，记录消耗滴数N。

4. 结果判断

按上述方法取样滴定，食醋中总酸含量计算公式：

$$总酸(g/100mL) = N \times 0.32$$

式中0.32表示每滴滴定液相当于0.32g/100mL总酸含量。所测结果可根据食醋的实际标示含量加以认定为合格或不合格产品。

5. 注意事项

（1）本方法为现场快速检测方法，准确测定需送实验室操作。

（2）检测试剂中含有腐蚀性物质，需小心操作，以防止检液渗漏；若不小心沾到检液，可用清水冲洗干净。

（3）检测用水及试剂要求：稀释用水建议用纯净水或蒸馏水；正常情况下，甲醛的酸碱度不会影响检测结果，但可能影响滴定液的用量，检测中建议用pH≥4.0的甲醛溶液。甲醛溶液需自备。

（4）滴定过程中必须采用直立式滴定，即滴瓶应竖直向下滴液，否则可能影响检测结果。

实操二　食醋中游离矿酸的测定

食醋中主要成分是乙酸（含量在3.5%以上），同时也含有其他少量的有机酸。国家卫生标准规定，食醋中的游离矿酸（硫酸、盐酸、硝酸、磷酸等无机酸及有机酸草酸等）为不得检出。而以非食用酸配制的醋或被污染过的食用醋中经常含有游离矿酸，消费者食用以后，会造成消化不良、腹泻，如果长期食用会危害身体健康。国家标准GB 5009.233—2016规定了食醋中游离矿酸的两种检测方法，分别为百里草酚蓝试纸法和甲基紫试纸法。

1. 适用范围

适用于假冒伪劣食醋中混杂有游离矿酸的现场快速检测。

2. 检测原理

游离矿酸（硫酸、硝酸、盐酸等）存在时，氢离子浓度增大，可改变指示剂颜色。

3. 检测步骤

取百里草酚蓝试纸（黄色）和甲基紫试纸（紫色），揭去上盖膜，用毛细管或玻璃棒沾少许检测样品，点在试纸上，观察颜色。

4. 结果判断

（1）百里草酚蓝试纸法　若试纸出现紫色斑点或紫色环（环内浅紫色）为阳性结果（有游离矿酸）。试纸不出现紫色斑点或出现紫色环（环内黄色或白色）为阴性结果。检测白醋时要等试纸稍干后观察。

（2）甲基紫试纸法　若试纸变为蓝色或绿色为阳性结果（有游离矿酸）。若试纸仍保持紫色不变，为阴性结果。

5. 注意事项

（1）百里草酚蓝试纸（黄色）比较适合于检测颜色较深的食醋，甲基紫试纸（紫色）比较适合于检测白醋和颜色较浅的食醋。

（2）若试纸法检测结果呈阳性，可将样品送实验室精确定量。

实操三　食醋掺水的快速检测

1. 适用范围

适用于食用醋产品掺水的快速鉴定。

2. 检测原理

凡以水为溶剂且重于水的溶质，其水溶液的比重通常是随溶质的量增大而递增，随溶质的量减少而递减，通过相对密度的测定即可判断食醋是否掺水。

3. 实验器具

量筒、波美表。

4. 检测步骤

（1）将待测食醋样品倒入250mL（或100mL）量筒中，平置于实验台上。

（2）将波美表轻轻放入食醋中心平衡点略低一些的位置，待其浮起至平衡水平而稳定不动。应保持液面无气泡，同时波美表不可触及量筒壁。

（3）视线保持和液面水平进行观察，读取与液面接触处的弯月面下缘最低点处的刻度数值。

5. 结果判断

一级食醋相对密度为5.0以上，二级食醋为3.5以上，根据测得的不同级别食醋的相对密度即可判断检测样品是否掺水。

6. 注意事项

(1) 测定温度以20℃为标准，高于20℃时其读数应加补正值，低于20℃时应减去补正值，一般简单计算按温度±1℃与波美表约成±0.5°Bé的补正值。

(2) 测定时液面不应有泡沫或气泡，否则影响观察，产生误差；量筒必须平稳地放置在实验台上，波美表不可触及量筒壁。

实操四　酿造醋和人工合成醋的快速鉴别技术

食醋中含有多种有机酸（50%～60%的醋酸、多种不挥发酸）、18种氨基酸，醇、酯、酚、醛、还原糖、多糖等有机物和无机物。而勾兑醋的有机酸主要由90%～100%的醋酸组成，不挥发酸很少或基本没有；没有或较少的氨基酸、醇、醛等物质。一些食醋制造商为了获利，有的完全用冰醋酸，有的甚至用工业冰醋酸配制食醋。其中工业冰醋酸中含有较高的甲酸、甲醛、重金属和砷等有害物质，影响了消费者的健康。

方法一　碘液法

1. 适用范围

适用于快速区分酿造醋和人工合成醋。

2. 检测原理

酿造食醋除含醋酸，还含有酯类、还原糖、固形物、灰分、氨基酸态氮等。酿造食醋遇碘液在碱性条件下可形成黄白色的碘仿沉淀，而人工合成醋不发生碘仿沉淀反应。

3. 检测步骤

取样品50mL置于分液漏斗中，滴加20%氢氧化钠溶液至溶液呈碱性，加入戊醇15mL，振摇，静置。分出戊醇，用滤纸过滤，收集滤液于蒸发皿内置水浴上蒸干。残渣用少量水溶液溶解，再滴加数滴硫酸呈显著酸性。滴加碘液后进行结果判定。

4. 结果判断

若检测产品为酿造食醋，则会产生明显的褐色沉淀。

5. 注意事项

(1) 本方法为现场快速检测方法，若检测为阳性结果，可进行多次验证，必要时可将样品送实验室进一步检测。

(2) 试剂有腐蚀性，避免与皮肤及黏膜接触，如误入眼中，请立即用大量清水冲洗。

方法二　高锰酸钾法

1. 适用范围

适用于浅色食醋的检测。

2. 检测原理

酿造醋中含有较多的还原性物质，能使高锰酸钾较快褪色，而勾兑醋中因含有较少的还原性物质，难使高锰酸钾褪色或褪色不明显。

3. 检测步骤

（1）用塑料吸管吸取 2mL 食醋样品于 5mL 离心管中；

（2）在离心管中滴加 1 滴真伪白醋鉴别试剂，盖紧塞子，摇匀观察。

4. 结果判断

食醋样管滴加白醋试剂、摇匀后，呈现粉红色；如果检测管中醋样的粉红色在 90s 内褪去，则该样品为酿造食醋；如果检测管中的醋样 5min 不褪色，则是用冰醋酸配制的食醋。

5. 注意事项

（1）本法只适用于浅色食醋。作为现场快速检测方法，若检测为阳性结果，可进行多次验证，必要时可将样品送有资质检测机构确认。

（2）试剂有腐蚀性，避免与皮肤及黏膜接触，如接触，请立即用大量清水冲洗。

➢ 任务拓展

广东省食醋生产加工行业情况及监控措施建议。

拓展

任务三 酱油质量与安全问题的快速检测

➢ 任务引入案例

直接用酱色、水等勾兑酱油

宁夏回族自治区中卫县质监局在中卫县永康清真酿造厂等 2 家企业发现用地下水、焦糖色素、工业盐勾兑生产的酱油，现场销毁劣质酱油 250 公斤，没收工业盐 40 公斤，焦糖色素 100 公斤。

江西省吉安市质监局在公安部门的配合下，对吉安市繁荣时鲜酿造厂进行突击检查，现场发现该厂工人正在用酱色、食盐、水勾兑酱油。经抽样检测，其生产的酱油氨基酸态氮含量为零。执法人员将查获的 500 公斤劣质酱油进行了监督销毁。

➢ 任务介绍

酱油是我国传统的调味品，我国的标准将酱油分为酿造酱油和配制酱油两种。

酿造酱油（GB/T 18186—2000）是以大豆或脱脂大豆、小麦和/或麸皮为原料，经微生物发酵制成的具有特殊色、香、味的液体调味品。酱油在酿造过程中，氨基酸态氮是酱油呈鲜味成分的特征指标，其含量的高低可表示鲜味的程度，也是质量好坏的指标。总酸也是反映酱油质量的主要指标之一。各种有机酸与相应的醇类可酯化成具有芳香气味的各种酯，使酱油具有特殊的风味和醇厚的口味，所以酱油中总酸、氨基酸态氮的含量是其重要的质量指标。

配制酱油（SB/T 10336—2012）是以酿造酱油为主体，与酸水解植物蛋白调味液、食品添加剂等配制而成的液体调味品。配制酱油中酿造酱油的比例（以全氮计）不得少于50%，并且其中不得添加味精废液、胱氨酸废液及非食品原料生产的氨基酸液。乙酰丙酸是植物蛋白水解液中存在的一种特殊有机成分，在酸的作用下，植物原料中的淀粉经酸解成葡萄糖，葡萄糖转化成羟甲基糠醛，再分解成乙酰丙酸，且乙酰丙酸非常稳定。天然酿造酱油中的乙酰丙酸含量极低（<0.01%），而利用植物蛋白水解液为基础的配制酱油含有一定量的乙酰丙酸（0.15%~0.85%）。东南亚一些国家与地区使用测定的乙酰丙酸含量来区分酿造和配制酱油。

➢ 任务实操

实操一　酱油总酸和氨基酸态氮的快速测定

GB/T 18186—2000 规定，高盐稀态发酵酱油（含固稀发酵酱油）的氨基酸态氮（以氮计）每100mL 酱油中的含量：特级、一级、二级和三级分别应≥0.8g、≥0.7g、≥0.55g 和≥0.4g。低盐固态发酵酱油中的含量：特级、一级和二级分别应≥0.8g、≥0.7g 和≥0.6g。配制酱油（SB/T 10336—2012）每100mL 中氨基酸态氮含量应≥0.4g。在所有酱油的卫生指标中，总酸（以乳酸计）含量每100mL 中应≤2.5g。

1. 适用范围

采用甲醛值法和酸碱滴定法，适用于对酱油品质优劣进行现场快速测定。

2. 检测原理

测定酱油中总酸的原理与测定食醋中总酸的原理相同。测定氨基酸态氮的原理是利用氨基酸的两性作用，加入甲醛以固定氨基酸的碱性，使羟基显示出酸性，用氢氧化钠标准溶液滴定，以指示剂显示终点，得出样品中氨基酸态氮的含量。

3. 检测步骤

（1）取1.0mL 样品到10mL 比色管中，加水稀释至10.0mL，盖塞后摇匀。

（2）从中取1.0mL 加入到100mL 三角烧瓶中，再加入60mL 水和3 滴显色剂

A，摇匀，用滴瓶直立式逐滴地滴加总酸及氨基酸态氮滴定液，每滴加 1 滴需摇匀，待溶液初显粉红色时停止滴定，记录消耗滴数 N_1。

（3）再向溶液中加入 10.0mL 甲醛溶液（36% ~40%）和 4 滴显色剂 B，摇匀，继续用滴定液滴定至溶液变为蓝紫色时停止滴定，记录消耗滴数 M_1。

（4）空白试验：另取 100mL 三角烧瓶，加入 60mL 水和 3 滴显色剂 A，摇匀，用滴瓶直立式逐滴地滴加总酸及氨基酸态氮滴定液，每滴 1 滴需摇匀，待溶液初显粉红色时停止滴定，记录消耗滴数 N_0。再向溶液中加入 10.0mL 甲醛溶液（36% ~40%）和 4 滴显色剂 B，摇匀，继续用滴定液滴定至溶液变为蓝紫色时停止滴定，记录消耗滴数 M_0。

4. 结果计算与判断

按上述方法取样滴定，酱油样品中总酸和氨基酸态氮含量计算公式如下：

$$总酸(g/100mL) = (N_1 - N_0) \times 0.45$$

$$氨基酸态氮(g/100mL) = (M_1 - M_0) \times 0.068$$

式中 0.45 表示每滴滴定液相当于 0.45g/100mL 总酸，式中 0.068 表示每滴滴定液相当于 0.068g/100mL 氨基酸态氮。所测结果可根据酱油的实际情况加以认定为合格或不合格产品。

5. 注意事项

（1）本方法为现场快速检测方法，准确测定需送实验室检测。

（2）检测试剂中含有腐蚀性物质，需小心操作，以防止检液渗漏；若不小心沾到检液，可用清水冲洗干净。

（3）检测用水及试剂要求：稀释用水建议用纯净水或蒸馏水；正常情况下，甲醛的酸碱度不会影响检测结果，但可能影响滴定液的用量，检测中建议用 pH≥4.0 的甲醛溶液。甲醛溶液需自备。

（4）滴定过程中必须采用直立式滴定，即滴瓶应竖直向下滴液，否则可能影响检测结果。

实操二　酿造酱油和配制酱油的快速鉴定

1. 适用范围

适用于现场快速鉴定区分酿造酱油和配制酱油。

2. 检测原理

配制酱油中，植物蛋白水解液含特殊有机成分乙酰丙酸，与香草醛硫酸接触生成特有的蓝绿色反应，颜色越深，说明乙酰丙酸含量越高。

3. 检测试剂

1mol/L 氢氧化钠溶液；1mol/L 硫酸溶液；乙醚；0.05% 香草醛。

4. 检测步骤

酱油样品在碱性条件下用乙醚进行抽提，待乙醚蒸发后加硫酸呈酸性，再用乙醚提取，蒸发除去乙醚后溶解于水并进行测定。

吸取酱油样品50mL，加入氢氧化钠溶液呈碱性后，用25mL乙醚分三次进行提取。合并提取液并挥去乙醚，残留物加入硫酸呈酸性，再以2mL乙醚分别抽提2次。蒸发乙醚后，残留物加入2mL蒸馏水溶解，再加入2mL 0.5%香草醛溶液，观察其颜色变化。

5. 结果判断

香草醛溶液与残留物硫酸溶液接触面就会出现特别的蓝绿色，表示样品中有乙酰丙酸存在，样品为配制酱油。

6. 注意事项

（1）本方法为现场快速定性检测方法，若检测为阳性结果，可进行多次验证，必要时可将样品送有资质检测机构确认。

（2）检测试剂中含有腐蚀性物质，需小心操作；若不小心沾到试剂，需用清水冲洗干净。

➢ 任务拓展

拓展一　GB 2717—2003《食品安全国家标准　酱油》（节选）。

拓展二　广东省酱油生产加工行业情况及监控措施建议。

拓展一

拓展二

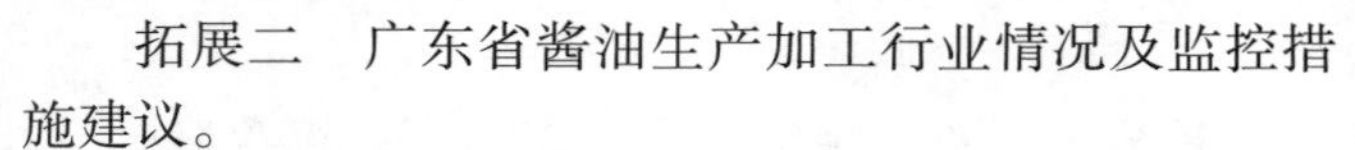

➢ 任务引入案例

1.2吨含苏丹红辣椒粉运往晋江贩卖　男子获刑三年半

2011年年初，李某安在家中使用非食用化工染料“腊红”、“碱性橙”等，对玉米皮、成色差的辣椒进行染色、晒干，再混合碾碎，生产出一批辣椒粉。李某安将这批辣椒粉装在袋子里，运到晋江。3月28日，他将辣椒粉运送贩卖时，被晋江市工商行政管理局查获。工商部门缴获30袋辣椒粉，共计1200千克。

经鉴定，这批辣椒粉含有罗丹明B、苏丹红Ⅳ等有毒、有害物质。案发后，公安机关还从李某安的住处扣押一只装有少量红色粉末（经鉴定，被检测出苏丹红Ⅳ）的塑料桶、345克疑似添加染料色素的辣椒粉（经鉴定，被检测出含有罗丹明B、苏丹红Ⅳ等物质）一袋、255克绿色疑似染料色素（经鉴定，被检测出罗丹明B）一袋。

➢ 任务介绍

随着我国辣椒制品产业不断发展壮大，涌现了一大批规模较大的辣椒制品加工企业，并相继开发出辣椒红、辣椒油、辣椒酱、油辣椒等几百个品种。辣椒加工制品成为了食品行业贸易额增幅最快、发展势头最猛的门类之一，为农民的增产创收提供了新渠道，也为农村的快速发展提供了新机遇。

然而我国辣椒制品存在食品添加剂超标、微生物污染、掺假掺发、添加非食用物质、农药残留、重金属污染等方面的质量风险，其中辣椒制品中非食用色素污染事件备受关注，也是近年来食品监管部门重点监管对象。卫生部发布《食品中可能违法添加的非食用物质和易滥用的食品添加剂名单》，包含共 47 种“违法添加的非食用物质”和 22 种“易滥用食品添加剂品种”，其中辣椒制品所添加的非食用色素是一些工业用的化学合成染料，主要有苏丹红系列染料、罗丹明 B、碱性嫩黄、碱性橙、酸性橙Ⅱ、酸性金黄等，均属致癌物质。这些非食用色素具有色泽鲜艳、着色力强、化学性质稳定和价格低廉的特点，一些不法商贩将其违法添加到辣椒粉、辣椒酱等辣椒制品中以牟取暴利。

➢ 任务实操

实操一　辣椒调味品中苏丹红的快速检测

苏丹红是一种人工合成的红色染料，含有四种偶氮异构体，俗称苏丹红Ⅰ、Ⅱ、Ⅲ、Ⅳ号，苏丹红常作为一种工业染料，被广泛用于如溶剂、油、蜡、汽油的增色以及鞋、地板等增光方面。苏丹红是一种人工色素，在食品中非天然存在，经常摄入含较高剂量苏丹红的食品就会增加致癌的危险性，特别是由于苏丹红部分代谢产物是人类的可能致癌物，因此在食品中应禁用。原卫生部发布的《食品中可能违法添加的非食用物质和易滥用的食品添加剂品种名单（第一批）》中明确规定苏丹红属于违法添加物质。但是仍有不法企业将作为化工原料的苏丹红添加到食品中，尤其使用在辣椒产品加工当中，一是由于苏丹红用后不容易褪色，这样可以弥补辣椒放置久后变色的现象，保持辣椒鲜亮的色泽；二是一些企业将玉米等植物粉末用苏丹红染色后，混在辣椒粉中，以降低成本牟取利益。

1. 适用范围

适用于辣椒粉、辣椒酱、汉堡包等食品中非食用色素苏丹红（Ⅰ～Ⅳ号）的快速定性检测。

2. 检测原理

食物中苏丹红与其他成分性质和结构上的不同，在层析纸上固定相和流动相间产生的吸附作用不同，通过食物中各成分与苏丹红标准溶液在层析纸上比移值的差异来直接判断样品中是否存在苏丹红。

3. 检测步骤

（1）样品前处理

①调料（辣椒粉、辣椒油等）：取约1g样品于比色管中，加入5mL正己烷，振摇提取2min，静置3min以上。待分层，其上清液即为样品提取液，待测。

②汉堡包、香肠等：取3~5g样品于比色管中，加入10mL正己烷，振摇提取2min，静置3min以上。待分层，其上清液即为样品提取液，待测。

（2）样品检测

①取一块硅胶板，在底端向上1.5cm处用铅笔和直尺轻轻画一条平行线（如图2-7所示，注意不能划破白色的硅胶层）。在此平行线上，平行相隔约0.7cm，用铅笔轻轻画出将要点样的五个小点。

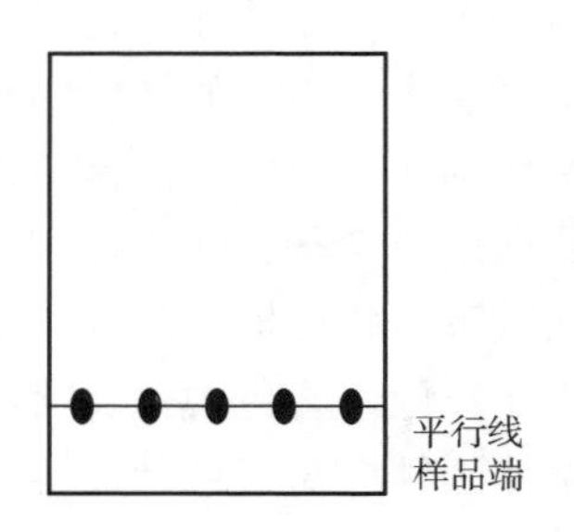

图2-7　硅胶板示意图

②取2根点样管分别插入对照液A和对照液B中，约1s后取出，分别点在平行线的2个小点上。另取点样管沾取样品提取液，以相同方式点在平行线的其他小点上（溶液硅胶板示意图颜色较浅时，可在斑点挥发干后重复点样），斑点直径控制在3mm以内。

③取一个250mL的烧杯，加入约10mL展开剂，上覆盖保鲜膜密封，饱和10min后，将点好样的硅胶板（样品端朝下）插入展开剂中靠在杯壁上，待展开剂沿硅胶板向上展开至约7cm处时取出硅胶板，观察结果。

4. 结果判断

在本实验条件下，如果样品在展开轨迹中出现斑点，其斑点展开的距离与某一对照液展开后的斑点距离相等、形状相同、颜色虽浅却相近时，即可判断样品中含有苏丹红。

5. 注意事项

（1）本方法能够判定样品中是否含有苏丹红，同时对判断样品中是否含有其他油溶性非食用色素也有一定的参考价值。

（2）如果在展开剂顶端或点样原点出现斑点，可能是干扰物质。在展开轨迹中其他位置出现斑点，可初步判定含有非食用色素，可用高效液相色谱仪进一步确证。

（3）检测的样品数量较多时，不必每张层析板上都点对照液，可一次点数个样品，当展开过程中出现斑点后，需要重复实验时再点对照液。

（4）对照液发现有一定挥发时，可加入少量的正己烷加以混匀。

（5）现场检测出的阳性样品应送有资质的实验室或检测机构加以确认。

实操二　辣椒制品中非法添加罗丹明 B 快速检测

罗丹明 B 是一种碱性鲜桃红色的荧光染料，属于非食品原料，因其价格低廉、色泽红艳、性质稳定，常被不法分子用作替代食品添加剂的着色剂添加至调味品中，使调味品颜色鲜艳、卖相好。消费者长期食用易诱发癌症。鉴于罗丹明 B 有致癌和突变性，2008 年被列入第一批《食品中可能违法添加的非食用物质和易滥用的食品添加剂名单》中，明确规定不允许添加至食品中。

方法一　胶体金免疫层析法

1. 适用范围

适用于辣椒粉、辣椒酱、番茄酱、辣椒油等样品中罗丹明 B 的定性筛查检测。

2. 检测原理

将着色标记物胶体金与待测抗原的特异性抗体（Ab1）相偶联，沉积在结合垫。而检测线（T 线）处固相化的是待测抗原（Ag）。样品液滴加到样品垫上后，受毛细作用力，胶体金标记抗体 Ab1 随样品溶液一起向 T 线移动。若样品中含有待测抗原时，样品中的抗原和带有标记物的 Ab1 形成 Ag－Ab1 复合物。随后在通过 T 线时，由于竞争抑制，不再发生反应，T 线处不显色；若样品不含待测物，则 Ab1 与 T 线上的待测抗原反应，T 线处显色。样品溶液继续前移，Ag－Ab1 复合物在质控线（C 线）处的抗 Ab1 抗体 Ab2 所结合，形成 Ab1－Ag－Ab2 复合物，使质控线（C 线）显色。

胶体金试纸条结构如图 2－8 所示。

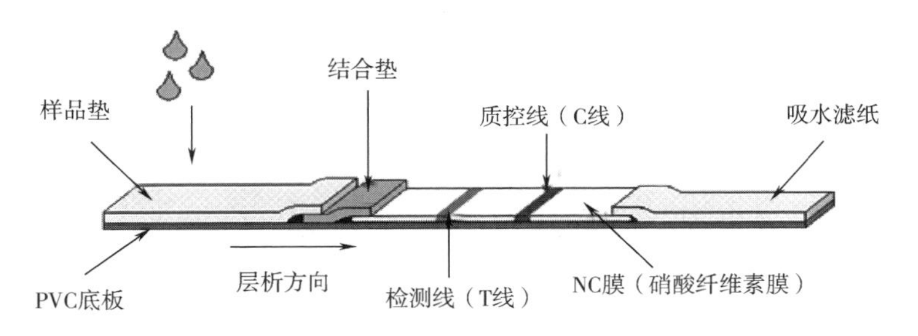

图 2－8　胶体金试纸条结构示意图

3. 检测试剂和器具

试剂：氯化钠、样品提取液

器具：浓缩仪、涡旋混合仪、移液器、离心机、洗耳球、粉碎机、计时器、离心管架。

4. 检测步骤

（1）样品前处理

辣椒粉、辣椒酱：取 10g 以上有代表性的样品搅碎，称取 2.0g 均匀搅碎样品加入到15mL离心管中。

番茄酱：取10g以上有代表性的样品搅拌均匀，称取2.0g样品加入到15mL离心管中，加入3g氯化钠。

辣椒油：

①取2g样品加入到15mL离心管中；

②向离心管中准确加入8mL提取液，大力振摇2min（或混匀后超声5min），静置直至分层或上清清澈（如样品浑浊，可4000r/min离心2min）；

③取2.5mL上层清液过SPE小柱，洗耳球加压，使液体以2滴/s的速度流下，充分挤干，弃去滤液；

④向小柱中加入2mL洗涤液，洗耳球加压，使液体以2滴/s的速度流下，充分挤干，弃去滤液；

⑤收集洗脱液：将柱子置于10mL离心管上方，向柱子中加入0.4mL洗脱液，用洗耳球加压，使液体以1滴/s的速度流下，充分挤干；

⑥将洗脱液于60~90℃样品浓缩仪中吹干后，加400μL复溶液，用漩涡混合器混合30s，备用。

（2）使用前将检测卡和待检样本溶液恢复至室温。

（3）从包装袋中取出检测卡，将检测卡平放，用移液枪移取100μL待测液于微孔中，反复吹打3~5次，混合均匀，静置1min，把混合液全部转移至加样孔中。

（4）加样后开始计时，3~5min即可观察结果，10min后判读无效。

5. 结果判断

阴性（-）：若T线显色（检测线）比C线（质控线）深或一样深，表示样品中罗丹明B浓度低于检测限或不含罗丹明B；

阳性（+）：若T线显色比C线浅，或T线无显色，表示样品中罗丹明B残留浓度高于检测限；

无效：若C线不显色，表示存在不正确的操作过程或检测卡已变质失效。在此情况下，应再次仔细阅读试剂盒说明，并用新的检测卡重新测试。

6. 注意事项

（1）提取液过柱后，若有较多色素残留于柱子流出口，可用纸巾擦去。

（2）若洗耳球伸入小柱太长，可将洗耳球尖端剪去一部分以方便操作，洗耳球使用过程应注意交叉污染。

（3）试验前检查铝箔包装袋是否破损，如损坏则不能使用，以免出现错误结果。

（4）检测卡从铝膜袋中取出后，应于1h内进行实验，置于空气中时间过长，检测卡会受潮失效。

（5）实验环境应保持一定湿度、避风，避免在过高温度下进行实验。

（6）检测卡在常温下保存，谨防受潮，低温下保存的检测卡应平衡至室温方可使用。

（7）请不要使用纯水等其他溶液检测，如需做阴性对照，可用100μL样本复溶液作对照。

（8）本方法只能做样本中罗丹明B的定性筛查，不能确定其精确含量；检测为不合格样品，应送实验室用标准方法加以确认。

（9）胶体金检测卡为一次性使用，并在有效期内使用。

方法二　速测盒法

1. 适用范围

适用于辣椒酱、辣椒油等调味品中非法添加罗丹明B的快速检测。

2. 检测原理

样品中的罗丹明B经提取后用固相萃取小柱净化，在固相萃取小柱填料顶部富集，可通过目视判断样品是否添加有罗丹明B。

3. 检测试剂和器具

试剂：罗丹明B提取试剂、罗丹明B洗脱剂。

器具：固相萃取小柱、3mL塑料滴管、1mL塑料滴管、洗耳球、称量纸。

4. 检测步骤

（1）样品提取

①辣椒等固体样品或含水较多的样品：称取1g粉碎的样品于10mL比色管中，加入5mL罗丹明B提取试剂，盖塞，摇动5min，静置5min，过滤。取1mL滤液于10mL比色管中，加入4mL蒸馏水混匀，用于过柱。

②辣椒油等油脂含量高的样品：称取1g样品于10mL比色管中，加入5mL罗丹明B提取试剂，盖塞，摇动5min，静置5min，过滤上层液体。取1mL滤液于10mL比色管中，加入4mL蒸馏水混匀，用于过柱。

（2）样品净化　取1固相萃取小柱，依次加入2mL罗丹明B洗脱剂、1mL蒸馏水活化小柱，再将处理后的样品溶液过柱，再用3mL蒸馏水分三次淋洗小柱，将小柱中的液体挤出。操作过程可用洗耳球挤压。

（3）洗脱　向小柱中加入2mL罗丹明B洗脱剂，可分2次加入（方便用洗耳球挤压）进行洗脱，用洗耳球挤干，洗脱后的固相萃取小柱可重复使用。

5. 结果判断

如果柱子填料顶端可以看出有鲜明的红色或砖红色圈（或窄带），说明样品中含有罗丹明B，为阳性样品；小柱填料顶端为黄色或不能看出红色圈的为阴性样品。

6. 注意事项

（1）本方法仅为快速定性筛查用；对于测定结果为阳性的样品，应送样至实验室或有资质检测机构进一步确认。

（2）检测试剂室温避光保存。

> 任务拓展

拓展

广东省调味料生产加工行业情况及监控措施建议。

> 复习思考题

1. 简述劣质盐、掺假食醋和酱油对人体的危害。
2. 掌握国家标准对食盐、食醋和酱油的产品等级分类与质量要求。
3. 食醋可能存在哪些方面的质量问题？可以通过哪些方法进行快速鉴定？
4. 用于鉴定酱油质量的快速检测方法有哪些？
5. 辣椒制品中使用非食用染料的危害有哪些？试述1～2种鉴定非食用染料快速检测方法。
6. 简述快速检测技术应用于调味品质量监控的优势和意义。

项目五

常见滥用食品添加剂的快速检测

知识要求

1. 了解食品加工过程中易滥用的食品添加剂品种或行为。
2. 了解常见易滥用食品添加剂的检测意义。
3. 掌握常见易滥用食品添加剂的快速检测方法。

能力要求

1. 能查阅与解读食品添加剂使用和检测的相关标准。
2. 能独立完成快速检测实验。
3. 能准确记录检验数据、编制规范的检验报告，并对实验结果作出正确判定。

教学活动建议

1. 收集、阅读“食品加工过程中易滥用的食品添加剂”的相关背景资料。
2. 重点剖析常见易滥用的食品添加剂快速检测的原理。
3. 注重案例教学，结合实际安排作业练习等。

【认识项目】

随着人们生活水平的提高，人们对食品的要求不仅越来越高，而且越来越新。一方面要求食品营养丰富，色、香、味、形俱佳，另一方面还要求携带方便，食用便捷，清洁卫生。食品添加剂已成为现代食品工业不可或缺的一部分，并推进食品工业发展新阶段。GB 2760—2014《食品安全国家标准　食品添加剂使用标准》（以下简称 GB 2760）规定食品添加剂是为改善食品品质和色、香、味，以及为防腐、保鲜和加工工艺的需要而加入食品中的人工合成或者天然物质。食品用香料、胶基糖果中基础剂物质、食品工业用加工助剂也包括在内。

食品添加剂种类多，按照来源的不同可分为天然食品添加剂和化学合成食品添加剂。天然食品添加剂是利用动植物或微生物的代谢产物为原料，经提取所得的天然物质。化学合成食品添加剂是通过化学手段，使元素或化合物发生包括氧化、还原、缩合、聚合、成盐等合成反应所得的物质。目前使用的大多属于化学合成食品添加剂。按功能类别，GB 2760 将食品添加剂划分为 22 类，分别是：酸度调节剂、抗结剂、消泡剂、抗氧化剂、漂白剂、膨松剂、胶基糖果中基础剂物质、着色剂、护色剂、乳化剂、酶制剂、增味剂、面粉处理剂、被膜剂、水分保持剂、防腐剂、稳定剂和凝固剂、甜味剂、增稠剂、食品用香料、食品工业用加工助剂和其他。

食品添加剂遵循严格使用的规则：①不应对人体产生任何健康危害；②不应掩盖食品腐败变质；③不应掩盖食品本身或加工过程中的质量缺陷或以掺杂、掺假、伪造为目的而使用食品添加剂；④不应降低食品本身的营养价值；⑤在达到预期效果的前提下尽可能降低在食品中的使用量。

可考虑使用食品添加剂的情况有：①保持或提高食品本身的营养价值；②作为某些特殊膳食用食品的必要配料或成分；③提高食品的质量和稳定性，改进其感官特性；④便于食品的生产、加工、包装、运输或者储藏。

我国对于食品添加剂的管理十分严格，纳入国家标准的每种食品添加剂需先经严格的安全性评价试验及审批流程。即便如此，并不是所有的食品添加剂都绝对安全，某些添加剂的使用仍存在争议，而国家标准对于添加剂的使用范围和使用量也不断地调整，但只要依照国家标准使用食品添加剂是安全的。目前在食品工业中，食品添加剂使用过程中主要存在以下几个方面的问题。

（1）食品生产中超量使用食品添加剂　如果脯、蜜饯中超量使用食品防腐剂和甜味剂；酱腌菜制品中超量使用防腐剂、着色剂和甜味剂。按国家标准适量使用食品添加剂可以改善食品品质以及起到防腐、保鲜的作用，但超量使用会影响人体健康，严重时危及生命。

（2）食品生产中超范围使用食品添加剂　GB 2760—2014《食品安全国家标准　食品添加剂使用标准》明确规定了各种食品添加剂的使用范围，超范围使用食品添加剂可能带来不良的后果。如一些企业使用食品添加剂来掩盖食品质量问题，不仅扰乱了市场正常交易秩序，更严重的是给消费者的健康造成威胁。如罐头食品中使用防腐剂，膨化食品中使用含铝食品添加剂，都属于超范围使用食品添加剂。

（3）将非食用物质当成食品添加剂使用　苏丹红、三聚氰胺、吊白块、甲醛、硼砂、孔雀石绿、瘦肉精等，这些工业级原料或违禁添加物被滥用到食品中，对消费者的健康造成极大的危害，引起人们对食品添加剂与食品安全的恐慌。

我国为进一步打击在食品生产、流通、餐饮服务中违法添加非食用物质和滥用食品添加剂的行为，保障消费者健康，全国打击违法添加非食用物质和滥用食品添加剂专项整治领导小组自2008年以来陆续发布了五批《食品中可能违法添加的非食用物质和易滥用的食品添加剂名单》。

任务一 食品中色素的快速检测

➢ 任务引入案例

水产品被检出不合格　着色剂滥用问题突出

2017年7月21日，《中国消费者报》记者前往福建省福州市仓山区一家农贸市场进行暗访时发现，一个摊主将冰鲜黄花鱼存放在冰块中，颜色特别黄，几乎整条鱼都是黄的；记者随机选购了一条冰鲜黄花鱼，回家后放入盆中用清水中浸泡，约10分钟后，水已开始泛黄，同时鱼身颜色也淡了许多。

2017年7月以来，福建、山东等地食品药品监管部门在食品安全监督抽检中发现，多种水产品及其制品检出日落黄、柠檬黄及胭脂红等着色剂，严重威胁着消费者的身体健康。

➢ 任务介绍

食品着色剂，也称食用色素，是使食品赋予色泽和改善食品色泽的物质。着色剂按来源分为天然色素和人工合成色素两大类。常用的天然色素主要有：β-胡萝卜素、甜菜红、花青素、辣椒红素、红曲色素等；GB 2760允许使用的人工合成色素主要有柠檬黄、日落黄、亮蓝、靛蓝、胭脂红、苋菜红、诱惑红、赤藓红、新红和番茄红素等。人工合成色素因具有色泽鲜艳、易溶于水、着色力强、稳定性好、易于调色和复配、品质均匀、成本低廉等方面优点，因此被更广泛地应用于食品生产领域。

目前我国现行有效的食品中合成色素检测标准主要有：GB 5009.35—2016《食品安全国家标准　食品中合成着色剂的测定》，GB 5009.141—2016《食品安全国家标准　食品中诱惑红的测定》，GB/T 21916—2008《水果罐头中合成着色剂的测定　高效液相色谱法》，GB/T 9695.6—2008《肉制品　胭脂红着色剂测定》，SN/T 1743—2006《食品中诱惑红、酸性红、亮蓝、日落黄的含量检测　高效液相色谱法》。高效液相色谱法是目前作为定性定量检测食品中色素的主要检测手段，是一种相当成熟的检测方法。此外，还有高效液相色谱-质谱法、分光光度法、示波极谱法、薄层色谱法、毛细管电泳法等。每种检测方法有各自的优点和不足，见表2－14。

表2－14　仪器法分析食品合成色素方法优缺点比较

检测方法	优点	缺点
高效液相色谱法	分离效能好、检测灵敏度高、应用范围广和操作自动化等优点	样品前处理工作繁琐、分析时间较长、检测成本较高，需配备专业人员操作
高效液相色谱－质谱法	灵敏度高，检测限低，快速准确，可判断相对分子质量和结构	
分光光度法	灵敏度高、选择性好、使用浓度范围广、分析成本低以及操作简便快速	干扰严重、准确度相对不高
极谱法	操作简单、灵敏度高、选择性好	限制了测定的灵敏度、汞易挥发且有毒
毛细管电泳法	分析速度快、分离模式多、应用范围广、分离效能好	制备能力差、灵敏度较低、重现性较差
薄层色谱法	操作方便、显色容易、经济实用、设备简单、现象明显、结果可靠	灵敏度较低、重现性较差、精密度较差

使用仪器法虽然可以准确定性和定量食品中的色素，但大型仪器运作成本高，样品前处理繁琐，且需专业人员操作，无法实现现场监测。因此，准确快速、操作简便、低成本的定性分析检测方法更能满足食品卫生监督部门日常工作所需。

➢ 任务实操

实操一　胶体金试纸法快速检测食品中柠檬黄

柠檬黄又称酒石黄、酸性淡黄、肼黄。化学名称为1－（4－磺酸苯基）－4－（4－磺酸苯基偶氮）－5－吡唑啉酮－3－羧酸三钠盐，为水溶性合成色素。食用柠檬黄外观为橙黄色粉末，微溶于酒精，不溶于其他有机溶剂。柠檬黄之所以能用作食品染色剂，是因为它安全度比较高，基本无毒，不在体内贮积，绝大部分以原形排出体外，少量可经代谢，其代谢产物对人无毒性作用。对柠檬黄的过敏症状通常包括：焦虑、偏头痛、忧郁症、视觉模糊、哮喘、发痒、四肢无力、荨麻疹、窒息感等。

1. 适用范围

适用于食品中柠檬黄的快速检测。

2. 检测原理

检测原理见模块二项目四中“辣椒制品中非法添加罗丹明B快速检测（胶体

金免疫层析法)”。

3. 检测步骤

(1) 样品前处理

样品采集：标本必须收集在洁净、干燥、不含任何防腐剂的容器内。

固体样品：取0.1g样品切碎或磨碎，至5mL塑料离心管中，加入1mL柠檬黄前处理试剂，充分混匀5min，过滤后加纯水至4mL，为检测原液。

液体样品：取0.1mL样品，至5mL塑料离心管中，加入1mL柠檬黄前处理试剂，充分混匀5min，过滤后加纯水至4mL，为检测原液。

根据食品安全国家标准中的最大使用量，计算得出样本的稀释倍数，并依据需要检测的食品名称，按其相应的稀释倍数对检测原液进行稀释（如表2-15所示），稀释之后得到待测液。

表2-15 样品原液稀释倍数

食品分类号	食品名称	最大使用量/(g/kg)	稀释倍数
01.02.02	风味发酵乳	0.05	250
01.04.02	调制炼乳（包括甜炼乳、调味甜炼乳及其他使用了非乳原料的调制炼乳）	0.05	250
03.0	冷冻饮品（03.04食用冰除外）	0.05	250
04.01.02.05	果酱	0.5	2500
04.01.02.08	蜜饯凉果	0.1	500
04.01.02.09	装饰性果蔬	0.1	500
04.02.02.03	腌渍的蔬菜	0.1	500
04.04.01.06	熟制豆类	0.1	500
04.05.02	加工坚果与籽类	0.1	500
05.0	可可制品、巧克力和巧克力制品（包括代可可脂巧克力及制品）以及糖果（05.01.01可可制品除外）	0.1	500
05.02.02	除胶基糖果以外的其他糖果	0.3	1500
06.03.02.04	面糊（如用于鱼和禽肉的拖面糊）、裹粉、煎炸粉	0.3	1500
06.05.02.02	虾味片	0.1	500
06.05.02.04	粉圆	0.2	1000
06.06	即食谷物，包括碾轧燕麦（片）	0.08	400
06.09	谷类和淀粉类甜品（如米布丁、木薯布丁）	0.06	300
07.02.04	糕点上彩装	0.1	500
07.03.03	蛋卷	0.04	200
07.04	焙烤食品馅料及表面用挂浆（仅限风味派馅料）	0.05	250

续表

食品分类号	食品名称	最大使用量/(g/kg)	稀释倍数
07.04	焙烤食品馅料及表面用挂浆（仅限饼干夹心和蛋糕夹心）	0.05	250
07.04	焙烤食品馅料及表面用挂浆（仅限布丁、糕点）	0.3	1500
11.05.01	水果调味糖浆	0.5	2500
11.05.02	其他调味糖浆	0.3	1500
12.09.03	香辛料酱（如芥末酱、青芥酱）	0.1	500
12.10.01	固体复合调味料	0.2	1000
12.10.02	半固体复合调味料	0.5	2500
12.10.03	液体复合调味料（不包括12.03，12.04）	0.15	750
14.0	饮料类（14.01包装饮用水除外）	0.1	500
15.02	配制酒	0.1	500
16.01	果冻	0.05	250
16.06	膨化食品	0.1	500

（2）样品检测

①使用前将检测卡和待检样本溶液恢复至室温；

②从包装袋中取出检测卡，将检测卡平放；

③用移液枪移取60μL待测液于微孔（试剂盒配备）中，反复吹打3～5次，混合均匀，静置5min，用一次性吸管转移液体至加样孔中；

④加样后开始计时，5～8min即可观察结果，10min后判读无效。

4. 结果判断

阴性（－）：若质控线（C线）和检测线（T线）均显色，表示样品中不含柠檬黄或者低于检测下限。

阳性（＋）：若仅质控线（C线）显色，检测线（T线）不显色，表示样品中可能含有柠檬黄。

无效：若质控线（C线）不显色，表示存在不正确的操作过程或检测卡已变质失效。在此情况下，应检查试剂盒说明，并用新的检测卡重新测试。

5. 注意事项

（1）该产品只能做样本中的柠檬黄的定性筛查，不能确定其精确含量。检测为不合格样品应送实验室用标准方法加以确认。

（2）检测试纸条、微孔条从铝箔袋中取出后，应于1h内进行实验，置于空气中时间过长，试纸条和微孔会受潮失效。

（3）实验环境应保持一定湿度、避风，避免在过高温度下进行实验。

（4）操作失误，以及样本中存在干扰物质，有可能导致错误结果。

（5）试纸条和微孔在常温下保存，谨防受潮，低温下保存的检测条应平衡至室温方可使用。

（6）检测条为一次性使用，并在有效期内使用。

实操二　食品中合成色素快速检测

食用合成色素是以苯、甲苯、萘等化工产品为原料，经过一系列工艺过程合成的。因其色泽鲜艳，着色力强，色调多且成本低廉而被广泛使用。GB 2760—2014《食品安全国家标准　食品添加剂使用标准》对食用合成色素的使用量作出严格规定。但仍有部分企业在经济利益驱使下，超范围或超量使用合成色素进行食品染色。食用合成色素不合法使用易诱发人体中毒、腹泻甚至癌症，对人体健康造成危害。

方法一　试纸法

1. 适用范围

适合于对各种食品中人工合成色素现场快速检测。

2. 检测原理

利用水溶性合成色素在酸性条件下被脱脂羊毛吸附，在碱性条件下解析，而天然色素不解析。

3. 检测步骤

（1）样品前处理

不同样品的取样和处理如表 2－16、表 2－17 所示。

表 2－16　液体样品及可溶性固体样品处理

样品种类	样品名称	取样量/mL 或 g	加水溶解/mL	样品处理	加样品处理液	静置时间
液体样品	饮料、配制酒等	20～30	—	挥发酒精和二氧化碳	—	—
可溶固体样品	硬糖、糖果等	10	30	搅拌使样品全部溶解	—	—

表 2－17　固体样品处理

样品名称	取样	加水浸泡/mL	样品处理
蜜饯类、淀粉软糖、着色糖衣等糖制品	15g 剪碎	50	用酸性调节剂或碱性调节剂调 pH 至 9～10，浸泡 10min 后过滤，取滤液于 50mL 烧杯中
面条、米粉、米线等米面制品	10g 剪碎	50	
面包、蛋糕类样品	10g 剪碎	80	
腊肠、腊肉、凤爪等肉制品	10g 剪碎	30	

（2）样品检测

①处理液 pH 的调节：用 pH 试纸测出样品处理液的 pH，若 pH 在 3～5，则可

直接进行检测；若 pH >5 或 <3，于样品中逐滴滴加酸性调节剂或碱性调节剂，调节 pH 至 3 ~5。

②色素反应：取一片色素检测卡，将大药片插入上述待测样品液中，轻轻摇动药片，约 2min 后，取出。然后将大药片置于大杯纯净水（约 200mL）清洗约 10s；

③清洗：取出后，甩干水分，滴 2 ~3 滴预处理液于大药片上，约 20s 后，将大药片置于大杯纯净水（约 200mL）清洗约 1min；

④显色判定：取出后，甩干水分，滴 1 滴合成色素指示剂于大药片上，约 10s 后，揭去小药片上的盖膜，将检测卡对折，手捏约 10s，打开检测卡，观察小药片的颜色。

4. 结果判断

白色小药片不变色，为阴性结果；白色小药片变为其他颜色，为阳性结果，说明样品中含有合成色素。

5. 注意事项

（1）本方法为现场快速检测方法，检测为不合格样品应送实验室用标准方法加以确认。

（2）大药片插入待测样品液中，应轻轻摇动，不宜用力过度，以免弄湿小药片。

（3）样品液过滤时，最好采用快速滤纸，以减少样品处理时间。

（4）检验用水应使用蒸馏水或纯净水。

方法二　过柱法

1. 适用范围

定性检测食品中水溶性食用合成色素的添加情况。

2. 检测试剂和器具

试剂：样品前处理试剂、柠檬酸溶液、检测试剂 A。

器具：SPE 小柱（带活塞）、15mL 离心管、离心机、样品杯、移液枪。

3. 检测原理

利用聚酰胺粉对合成色素的吸附作用，可以快速定性检测食品中是否含有合成色素。

4. 检测步骤

（1）把待测样品绞碎成均匀的样品。

（2）称取 2g 样品于 15mL 离心管中，加入 8mL 前处理试剂，拧紧盖子，上下振摇 3 ~5min，4000r/min 离心 2min 或静置 5min，取 2mL 上清液于样品杯中，加入 0. 5mL（8 ~10 滴）柠檬酸溶液，混匀；

（3）把样品杯中的液体全部加入小柱中，缓慢推动活塞，使液体逐滴流出，弃去滤液，轻轻拔出活塞；

(4) 向小柱中加入 1mL 检测试剂 A，轻推活塞，使液体逐滴流出，弃去滤液。如果最后几滴滤液仍有颜色，需再加一次检测试剂 A，直至滤液无色。

5. 结果判断

若小柱有颜色，说明样品含有食用合成色素；若小柱无颜色，说明样品不含食用合成色素。方法检出限为 5mg/kg。

6. 注意事项

(1) 本方法为现场快速定性方法，对检测为不合格样品，应送实验室用标准方法加以确认。

(2) 此方法不适用于检测允许添加食用合成色素的样品。

(3) 拔出小柱中的活塞时，要缓慢用力，避免小柱中填料被抽出。

方法三　仪器法

1. 适用范围

适用于检测果冻、配制酒（葡萄酒等含焦糖色酒类除外）和碳酸饮料中合成色素苋菜红/胭脂红/柠檬黄/日落黄/亮蓝的含量。

2. 检测原理

检测原理同方法二。

3. 检测试剂、器具和仪器

试剂

苋菜红：柠檬酸溶液、苋菜红试剂 A、苋菜红试剂 B、苋菜红试剂 C。

胭脂红：柠檬酸溶液、胭脂红试剂 A、胭脂红试剂 B、胭脂红试剂 C。

柠檬黄：柠檬酸溶液、柠檬黄试剂 A、柠檬黄试剂 B、柠檬黄试剂 C。

日落黄：柠檬酸溶液、日落黄试剂 A、日落黄试剂 B、日落黄试剂 C。

亮蓝：柠檬酸溶液、亮蓝试剂 A、亮蓝试剂 B、亮蓝试剂 C。

器具：pH 试纸、水浴锅、过滤装置（砂芯漏斗）、烧杯、三角瓶、玻璃棒、比色皿。

仪器：DY－3500 食品综合分析仪（广东达元绿洲食品安全科技股份有限公司）。

4. 检测步骤

(1) 样品前处理

①果冻类：准确称量 20.0g 于 50mL 三角瓶中，加 30mL 水，用玻璃棒充分搅拌，加热溶解至约 70℃，待测。

②配制酒类：准确称量样品 20.0g 于 50mL 三角瓶中，加热驱除酒中的乙醇，待测。

③碳酸饮料类：准确称量样品 20.0g 于 50mL 三角瓶中，加热驱除饮料中的 CO_2，待测。

(2) 往处理好的待测液（趁热）滴加柠檬酸溶液至 pH 约为 4，再加入约 1g 相应色素试剂 A，充分搅拌后静置 2min；

（3）转入过滤装置（砂芯漏斗）中抽滤，弃掉滤液；

（4）往砂芯漏斗中加入100mL约70℃的热水，搅拌洗涤，抽滤，弃掉滤液，重复此操作2次；

（5）往砂芯漏斗中加入20mL相应色素试剂B，充分搅拌、抽滤，弃掉滤液，重复加入相应色素试剂B清洗至滤液为无色；

（6）用约70℃的热水洗涤，每次100mL，充分搅拌、抽滤，弃掉滤液，重复此操作3次，至流出溶液为中性或接近水的pH（用pH试纸检测）；

（7）往砂芯漏斗中加入10mL相应色素试剂C，充分搅拌、抽滤，收集滤液。重复加入相应色素试剂C清洗，至砂芯漏斗中的相应色素试剂A变为白色；

（8）收集全部滤液于50mL三角瓶，在沸水浴中加热5min，冷却至室温，滴加柠檬酸溶液，调至pH为中性（用pH试纸检测），再加水定容至50mL。

（9）设置稀释倍数为2.5，以纯水为对照，将上述定容后的样品液转移至比色皿中，上机检测。

5. 结果判断

仪器所测浓度值即为样品中相应色素的含量。

6. 注意事项

（1）加热驱除饮料中的CO_2时，加热至溶液轻轻搅拌时，无气泡从溶液中冒出即可。

（2）检测试剂应在4～30℃阴凉干燥处保存。

实操三　肉制品中色素快速检测

GB 2760—2014中规定：肉品除肉灌肠、西式火腿可以添加色素诱惑红（添加量为≤15mg/kg）外，其他肉制品均不得添加任何合成色素，并特别强调人工合成色素胭脂红、日落黄等不能用于肉干、肉脯制品等。但部分企业为了在外观上吸引消费者，在肉制品中仍然违法使用人工合成色素，使猪肉脯看上去更红，更鲜艳，极大地危害了消费者的权益和健康。

1. 适用范围

适用于肉制品中色素的快速检测。

2. 检测原理

肉制品中的色素被直接提取，采用目视比色分析方法，通过比色卡判断色素含量。

3. 检测试剂和器具

试剂：试剂1、试剂2、试剂3。

器具：比色管、水浴锅、一次性滴管。

4. 检测步骤

(1) 称取1.0g已磨碎的样品至10mL比色管中，用水稀释至5mL刻线处，滴加8滴试剂1，盖上塞子，用力摇匀。

(2) 将样品比色管的塞子取下，放入80℃水浴中加热20min，期间每5min搅拌一次。

(3) 取出样品比色管，滴加10滴试剂2，再滴加8滴试剂3，摇匀放置使其自然沉淀，观察上清液。

5. 结果判断

将上清液与色阶卡对比，读出色素含量（mg/kg）。

6. 注意事项

(1) 样品需较高温度加热，拿取时应防止烫伤。

(2) 样品加入试剂3后，需摇匀静置，待自然沉淀后再判断上清液颜色。

➢ 任务拓展

苋菜红、胭脂红、日落黄和亮蓝的使用规定。

拓展

任务二 食品中防腐剂的快速检测

➢ 任务引入案例

为保“不坏之身”鸭脖添加超量防腐剂

安徽省食药监局2015年8月公布的食品安全监督抽检信息显示：抽检41家肉及肉制品企业的43批次产品，其中5批次不合格。其中，芜湖县宏谷食品有限公司生产的鸭脖，被检出山梨酸超标，其原因是企业为增加产品保质期，或弥补产品生产过程卫生条件不佳而超限量使用；安徽银嘉食品有限公司生产的“富贵鸭”，亚硝酸盐严重超标。

➢ 任务介绍

食品是人类生存的物质基础，也是人类生活的必要条件，但种种外界或非外界的因素导致食品在生产、运输、储藏和销售过程中，无法保持其最初加工状态而失去其营养风味，或是变质无法食用而不得不被丢弃，造成巨大的资源浪费、人力和物力浪费。

由致病微生物对食品造成污染而引起的消费者食源性疾病，依旧是我国乃至世界当前主要的食品安全问题。所有食品污染因素中，细菌性污染的严重性和危害性为首位。菌落总数超标，则是食品质量不合格造成的食品不安全的主要原因。控制食品所处的环境条件或加入防腐剂均可以达到食品防腐的目的。如果在食品的生产及储存过程中，合理合法地添加食品防腐剂，可以保证食品的储藏、使用安全。适量的防腐剂对人体产生的不良影响远远小于腐败食品，保护了食品资源，提高食品进入市场的安全性，满足人们的生活需求，促进社会和科技的发展。

食品防腐剂按来源可分为合成防腐剂和天然防腐剂。合成防腐剂主要分为有机防腐剂和无机防腐剂。有机防腐剂主要有苯甲酸及其钠盐、山梨酸及其钾盐、丙酸及其盐类、对羟基苯甲酸酯类，以及乳酸、醋酸等。无机防腐剂主要有硝酸盐及亚硝酸盐、二氧化硫、亚硫酸及盐类等。

严格按照 GB 2760—2014 使用食品防腐剂，能抑制食品的变质，减少各种食品污染的威胁。所以，食品防腐剂的安全问题并不在于食品防腐剂本身，食品添加防腐剂所引起的安全问题实际上是由防腐剂的过量和非法使用导致。然而，食品防腐剂并非万能剂，再好的防腐剂也不能完全阻止食物的变质，再安全的防腐剂使用不当也会对食品及消费者造成影响，长期大量摄入一种食品防腐剂甚至会对人体造成一定的损害。《广东省食品安全条例》规定本省的餐饮服务环节中不得使用防腐剂，同时在《广东省学校食堂安全管理规定》第三十二条中也明确指出学校食堂不得使用防腐剂。因此，食品流通领域和餐饮服务行业对于食品防腐剂的日常监控具有重要意义。

➢ 任务实操

实操一　食品中苯甲酸钠的快速检测

苯甲酸钠，是苯甲酸的钠盐，在酸性环境下防腐效果较好，对细菌抑制力较强，对酵母和霉菌抑制能力较弱，是食品工业中最常用的防腐剂之一，具有防止食品腐败变质、延长食品保质期的作用。常用于饮料、蜜饯、部分调味品中。苯甲酸及其钠盐的安全性较高，少量苯甲酸对人体无毒害，可随尿液排出体外，在人体内不会蓄积，若长期过量食入苯甲酸超标的食品，可能会对肝脏功能产生一定影响。

方法一

1. 适用范围

食品（饮料、蜂蜜、蜜饯）中苯甲酸钠的快速检测。

2. 检测原理

盐酸与苯甲酸钠进行中和反应，用乙醚萃取反应生成的苯甲酸，根据盐酸标准滴定溶液的用量计算苯甲酸钠的含量。

3. 检测试剂和器具

试剂：检测 A 液、检测 B 液、检测 C 液、乙醚。

器具：检测管、一次性吸管、pH 试纸。

4. 检测步骤

（1）样品处理

①液体样品：取 3mL 样品于检测管中，测 pH。若 pH＜7，则滴加检测 B 液，使之 pH 约在 7；若 pH＞7，则滴加检测 C 液，使之 pH 约在 7。

②固体样品：取适量样品加水浸泡 5min，再进行 pH 测定和调整。

（2）取处理过的样品 1mL 于 10mL 检测管中，加入 2mL 蒸馏水或纯净水，加入 1mL 乙醚，振荡摇匀。加入检测 A 液 1 滴，混匀。

（3）向检测管中慢慢滴加检测 C 液（装入滴瓶中滴定），每滴 1 滴用力振荡，直至溶液下层出现浅绿色，摇匀后 20s 内不变色，记录检测 C 液所用的滴数为 N。

5. 结果计算

液体样品中苯甲酸钠的含量 $= N \times 0.0625$g/kg。

固体样品中苯甲酸钠的含量 = 稀释倍数 $\times N \times 0.0625$g/kg（例如：取样品 2g 加入 10mL 纯净水浸泡后取样检测，样品苯甲酸钠的含量 $= 5 \times N \times 0.0625$g/kg）。

6. 注意事项

（1）若饮料中有干扰实验反应的颜色，可以用活性炭除去。

（2）本方法用于现场快速测定，若需精确定量，需送样品至有资质的检测机构进一步测定。

（3）检测管冲洗、晾干后可重复使用。

方法二

1. 适用范围

适用于检测碳酸饮料、果蔬汁等饮料中苯甲酸钠的快速检测。

2. 检测原理

结合滴定法与目测比色法原理，在显色剂环境下将滴定试剂与苯甲酸钠反应，通过观察颜色变化时所加滴定试剂的量来计算苯甲酸钠的含量。

3. 检测试剂和器具

试剂：试剂 1、试剂 2、试剂 3、试剂 4、试剂 5、氯仿。

器具：三角瓶、比色管、一次性吸管、平勺。

4. 检测步骤

（1）量取 25mL 饮料于 50mL 三角瓶中，加入 2.5g 试剂 1，再加入 0.5mL 试剂 2，摇匀，使固体溶解。

（2）加入 5mL 氯仿（自备），振摇 3min，静置分层。

（3）用吸管吸取下层液体至 10mL 比色管中，加入 5 平勺试剂 3，充分振摇比色管后静置 1min。

（4）取2.5mL澄清液至另外1支比色管中，加1mL蒸馏水，2滴试剂4，用试剂5垂直滴定，滴1滴摇1次，直到溶液颜色变成粉红色，且30s不褪色为终点，记录试剂5的滴数。

5. 结果判断

样品中苯甲酸钠含量计算公式如下：

苯甲酸钠含量（g/L）=0.0244×滴数（g/L）

本方法检出限为0.0244g/L，根据GB 2760规定，碳酸饮料中苯甲酸不得超过0.2g/L（≤8滴），果蔬汁饮料中苯甲酸不得超过1.0g/L（≤40滴）。

6. 注意事项

（1）检测过程中使用氯仿需在通风橱中进行。

（2）吸取下层液体时可先将吸管中气体鼓出，再伸入下层进行吸液。

（3）滴加试剂5必须垂直滴加，且每滴加1滴后都必须充分摇匀才能再次滴加。

（4）本方法用于现场快速测定，若需精确定量，需送样品至实验室或法定检测机构进行检测。

实操二　山梨酸钾的快速检测

山梨酸及其钾盐是国际粮农组织和卫生组织推荐的国际公认、广谱、高效、安全的食品防腐保鲜剂，广泛应用于食品、饮料、烟草、农药、化妆品等行业，是近年来国内外普遍使用的防腐剂。山梨酸是一种不饱和脂肪酸，参与体内正常代谢，并被人体消化和吸收，产生二氧化碳和水。联合国粮农组织、世界卫生组织、美国食品药品管理局都对其安全性给予了肯定。山梨酸不会对人体产生致癌和致畸作用。虽然安全性较高，但如果消费者长期服用山梨酸或山梨酸钾超标的食物，在一定程度上会抑制骨骼生长，危害肾、肝脏的健康。因此，我国GB 2760—2014《食品安全国家标准　食品添加剂使用标准》对山梨酸及其钾盐在食品中的使用范围和最大使用量做出严格规定。

1. 适用范围

适用于酱油、醋、果酒、蜜饯、凉果、饮料等食品中山梨酸钾的现场快速检测。

2. 检测原理

利用山梨酸钾能够与检测试剂在一定条件下发生特异性反应，生成红色产物，且在一定范围内，颜色的深浅与山梨酸钾的含量成正比，颜色越深，山梨酸钾的含量越高。

3. 检测试剂与器具

试剂：检测A液、检测B液、检测C液。

器具：水浴锅、检测管、一次性吸管。

4. 检测步骤

（1）样品前处理　取1g（液体取1mL）样品，加蒸馏水14mL，混匀，浸泡10～15min，如有浑浊，需过滤或离心。再从上述浸泡液中取1mL，加19mL蒸馏水，混匀，作为样品处理液。

（2）样品检测

①样品管：取2mL样品处理液到检测管中；

②标准品管：取2mL蒸馏水到检测管中，再根据GB 2760—2014中不同食品山梨酸钾的限量要求滴加相应量的检测C液。每滴检测C液相当于0.1g/kg山梨酸钾，以酱油检测为例，国标规定山梨酸钾在酱油中最大使用量为1.0g/kg，则向标准管滴加10滴检测C液；

③于两根检测管中，分别加入3滴检测A液和6滴检测B液，沸水浴5min；

④取出，冷却后观察颜色变化。

5. 结果判断

若样品管呈现黄色或者无明显的颜色变化，则说明山梨酸钾含量未超标；若呈现明显红色且比标准品管颜色深，说明山梨酸钾含量超标。

6. 注意事项

（1）本方法用于现场快速测定，对测定结果不符合国家标准规定值或标签标示值的样品，建议送至有资质的检测机构加以确认。

（2）样品处理时，浸泡样品必须使用纯净水或蒸馏水。

实操三　亚硝酸盐的快速检测

亚硝酸盐主要指亚硝酸钠，亚硝酸钠为白色至淡黄色粉末或颗粒状，味微咸，易溶于水。外观及滋味都与食盐相似，在肉类制品中也允许作为发色剂限量使用。同时亚硝酸盐对抑制肉制品中微生物增殖有一定的作用，特别对肉毒梭状芽孢杆菌有特殊的抑制作用，这也是肉制品中使用亚硝酸盐的重要原因。亚硝酸盐引起食物中毒的机率较高，一次食入0.3～0.5g即可引起中毒甚至死亡。因此，测定亚硝酸盐的含量是食品安全检测中非常重要的项目。

方法一　试剂盒法

1. 适用范围

适用于香肠、腊肠、腊肉、火腿肠、燕窝、酱腌菜和蔬菜等食品的快速检测。

2. 检测原理

本方法根据GB 5009.33—2016中分光光度法原理进行设计。亚硝酸盐与对氨基苯磺酸偶氮化后，再与$N-1$萘基乙二胺形成紫红色产物。样品与试剂进行反应，溶液颜色越深，亚硝酸盐含量越高。

3. 检测试剂和器具

试剂：检测 A 液、检测 B 液。

器具：比色管/烧杯、离心管、一次性吸管。

4. 检测步骤

（1）样品前处理

①液体样品：无色或颜色较浅的液体样品可直接取样，作为样品待测液。

②固体样品：取 1g 剪碎样品于比色管或烧杯中，加纯净水或蒸馏水至 10mL，浸泡 10min，期间搅拌数次，待测。

（2）样品测定　取待测液 1mL 于离心管中，依次加入 1 滴检测 A 液、1 滴检测 B 液，盖上盖子后摇匀，反应 5min，观察颜色变化。

5. 结果判断

溶液显示明显的紫红色，说明样品中含有亚硝酸盐，且颜色越深，表示亚硝酸盐浓度越高，对照标准比色卡可进行半定量判定。检测范围：液体样品为 0 ~ 20mg/L，固体样品为 0 ~ 200mg/kg。

6. 注意事项

（1）样品处理和检测过程，必须用纯净水或蒸馏水。

（2）本方法用于现场快速测定，对结果不符合国家标准规定值（见表 2 – 18）或标签标示值的样品，建议送至法定或有资质的检测机构进行检测。

表 2 – 18　部分食品中亚硝酸盐的限量（GB 2760—2014 和 GB 2762—2017）

品名	限量标准/(mg/kg)（以 $NaNO_2$ 计）	品名	限量标准/(mg/kg)（以 $NaNO_2$ 计）
乳粉	≤2	腌渍蔬菜	≤20
生乳	≤0.4	腌腊肉制品类（如咸肉、腊肉、板鸭、中式火腿、腊肠）	≤30
酱卤肉制品类	≤30	油炸肉类	≤30
熏、烧、烤肉类	≤30	西式火腿（熏烤、烟熏、蒸煮火腿）	≤70
肉灌肠类、肉罐头类	≤30	发酵肉制品	≤30

方法二　速测管法

1. 适用范围

适用于香肠、腊肠、腊肉、火腿肠、酱腌菜和蔬菜等食品的快速检测。

2. 检测原理

同方法一。食品中的亚硝酸盐与试剂反应生成紫红色特殊物质，通过与比色卡对比，可判定样品中亚硝酸盐是否超标。

3. 检测步骤

（1）液体样品　无色或颜色较浅的液体样品可直接取样，作为样品待测液。

（2）固体样品　取10g剪碎样品于比色管或烧杯中，加纯净水或蒸馏水至100mL，充分振摇后浸泡10min，待测。取澄清上清液1mL，加入到检测管中，盖紧盖子充分摇匀，反应2～3min与标准比色板对比，读取结果。另取1支检测管加入1mL纯净水或蒸馏水作对照测试，正常空白对照管为无色。

4. 结果判断

将反应管对照标准比色卡可进行半定量判定。本方法检测范围：液体样品为0～10mg/L，固体样品为0～100mg/kg。

5. 注意事项

（1）若显色后颜色很深且有沉淀产生或很快褪色变成浅黄色，说明样品中亚硝酸盐含量很高，需加大稀释倍数重新测定。

（2）生活饮用水中常存有微量的亚硝酸盐，不能作为测定用稀释液。

（3）本方法用于现场快速测定，对结果不符合国家标准规定值或标签标示值的样品，建议送至有资质的检测机构加以确认。

方法三　试纸法

1. 适用范围

适用于食品中亚硝酸盐的半定量检测。

2. 检测原理

同方法一。亚硝酸盐与试纸上的药剂发生显色反应，可根据试纸的颜色变化检测出食品中亚硝酸盐的含量。本方法检测范围0～40mg/kg，检出限2mg/kg。

3. 检测步骤

（1）液体食品　用洁净干燥容器取样品适量，将试纸块全部浸入样液后立即取出，将试纸块朝上水平放置，2min时与色卡比较。

（2）固体食品　取5g样品剪碎后放入洁净容器中，加入5mL蒸馏水或纯净水（即按1:1比例），搅拌均匀浸泡10min后，取上清液参照液体食品的方法进行检测。

（3）酱腌菜类带汁食品　取适量汁液参照液体样品的方法进行检测；带辣椒的和含油量大的酱腌菜可取其果肉按照固体食品的方法进行检测。如果样品含量超过检测上限，可将样品按比例稀释，结果乘以相应的稀释倍数即为实际含量。

4. 结果判断

显色2min时，将样品水平放置，与比色卡比较，读取结果。

5. 注意事项

（1）本方法用于现场快速测定，对结果不符合国家标准规定值或标签标示值的样品，建议送至有资质的检测机构加以确认。

（2）该试纸极易受潮气、光和热的影响，取出的试纸条应立即使用，否则不得取出。

（3）不要用手触摸试纸反应区，每条试纸限用一次，干燥剂不得取出。

实操四　二氧化硫的快速检测

二氧化硫（以及焦亚硫酸钾、亚硫酸钠等添加剂），硫黄熏蒸食品中产生的二氧化硫，是强还原剂，能起漂白、保鲜食品的作用，可使食品表面颜色显得白亮、鲜艳，能掩盖发霉食品的霉斑，是食品加工中常用的漂白剂、防腐剂和抗氧化剂，使用后均产生二氧化硫的残留。但是二氧化硫及亚硫酸盐等会破坏维生素 B_1，影响生长发育，易患多发性神经炎，出现骨髓萎缩等症状，具有慢性毒性。长期食用会造成肠道功能紊乱，严重危害人体的消化系统。

方法一　试剂盒法

1. 适用范围

适用于银耳、莲子、龙眼、荔枝、虾仁、白糖、冬笋、白瓜子和中药材中二氧化硫的快速检测。

2. 检测原理

二氧化硫或亚硫酸盐与检测试剂反应生成蓝紫色或紫红色化合物，含量越高，颜色越深。

3. 检测试剂和器具

试剂：检测液 A、检测液 B。

器具：比色管/烧杯，一次性滴管。

4. 检测步骤

（1）样品前处理

①液体样品：无色或颜色较浅的液体样品可直接取样，作为样品待测液。

②固体样品：取 2g 剪碎样品于比色管或烧杯中，加纯净水或蒸馏水 20mL 充分振摇，浸泡 10min，待测。

（2）样品检测　取待测液 1mL 于离心管中，依次加入 2 滴检测液 A、2 滴检测液 B，盖上盖子后摇匀，反应 5min，观察颜色变化。

5. 结果判断

溶液显示明显的蓝紫色或紫红色，说明样品中含有二氧化硫，颜色越深，二氧化硫浓度越高，对照标准比色板可进行半定量判定。本方法检测下限 0.2mg/L。

6. 注意事项

（1）本方法用于现场快速测定，对结果不符合国家标准规定值（见表 2－19）或标签标示值的样品，建议送至法定或有资质的检测机构进行检测。

（2）进行结果判定时，应以白纸或白瓷板衬底。

（3）配套的离心管清洗干净后可重复使用。

表 2－19　　部分食品中二氧化硫的残留限量（GB 2760 规定）

食品种类	残留限量/(g/kg)（以二氧化硫计）	食品种类	残留限量/[g/kg (L)]（以二氧化硫计）
竹笋罐头、酸菜罐头	≤0.05	葡萄酒、果酒	≤0.25
蘑菇及蘑菇罐头	≤0.05	蜜饯凉果	≤0.35
饼干、食糖	≤0.1	腐竹和油皮	≤0.2

方法二　速测管法

1. 适用范围

白砂糖、冰糖、粉丝、黄花菜、银耳、葡萄酒、果酒、中药材等快速检测。

2. 检测原理

同方法一。

3. 检测步骤

（1）样品前处理

①液体样品：无色或颜色较浅的液体样品可直接取样，作为样品待测液。

②固体样品：取 5g 剪碎样品于比色管或烧杯中，加纯净水或蒸馏水 100mL 充分振摇，浸泡 10min，待测。

（2）样品测定　吸取 1mL 样品待测液加入检测管中，盖上盖子，摇匀。每批检测用纯净水或蒸馏水做一支空白对照管；2～3min 观察显色情况。

4. 结果判断

以白纸或白瓷板衬底，呈蓝绿色为阴性反应，蓝紫色或紫红色为阳性反应，参照标准比色板可进行半定量判定。

5. 注意事项

（1）样品中不含二氧化硫时，检测管为蓝绿色，含二氧化硫时，呈紫色反应。若检测管为无色时，提示二氧化硫的含量可能很高，应对样品进行稀释后再测。

（2）本方法为现场快速检测方法，对结果不符合国家标准规定值或标签标示值的样品，建议送至法定或有资质的检测机构进行检测。

方法三　仪器法

1. 检测对象

白砂糖、冰糖、粉丝、黄花菜、银耳、葡萄酒、果酒、中药材等快速检测。

2. 检测原理

同方法一。

3. 检测试剂、器具和仪器

试剂：二氧化硫检测试剂、二氧化硫变色试剂

器具：三角瓶、一次性吸管

仪器：DY－3500 食品综合分析仪（广东达元绿洲食品安全科技股份有限公司）

4. 检测步骤

（1）样品前处理　称取2g切碎或碾碎的样品于50mL三角瓶中，加入20mL蒸馏水，超声10min，期间振荡数次（稀释倍数为10倍，如检测结果比较大，可增加稀释倍数）。

（2）样品测定

空白试验：在空白2mL离心管中加入100μL二氧化硫检测试剂，加入1.5mL蒸馏水，再加入400μL二氧化硫变色试剂，盖上盖子摇匀，反应10min后，上机进行空白测试。

样品检测：在空白2mL离心管中加入100μL二氧化硫检测试剂，加入1.5mL样品处理液，再加入400μL二氧化硫变色试剂，盖上盖子摇匀，反应10min后，上机进行样品测试。

5. 结果计算

测试结果浓度乘以稀释倍数，即为最后检测结果。

6. 注意事项

（1）若待测样品（按样品处理待测样颜色较深）存在自身颜色干扰，可增做一个样品空白检测。其原理为减掉样品空白结果，以抵消本底的干扰。

（2）若碰到上述问题最佳处理方法：有条件者（有检测合格的同类食品），可将空白试验中的试剂空白（蒸馏水加检测试剂为空白），更改为做样品空白（即合格样品或可靠性比较大的样品加检测试剂），直接抵消本底的干扰。例如取1支空的2mL离心管，加100μL亚硫酸盐检测试剂，再加入1.5mL合格样品处理液，再加400μL亚硫酸盐变色剂，盖上盖子摇匀，反应10min后，上机进行样品空白测试。检测结果 $C_S = C_0 \times$ 稀释倍数。

➤ 任务拓展

部分常见的防腐剂在食品中的使用范围和限量。

拓展

任务三　食品中甜味剂的快速检测

➤ 任务引入案例

原国家食药监总局关于8批次食品不合格情况的通告（2016年第118号）

原国家食品药品监督管理总局组织抽检蔬菜制品、食糖、豆制品、乳制品、罐头、冷冻饮品、蛋及蛋制品等7类食品544批次样品，抽样检验项目合格样品536批次，不合格样品8批次。

其中，大妃娘娘旗舰店在天猫（网站）商城销售的标称大连精和食品有限公司生产的1批次酱糖蒜（盐水渍菜）和1批次大根条，糖精钠（以糖精计）检出值分别为0.20g/kg和0.33g/kg，比标准规定（不超过0.15g/kg）分别高出33.3%和1.2倍。绿祥园食品旗舰店在天猫（网站）网店销售的标称连城县祥园食品科技有限公司生产的素鳕鱼，环己基氨基磺酸钠（甜蜜素）检出值为0.091g/kg，而标准规定为不得使用。

➢ 任务介绍

甜味剂是赋予食品甜味的物质，是食品添加剂中的一类。甜味剂按其来源可分为天然甜味剂和人工合成甜味剂；按其营养价值分为营养性甜味剂和非营养性甜味剂；按其化学结构和性质分为糖类和非糖类甜味剂。GB 2760—2014 规定：阿斯巴甜、安赛蜜、D－甘露糖醇、甘草酸铵、甘草酸一钾及三钾、麦芽糖醇和麦芽糖醇液、纽甜、三氯蔗糖、甜蜜素、糖精钠等作为甜味剂可以用于不同食品中，如糖果、面包、糕点、饼干、饮料、调味品等。

甜味剂的优点主要有以下几方面：

①化学性质稳定，不易出现分解失效现象，适用范围比较广泛。

②不参与机体代谢。大多数高倍甜味剂经口摄入后排出体外，不提供能量，适合糖尿病人、肥胖人群和老年人等需要控制能量和碳水化合物摄入的特殊消费群体使用。

③甜度较高，一般都在蔗糖甜度的50倍以上，有的达到几百倍、几千倍。

④价格便宜，同等甜度条件下的价格均低于蔗糖。

⑤不是口腔微生物的合适作用底物，不会引起牙齿龋变。

甜味剂对于食品工业而言，是一类重要的食品添加剂，已在包括美国、欧盟及中国等100多个国家和地区广泛使用，有的品种使用历史长达100多年。按照标准规定合理使用甜味剂是安全的。根据GB 2760—2014规定，甜味剂在允许使用的食品中通常规定了相应的最大使用量。这些规定都是经过严格的风险评估，确保安全的前提下制订的，而且与其他允许使用的国家基本相同。另一方面，国际上对食品添加剂安全性评价的最高权威机构——联合国粮农组织和世界卫生组织联合食品添加剂专家委员会（JECFA）对每一种待批准甜味剂的毒性试验（包括急性、亚慢性、致突变性、致癌性、生殖毒性、慢性毒性等）和代谢途径及动力学等研究报告会进行较长时间“苛刻”的科学评价，在此基础上提出每日允许摄入量（Acceptable Daily Intake，ADI）。在制定ADI值时已充分考虑了人种、性别、年龄等各种因素。JECFA认为，按照ADI值正常摄入甜味剂，不存在安全问题。只要按照相关法规标准正确使用甜味剂，就不会对人体健康造成损害。

即便如此，甜味剂的超范围、超量使用的问题仍需高度关注。从近几年国家食品监管部门公布的食品安全监督抽检结果分析，在超范围、超限量使用食品添加剂的不合格产品中，也有较多涉及甜味剂不合格的产品。其原因可能是生产厂家不了解相关标准的规定，技术管理水平不高，也不排除个别厂家为节约生产成本，故意违法使用。因此对于食品中甜味剂使用的日常监控和检测仍不能松懈。

➢ 任务实操

实操一 食品中糖精钠的快速检测

糖精钠是一种甜味剂，除了在味觉上引起甜的感觉外，对人体无任何营养价值。当食用较多的糖精时，会影响肠胃消化酶的正常分泌，降低小肠的吸收能力，使食欲减退，甚至会对肝脏和神经系统造成危害，特别对代谢排毒能力较弱的老人、孕妇、小孩危害更明显。

糖精钠的传统检测方法有薄层色谱法、气相色谱法等，涉及的试剂种类多，操作比较繁琐，检测成本较高。目前，糖精钠快速检测试剂盒采用的是一种半定量的快速检测技术，可以快速检测出饮料中糖精钠的含量，操作方法简单，仪器设备条件要求低，大大缩短了测定时间，降低了检测成本，十分适合行政执法部门进行现场筛查。

1. 适用范围

适用于各类食品如酱腌菜、蜜饯、饮料、淀粉制品等的糖精钠含量的快速检测。

2. 检测原理

食品中的糖精钠与试剂反应生成蓝色产物，颜色越深，表示样品中糖精钠的含量越高，与标准色卡比较，可以快速半定量检测样品中糖精钠。

3. 检测试剂和器具

试剂：检测液 A、三氯甲烷。

器具：比色管/具塞试管、一次性吸管。

4. 检测步骤

①液体样品：直接量取 5mL 样品于 10mL 比色管或具塞试管中，加入 0.5mL（约 10 滴）检测液 A，摇匀，静置 2min，加入 2mL 三氯甲烷，强烈振摇 1min（约 120 次），静置分层，观察下层的颜色。

②固体样品：称取 0.5g 剪碎的样品，放入 10mL 比色管或具塞试管中，加水 5mL，振摇提取；加入 0.5mL（约 10 滴）检测液 A，振摇 1min，静置 1min；加入 2mL 三氯甲烷，强烈振摇 1min（约 120 次），静置分层，观察下层的颜色。

5. 结果判断

观察分层后下层的颜色，并与色卡进行比较。颜色相近的色卡标示值即为液体样品中糖精钠的大致含量。如为固体样品，则其糖精钠的大致含量应为颜色相近的色卡标示值乘以10。

6. 注意事项

（1）所有实验用水均应使用蒸馏水或纯净水。

（2）本方法为现场快速检测方法，对结果不符合国家标准规定值或标签标示值的样品，建议送至有资质的检测机构加以确认。

实操二　饮料中糖精钠含量快速检测试剂盒

GB 2760—2014《食品安全国家标准　食品添加剂使用标准》取消了糖精钠在饮料中的应用。但仍有一些企业为了降低产品成本，追逐利润，在生产饮料过程中使用糖精钠，而在包装配料表上却不注明使用糖精钠的信息。因此，该项目是食品安全日常监测的重要项目之一。

1. 适用范围

适用于饮料中糖精钠的快速检测。

2. 检测原理

在酸性条件下，饮料中的糖精钠被萃取到下层溶液中并与显色剂反应生成有色物质，采用目视比色分析方法，直接在色阶卡上读出饮料中糖精钠的含量。

3. 检测试剂和器具

试剂：检测试剂1、检测试剂2、三氯甲烷。

器具：比色管/具塞试管、加热装置、烧杯、一次性吸管。

4. 检测步骤

（1）若样品含有CO_2，应先排除CO_2。取50mL样品于烧杯中置于水浴中，边加热边搅拌排除样品中CO_2，待用。

（2）将5mL待测样品倒入比色管中，向比色管中加2滴糖精钠检测试剂1，然后向比色管中滴加1mL糖精钠检测试剂2，最后向比色管中加三氯甲烷2mL，盖上比色管盖上下摇动20次，静置分层约5min。

5. 结果判断

将比色管下层溶液与糖精钠比色卡进行比较，可读出被测样品中糖精钠的含量。

6. 注意事项

（1）对含气体的饮料，必须加热将气体排除干净。

（2）本方法为现场快速检测方法，对于检测结果为阳性的产品，建议送至有资质的检测机构加以确认。

实操三　甜蜜素的快速检测

甜蜜素，化学名称为环己基氨基磺酸钠，其甜度是蔗糖的30～40倍，是食品生产中常用合成甜味剂之一。GB 2760 规定甜蜜素可用于面包、糕点、果冻、饮料、配制酒、腌渍的蔬菜及蜜饯等食品中，并规定不同食品类别中的最大使用量。但食品中甜蜜素使用超标现象依旧存在。消费者若经常食用甜蜜素含量超标的饮料或其他食品，会对人体的肝脏和神经系统造成危害，特别是对代谢排毒能力较弱的老人、孕妇、小孩危害更明显。

1. 适用范围

适用于食品中甜蜜素的快速检测。

2. 检测原理

甜蜜素经酸化后与显色试剂反应，生成一种乳白色沉淀，其浑浊度与溶液中甜蜜素的含量成正比。

3. 检测试剂和器具

试剂：检测试剂 1、检测试剂 2、检测试剂 3。

器具：比色管、一次性吸管。

4. 检测步骤

吸取 0.5mL 样品于 10mL 比色管中，加入 1.5mL 蒸馏水（或纯净水），加入 4 滴检测试剂 1 和 4 滴检测试剂 2，摇匀比色管中的溶液，静置片刻，接着滴加 1 滴检测试剂 3，滴加后立即摇动 1min，在摇动的过程中将盖上盖子，放置 2min。

5. 结果判断

将上述静置 2min 后的液体摇匀，观察溶液的浑浊度，与检测色阶卡进行比较，即可得到甜蜜素含量。

6. 注意事项

（1）本方法为现场快速检测方法，对结果不符合国家标准规定值或标签标示值的样品，建议送至有资质的检测机构加以确认。

（2）所有实验用水均应使用蒸馏水或纯净水。

➢ 任务拓展

拓展一　糖精钠和甜蜜素在食品中的使用范围和限量。

拓展二　常用于食品中甜味剂的仪器检测方法。

拓展一～拓展二

➢ 复习思考题

1. 食品添加剂使用应严格遵循哪些规则？
2. 食品工业中，食品添加剂使用过程中主要存在哪方面的问题？
3. 食品中常用的食用色素有哪些？快速检测食品中合成色素的方法有哪些？
4. 检测食品中亚硝酸及其盐类的意义是什么？常用的快速检测方法有哪些？
5. 检测食品中二氧化硫的意义是什么？常用的快速检测方法有哪些？
6. 常用食品甜味剂糖精钠和甜蜜素的快速检测方法有哪些？

项目六 食品掺伪的快速检测

知识要求

1. 了解食品掺伪快速检测的优点及意义。
2. 了解食品掺伪速测技术的进展。

能力要求

1. 应用各种检测技术进行食品掺伪的检测。
2. 熟练分析各种食品掺伪的快速检测结果。

教学活动建议

1. 广泛搜集食品掺伪快速检测相关的资料。
2. 关注食品企业利用食品掺伪快速检测技术的新信息。

【认识项目】

食品质量安全问题广受社会关注，食品掺伪现象是其中最严重的问题之一。食品掺伪主要包含以次充好、违法添加非食用物质两方面。我国当前食品质量安全状况在逐步好转，但总体形势依然严峻，食品造假、掺伪等情况比较普遍，而且其形式多样、层出不穷，例如乳制品掺水，加入三聚氰胺，白酒加甲醇，蔗糖冒充蜂蜜，大米打蜡，辣椒面掺红砖粉，玉米或马铃薯淀粉冒充藕粉，木耳加糖或硫酸镁（铜）增重等。

任务一 牛乳掺伪的快速检测

➢ 任务引入案例

广东省遂溪县食药监局联合县公安局，于2016年11月26日凌晨在位于遂溪县遂城镇一幢居民楼的一楼和地下室内，一举端掉一涉嫌制售假冒乳制品的黑窝点。据当事人肖某、符某两人交代，他们组织人员利用原料乳粉、白糖、食品添加剂“无水亚硫酸钠”和水，在此简易出租房内生产加工成“鲜牛乳饮品”，冒充当地某合法乳品厂的产品向周边早餐档销售，自2014年4月1日至今已经售出75200瓶。目前，肖某、符某已被公安机关依法拘留。

➢ 任务介绍

由于国内各大乳品企业对于各地的奶源争夺，奶农出于自身经济利益的考虑，常常会在鲜乳中掺假，这势必会影响乳品加工企业产品的内在质量和经济效益，同时也势必会对消费者的身体健康造成损害。

我国生鲜牛乳质量管理规范规定鲜牛乳中禁止掺水、掺杂、掺入有害物质及其他物质。而目前鲜乳中常见的掺伪手段有掺入水、碱性物质、葡萄糖类物质、尿素、豆浆、淀粉、糊精、甲醛、氯化物、硫酸盐等。这些物质在鲜牛乳中的非法掺入，一方面影响牛乳品质，营养成分下降，会导致乳制品企业无法生产出合格的产品，从而造成企业的经济损失；另一方面对消费者健康造成严重威胁。因此，为了保障企业的利益和消费者的健康，维护市场和社会秩序，开发和使用快速、简便、灵敏的检测方法作为检测鲜牛乳及乳制品掺伪的有效手段，具有重要意义。

➢ 任务实操

实操一 真假乳粉感官鉴别

1. 手捏鉴别

真乳粉：用手捏住袋装乳粉的包装来回摩擦，真乳粉质地细腻，发出“吱、吱”声。

假乳粉：用手捏住袋装乳粉包装来回摩擦，假乳粉由于有白糖、葡萄糖而颗粒较粗，发出“沙沙”的声响。

2. 色泽鉴别

真乳粉：呈天然乳黄色。

假乳粉：颜色较白，细看呈结晶状，并有光泽，或呈漂白色。

3. 气味鉴别

真乳粉：嗅之有牛乳特有的乳花香味。

假乳粉：乳香味甚微或没有乳香味。

4. 滋味鉴别

真乳粉：细腻发黏，溶解速度慢，无糖的甜味。

假乳粉：入口后溶解快，不粘牙，有甜味。

5. 溶解速度鉴别

真乳粉：用冷开水冲时，需经搅拌才能溶解成乳白色混悬液；用热水冲时，有悬浮物上浮现象，搅拌时黏住调羹。

假乳粉：用冷开水冲时，不经搅拌就会自动溶解或发生沉淀；用热水冲时，其溶解迅速，没有天然乳汁的香味和颜色。

实操二　乳品中掺入淀粉或麦芽糊精的快速检测

（一）乳粉中淀粉或麦芽糊精的快速检测

1. 检测原理

麦芽糊精或淀粉与组合碘试剂发生反应，产生棕色、紫色或棕紫色化合物。

2. 检测意义

乳料中加入淀粉或麦芽糊精，在降低蛋白质营养价值的同时给婴幼儿的身体健康造成危害。在检测乳粉样品中淀粉或麦芽糊精为阳性反应时，蛋白质含量常常不合格。

3. 适用范围

本方法适用于乳粉中掺入麦芽糊精或淀粉的现场快速检测。

4. 样品处理

原样直接进行检测。

5. 试剂和材料

糊精速测液

6. 检验步骤

取1g样品至试管中，加入4～5mL热水（90℃左右）溶解，冷却后，加入10滴糊精测试液，摇匀，5min后于20min内观察试管溶液颜色变化。

7. 结果判定

正常乳粉试管的颜色为黄色或淡黄色，如果试管溶液变为棕色、紫色或棕紫色，可确定样品中含有糊精，如果测试液变为灰色或灰蓝色，或出现灰色或灰蓝色沉淀，可确定样品中含有淀粉，其颜色随糊精或淀粉含量的加大而加深或沉淀增多。糊精检出限为0.5%，淀粉检出限为2%。一般造假乳粉中加入的糊精或淀粉都较多，测试结果明显。

8. 注意事项

取试剂糊精配制成0.5%浓度阳性对照液，取淀粉配制成2%浓度阳性对照液，在1g乳粉中加入1mL阳性对照液，再加入4mL热水（90℃左右）溶解乳粉，待冷却后，加入10滴测试液应显阳性反应。

（二）鲜牛乳中掺淀粉的快速检测

1. 方法原理

淀粉经糊化后，遇碘变为蓝色。当碘液与淀粉接触时，碘分子能进入淀粉分子的螺旋内部，平均每6个葡萄糖单位每圈螺旋可以束缚1个碘分子，整个直链淀粉分子可以束缚大量的碘分子，形成淀粉－碘的复合物，显蓝色，对于支链淀粉（如糊精）则呈红紫色。

2. 适用范围

液体牛乳。

3. 样品处理

原样直接进行检测。

4. 检测步骤

吸取乳样5mL于试管中，加20%醋酸0.5mL，混匀，过滤，滤液收集于另一干净试管中，加热煮沸，滴加2%碘液5滴，同时做正常乳液试验，观察颜色。

5. 结果判定

溶液变为蓝色则表示为阳性结果，其中有淀粉存在，如有米汤或糊精存在则为紫色，正常乳无显色反应。

6. 注意事项

该实验用加热煮沸实验后冷却的乳样做灵敏度更高。

实操三　乳品中尿素的快速检测

由于乳制品国标改动，增加了蛋白质含量项目，生产厂家实行以蛋白、乳脂双指标按质计价。乳中加入尿素能提高非蛋白氮（NPN）的含量，造成蛋白质增多的假象，并可提高乳的相对密度。掺尿素的牛乳不仅影响成品乳的口感和风味，还会损害消费者的身体健康，甚至造成中毒。

方法一　苦味酸试剂法

1. 方法原理

有造假者为增加牛乳中的腥味，在牛乳中掺入牛尿。牛尿中含肌酐，在pH为12的条件下，肌酐与苦味酸反应会生成红色或橙红色复合苦味酸肌酐。可用此反应检验牛乳中的牛尿。

2. 检测方法

取待测牛乳5mL，加入10%氢氧化钠溶液4~5滴，再加入饱和苦味酸溶液0.5mL，充分摇匀，放置10~15min，观察颜色。

3. 结果判断

牛乳颜色如呈现红褐色，则说明牛乳样品中有牛尿，而正常乳则呈现苦味酸固有的黄色。

4. 注意事项

该方法检出的灵敏度为牛乳中尿量2%。

方法二　格里斯（Gruess）试剂定性法

1. 检测原理

尿素和亚硝酸钠在酸性溶液中生成二氧化碳和氨气，加入格里斯试剂会使掺尿素的牛乳出现特殊颜色。

2. 检测试剂

格里斯试剂：称取酒石酸89g，对氨基苯磺酸10g及α－萘胺1g，混合研磨成粉末，贮于棕色瓶中；浓硫酸；1%亚硝酸钠溶液。

3. 检验步骤

取乳样3mL于试管中，加1%亚硝酸钠溶液及浓硫酸1mL，摇匀，放置5分钟，待泡沫消失后，加格里斯试剂0.5g，摇匀，观察颜色变化，同时做正常乳对照试验。

4. 结果判定

和对照比较，如牛乳呈现黄色，说明有尿素，正常牛乳为紫色。

实操四　牛乳中掺水的快速检测

方法一　相对密度法

利用乳稠计进行检测，具体操作方法见模块二项目三任务四实操二。

方法二　乳清相对密度测定法

1. 检测原理

乳清的主要成分是乳糖与矿物质，其含量是恒定的，因此乳清的相对密度较全乳的相对密度更为稳定，通常在1.027～1.030，相对密度低于1.027者，则有掺水的可能。

2. 检验步骤

取待测样品200mL，置于三角瓶内加热，并加入20%醋酸4mL，在40℃温水浴中加热至干酪素凝固，冷却后过滤，滤液（即乳清液）利用乳稠计测出相对密度值即可。

实操五　鲜牛乳中掺碱的快速检测

为了掩盖牛乳的酸败现象，降低牛乳的酸度，防止牛乳因酸败而发生凝结，造假者可能向酸败牛乳中掺入碳酸钠（苏打）或碳酸氢钠（小苏打）。加碱后的牛乳不仅滋味不佳，而且细菌易于生长繁殖，对人体健康也有害。

方法一　溴麝香草酚蓝法

1. 方法原理

牛乳的酸度通常在16～18°T，如原料乳的酸度低于16°T，就需要做掺碱检测。溴麝香草酚兰指示剂在pH6.0～7.6的碱性溶液中颜色由黄至蓝发生变化。如果牛乳中掺入碱性物质（如碳酸钠、碳酸氢钠等），氢离子浓度发生变化，因而能引起溴麝香草酚兰显出不同的颜色变化。

2. 适用范围

液体牛乳。

3. 样品处理

原样直接进行检测。

4. 检测步骤

（1）取样品牛乳 5mL 置于试管中，使试管保持倾斜位置，然后沿管壁小心加入 0.04% 溴麝香草酚蓝乙醇溶液 5 滴。

（2）将试管缓慢斜转 2 ~ 3 周，使试剂和牛乳相互接触，但不要使两者相互混合。

（3）然后将试管垂直，静置 2min 之后，观察两液面交界处环层指示剂颜色的特征。

5. 结果判定

确定结果（见表 2 - 20），检测时用未掺碱的鲜乳做空白对照。

表 2 - 20　　按环层颜色变化判断结果

含碱量	环层颜色	结论判定
牛乳中无碳酸钠	环层显黄色	合格乳
牛乳中含有 0.03% 碳酸钠	环层显黄绿色	异常乳
牛乳中含有 0.05% 碳酸钠	环层显浅绿色	异常乳
牛乳中含有 0.1% 碳酸钠	环层显绿色	严重异常乳
牛乳中含有 0.3% 碳酸钠	环层显深绿色	严重异常乳
牛乳中含有 0.5% 碳酸钠	环层显青绿色	严重异常乳
牛乳中含有 0.7% 碳酸钠	环层显浅蓝色	严重异常乳
牛乳中含有 1.0% 碳酸钠	环层显蓝色	严重异常乳

6. 注意事项

（1）掺水乳（水的 pH 在 7 ~ 9）、掺洗衣粉乳（含碳酸钠）、乳房炎乳（pH 升高）均可呈黄绿色至淡绿色反应。

（2）综合试剂当天用当天配，必须用标准 NaOH 碱溶液调 pH 至 7。

方法二　速测管法

1. 方法原理

碱性物质存在时，与牛乳掺碱速测液反应显色，颜色与碱性物质的存在量成正比。

2. 适用范围

液体牛乳。

3. 样品处理

原样直接进行检测。

4. 检测步骤

取被检乳与正常乳各0.5mL，分别加入2支离心管中，各滴加“牛乳掺碱速测液”5滴，摇匀后观察颜色变化。

5. 结果判定

乳中含有碱性物质时呈现粉红色或红色，含碱量越大，颜色越深，阴性为棕黄色（肉桂色）。发现阳性样品时，应送实验室进一步检测。

实操六　鲜牛乳中掺盐的快速检测

牛乳掺水后相对密度会下降，为增加相对密度，掺假者可能会加水后又加盐来迷惑消费者。

1. 方法原理

一般天然乳中氯化物含量为0.09%～0.14%，如果乳中氯化物超过0.14%，加入硝酸银和铬酸钾溶液后，全部的银会被沉淀成氯化银，使溶液显现铬酸钠溶液的黄色。如乳中氯化物少于0.14%，则会出现铬酸银的红色沉淀。

2. 适用范围

液体牛乳。

3. 样品处理

原样直接进行检测。

4. 检测步骤

（1）取0.01mol/L硝酸银溶液5mL，10%铬酸钾溶液2滴，于试管中混匀。

（2）加被检牛乳1mL并充分摇匀。

5. 结果判定

如果红色消失，变为黄色，说明其中Cl^-含量大于0.14%，牛乳中可能掺盐。

6. 注意事项

（1）有时刚摇匀会出现棕红色，放置几分钟后，转变为黄色。因此，掺盐检验必须放置2min后观察颜色。

（2）铬酸钾用量必须准确，否则会影响结果的正确性。

实操七　牛乳掺假电导率速测仪

1. 检验原理

牛乳是一种具有胶体特性的含有电解质的生物学液体。各种成分含量稳定，且以不同的形式存在，其中的乳糖和无机盐分别以分子、离子形式溶解于乳中，形成的自由离子恒定，所以正常牛乳具有一定的导电性，电阻的范围在18~210Ω；电导率为（0.48~0.55）$\times 10^4$μs/cm。导电性具有随着奶液温度升降而增减规律，牛乳掺假剂改变了其组成成分，势必引起导电性的变化，其变化随着掺假物性质和数量的不同而各异。实践证明：掺入电解质，导电性显著增加，并与掺入量成正相关；掺入非电解质，导电性减弱，与掺入量成反比。因此以此原理研制的仪器测定掺假牛乳，可准确地将掺假物区分为电解质和非电解质，并根据电导增加的幅度大小将电解质区分为强、中、弱三类电解质。

人为地向鲜乳中掺入与正常奶比重、数量百分比亦相同的各种掺假物水溶液，会分别引起电导数值的不同变化。掺入电解质电导性显著增大，增大由高到低的顺序为：铵盐（铵氯化物（食盐）），硝酸盐（硝酸钾），碳酸盐（苏打、小苏打），苯甲酸钠，柠檬酸钠和七水硫酸镁等。掺入非电解质水溶液（白糖、尿素、自来水）电导数值不但不增大，反而减小。其原因是物质水溶液的导电性与中形成的自由离子浓度（即电离度）有关。物质的电离度是由其构成分子的化学键的性质决定的，电解质都是由离子键组成的物质分子，而非电解质是由共价键构成的物质分子，因此电解质的水溶液电离度大，其电导率明显比非电解质高，电解质的电离度也受所带电荷数的影响，由2价离子构成的物质分子离子间相互吸引力较大，较难分离，它们的电离度就小；而由1价离子构成的物质分子离子间吸引力小，其电离度大，电导率亦大。

白糖、尿素是非电解质，其分子是共价键构成的，在乳中以分子形式溶解，没有形成自由离子；而且在乳中还阻碍了其他自由离子的运动性，故电导率减小。这样的中性分子越多电导率就越小。分子是由极性共价键组成的。纯水中没有自由离子，本实验中使用的自来水是深井水，其中含电解质（无机盐）很少，掺入奶中将原有的自由离子稀释，浓度降低，故电导率降低，掺入量越大电导率越小。

同理，陈乳酸度高，正、负离子（H^+、$CH_3CHOHCOO^-$）增加，电导率亦增大。

2. 适用范围

利用速测仪可有效地检出掺假物，并将掺假物区分为电解质或非电解质，以及强、弱电解质。

3. 仪器设备

电导率仪。

4. 检测步骤

取牛乳5ml，将速测仪探头插入牛乳中，静止后读数。

5. 结果判定

乳温在11℃时电导数值大于115.0Ω，为掺入强电解质（硝铵、食盐等）；电导数值在105~115Ω，掺入中电解质（硫酸钾、大苏打、苏打等）；电导数值在95~105Ω，掺入弱电解质（苯甲酸盐、柠檬酸盐、七水硫酸镁等）；电导数值在

95～99Ω，为陈乳；掺入非电解质电导数值在85Ω以下；正常的鲜乳为85～95Ω。因此速测仪对掺假物的进一步定性定量分析提供了可靠的方向。具体电导数值可以参考表2－21。各种掺假物水溶液测定电导数值见表2－22。

表2－21　正常牛乳随温度变化测试导电性的算术平均数值

温度/℃	电导数值/Ω	温度/℃	电导数值/Ω
1	68.6	21	109.2
2	70.4	22	111.3
3	72.3	23	113.2
4	74.1	24	115.6
5	76.0	25	117.4
6	78.0	26	119.6
7	79.9	27	121.6
8	81.9	28	123.7
9	83.8	29	125.7
10	85.9	30	127.6
11	88.1	31	129.4
12	90.3	32	131.3
13	92.7	33	133.7
14	94.4	34	135.6
15	96.5	35	137.5
16	98.8	36	139.6
17	100.7	37	141.6
18	102.8	38	143.6
19	105.2	39	145.5
20	107.2	40	147.4

表2－22　各种掺假物在不同温度下的水溶液测定电导数值　单位：Ω

掺假物	0℃	5℃	10℃	15℃	20℃	25℃	30℃	35℃
7.8%硝铵	89.3	155.3						
5%食盐	89.3	139.0	187.4					
4%硝酸钾	89.3	119.8	145.3	172.1	198.4			
5%氯化钙	89.3	112.8	135.9	154.7	168.0	198.8		
3.8%硫酸钾	89.3	111.5	128.0	148.2	163.6	188.0		

续表

掺假物	0℃	5℃	10℃	15℃	20℃	25℃	30℃	35℃
6%硫代硫酸钠	89.3	110.1	126.0	145.2	160.6	180.6	198.1	
8.5%碳酸氢钠	89.3	106.5	123.9	139.9	155.6	172.5	187.4	
5.8%碳酸氢钠	89.3	105.8	120.1	136.0	149.7	165.7	178.6	189.5
5%苯甲酸钠	89.3	100.9	113.8	125.7	137.7	150.0	162.8	175.7
5%柠檬酸钠	89.3	100.0	112.6	124.6	136.5	148.7	160.8	168.9
6%七水硫酸镁	89.3	99.8	107.9	119.5	129.0	139.2	148.2	157.9
自来水	89.3	85.6	81.5	78.1	74.2	71.0	66.8	61.5
10%尿素	89.3	85.1	81.5	75.9	71.4	68.1	64.7	59.7
8%白糖	89.3	84.9	80.3	75.7	70.6	66.4	58.9	52.5

6. 注意事项

（1）速测仪可有效地杜绝售乳户调整相对密度后的掺假。

（2）速测仪操作简便，测试速度快，反应灵敏，数字显示直观，适合基层鲜乳收购站检验人员应用。

➢ 任务拓展

拓展一　牛乳质量测定的其他方法。

拓展二　保存条件对乳及乳制品质量有何影响。

拓展三　乳及乳制品的感官鉴别与食用原则。

拓展一～拓展三

任务二　酒类掺伪的快速检测

➢ 任务引入案例

随州一酒厂老板李某雄利用私刻的“泸州原池酒厂”“贵州省仁怀市茅台镇茅山酒业有限公司”的企业印章，采用编造不存在的产品名称、包装设计，冒用三公司的名义联系印刷厂、玻璃瓶厂印刷上述产品外包装、定制酒瓶等产品包材，将勾兑白酒灌装进上述品牌白酒包装内对外出售，总涉案金额达1206万余元。近日，记者从随州市中级人民法院获悉，李某雄因犯生产、销售伪劣产品罪，一审被判处无期徒刑。

➢ 任务介绍

酒是以粮食、水果等食品为原料经发酵酿造而成的一种饮品，主要成分为水和化学成分是乙醇，一般含有微量的杂醇和酯类物质。

酒的种类繁多，一般有四种分类法如下所述。

1. 按生产特点分

①蒸馏酒：原料经发酵后，用蒸馏法制成的酒叫蒸馏酒，这类酒其他固形物含量极少，酒精含量高、刺激性强，如白酒、白兰地酒等。

②发酵原酒（或称压榨酒）：原料经发酵后，直接提取后用压榨法取得的酒。这类酒的度数较低，而固形物的含量较多，刺激性小，如黄酒、啤酒、果酒等。

③配制酒：用白酒或食用酒精与一定比例的糖料、香料、药材等配制而成。这类酒因品种不同，所含糖分、色素、固形物和酒精含量等各有不同，如橘子酒、竹叶青、五茄皮及各种露酒和药酒。

2. 按酒精含量分

①高度酒：含酒精体积分数在40%以上者为高度酒，如白酒、曲酒等。

②中度酒：含酒精成分在20%～40%者为中度酒，如多数的配制酒。

③低度酒：含酒精成分在20%以下者为低度酒，如黄酒、啤酒、果酒、葡萄酒等。它们一般都是原汁酒，酒液中保留营养成分。

3. 按生产原料分

①粮食酒：以高粱、玉米、大麦、小麦和米等粮食为原料而酿制的酒。

②非粮食酒：以含淀粉的野生植物或水果等为原料而制成的酒。

4. 按酒的风味特点分

在商业经营中，我国习惯上根据各种酒的风味特点把酒类分为白酒、黄酒、啤酒、果酒和配制酒五类。

酒类的安全问题逐渐受到普遍关注，诸如：总酸总酯不达标、掺入工业酒精、添加白糖、掺水、氨基酸态氮未达标等问题层出不穷，利用快速检测方法对酒类进行快速简便的质量检测适合对不同酒类进行检测和监管，能够作为实验室检测的良好筛选方法和补充。

➢ 任务实操

实操一　白酒中杂醇油的快速检测

劣质白酒中杂醇油含量较高，饮用后易头疼。测定杂醇油含量，可确定白酒的质量。

1. 检测原理

杂醇油成分复杂，有正乙醇、异戊醇、异丁醇、丙醇等。本法测定标准以异戊醇和异丁醇表示，异戊醇和异丁醇在硫酸作用下生成戊烯和丁烯，再与对二甲胺基苯甲醛作用显橙黄色。

2. 试剂

（1）杂醇油标准储备溶液　准确称取0.080g异戊醇和0.020g异丁醇于100mL容量瓶中，加无杂醇油乙醇50mL，再加水稀释至刻度。1mL此溶液相当于1mg杂醇油，低温下保存。

（2）杂醇油标准使用液　吸取杂醇油标准储备溶液5.0mL于50mL容量瓶中，加水稀释至刻度。1mL此溶液相当于0.10mg杂醇油。

（3）对二甲胺基苯甲醛-硫酸溶液（5g/L）。

（4）无杂醇油的乙醇。

3. 仪器

分光光度计。

4. 检测步骤

（1）吸取1.0mL样品于10mL容量瓶中，加水至刻度，混匀后，吸取0.30mL，置于10mL比色管中。

（2）吸取0mL，0.10mL，0.20mL，0.30mL，0.40mL，0.50mL杂醇油标准使用液（相当于0mg，0.01mg，0.02mg，0.03mg，0.04mg，0.05mg杂醇油），分别置于10mL比色管中。

（3）样品管及标准管中各准确加水至1mL，摇匀，放入冷水中冷却，分别沿管壁加入2mL对二甲胺基苯甲醛-硫酸溶液，使其沉至管底，再将各管同时摇匀，放入沸水浴中加热15min后取出，立即放入冰浴中冷却，并立即各加2mL水，混匀、冷却。10min后用1cm比色杯以零管调节零点，于波长520nm处测吸光度，绘制标准曲线进行比较，或与标准色列目测比较定量。

5. 计算

$$X = \frac{Am_2}{V} \times 100$$

式中　X——样品中杂醇油的含量，g/100mL；

A——样品的稀释倍数；

m_2——测定的样品稀释液中杂醇油的质量，g；

V——样品的体积，mL。

实操二　白酒中工业酒精的快速检测

甲醇速测盒适用于蒸馏酒中微量甲醇（0.02%以上）的现场快速测定，也适用于经过重新蒸馏的配制酒中微量甲醇的快速测定。

1. 方法原理

甲醇和乙醇在色泽与味觉上没有差异，酒中微量甲醇可引起人体慢性损害，高剂量时可引起人体急性中毒。我国发生的多次酒类中毒，都是因为饮用了含有高剂量甲醇的工业酒精配制的酒或是饮用了直接用甲醇配制的酒而引起。国家食品卫生标准规定：以粮食为原料的蒸馏酒或酒精勾兑的白酒中甲醇含量应≤0.6g/L；以其他为原料的蒸馏酒中甲醇含量应≤2.0g/L。本速测盒适用于蒸馏酒中微量甲醇（0.02%以上）的现场快速测定，也适用于经过重新蒸馏的配制酒（以发酵酒、蒸馏酒或食用酒精，添加糖、色素、香料、果汁配成的酒，或以食用酒精浸泡植物的根、茎、叶、果实等配制的酒）中微量甲醇的快速测定。

2. 适用范围

适用于白酒中工业酒精的快速检测。

3. 样品处理

原样直接进行检测。

4. 检测步骤

①以粮食为原料的蒸馏酒或酒精勾兑的白酒：用滴管取0.04%甲醇标液、酒样各6滴于两个离心管中，各加入5滴试剂1，放置5min后，加入4滴试剂2，盖上盖子后上下振摇20次以上使溶液充分混匀，打开盖子，等溶液完全褪色，加入2滴试剂3后，再加入15滴浓硫酸（强酸试剂，小心操作），等待3min，比较甲醇标液与酒样的颜色，判断酒样中甲醇含量是否超标。

②以薯干及代用品为原料的蒸馏酒：用滴管取0.12%甲醇标液、酒样各6滴于两个离心管中，各加入5滴试剂1，放置5min后，加入4滴试剂2，盖上盖子后上下振摇20次以上使溶液充分混匀，打开盖子，等溶液完全褪色，加入2滴试剂3后，再加入15滴浓硫酸（强酸试剂，小心操作），等待3min，比较甲醇标液与酒样的颜色，判断酒样中甲醇含量是否超标。

5. 结果判定

酒样与甲醇标液必须同时检测，同时等待3min后进行颜色比较；酒样颜色比标液浅的为正常，酒样颜色比标液深的则为甲醇超标。

6. 注意事项

（1）非专业人员操作时，注意戴上眼镜和手套。

（2）使用优级纯硫酸溶液，应小心操作，切勿溅入眼中，溅到皮肤上时立即用清水冲洗。

（3）在认定样品甲醇超出标准时，请用国家标准检验方法复检。

（4）在离心管没有发乌的情况下，清洗甩干后可重复使用。塑料吸管甩干后亦可重复使用。

实操三　熟啤酒与鲜啤酒的快速检测

啤酒有鲜与熟之分，鲜啤酒又名生啤酒，但它并不是生的。无论生、熟啤酒，其酿造过程基本上是一样的，所选用的原料也一样，都是用麦芽、大米、酒花和水，经过70℃的糖化、煮沸后添加酵母发酵、过滤酿造而成。其不同之处：

熟啤酒为发酵成熟的啤酒经过滤后，使酒液清亮透明，经过罐装入瓶加盖，由输送带传入喷淋机内，用水低温逐渐升温到65℃，保持40min，即巴氏灭菌的啤酒，这种经过灭菌的酒，叫熟啤酒。其品质特点是发酵时间长，不带鲜酵母，稳定性好，不易变质，保管时间长，在12～15℃的条件下，保存期可达40～120d。

鲜啤酒为未经过巴氏灭菌的啤酒。其品质特点是，口味淡雅清爽，酒花香味显著，特别是由于啤酒发酵的微生物——酵母菌仍生存于酒液中，因此鲜啤酒更易于开胃健脾，营养较熟啤酒丰富。啤酒的酵母菌是由碳、氢、氧和各种矿物质元素组成的细胞体，含有较多的维生素，所以啤酒酵母并无毒素。经常饮用鲜啤酒大有裨益。但由于鲜啤酒未经灭菌，酵母菌还会在酒液中繁殖，会使啤酒浑浊，因此，零售的散装鲜啤酒适宜现买现喝，不宜存放。

1. 检测方法原理

熟啤酒与鲜啤酒的主要区别：熟啤酒经过巴氏消毒，酒内不含有活性酵母菌，而鲜啤酒没有经过巴氏消毒，酒内含有活性酵母菌。通过生物染色剂对酵母菌染色进行判定。

2. 适用范围

适用于熟啤酒与鲜啤酒的快速检测。

3. 样品处理

原样直接进行检测。

4. 检验步骤

用0.1%美蓝染色后镜检。根据酵母菌是否染上蓝色可以区别酵母菌的死活（活的酵母菌不被染色），从而来鉴别是否为鲜啤酒。

5. 结果判定

美蓝染色后镜检，酵母菌染上蓝色是熟啤酒。

实操四　干邑酒的真假速测技术

洋酒中的知名品牌白兰地以法国的最为出名。法国著名白兰地的产地有两个：一个为干邑地区，另外一个为雅马邑地区。按法国酒类命名原产地保护法规定，只有干邑地区经过发酵、蒸发和在橡木桶中储存的葡萄蒸馏酒才能叫干邑酒，在别的地区按干邑同样工艺生产的葡萄蒸馏酒不能称为干邑。雅马邑的葡萄品种相同，与干邑酒完全一致，只有储存方式不同，雅马邑在黑橡木桶中储存，定位在田园型白兰地，干邑酒则大多在“利得森”橡木桶中储存，定位在都会型白兰地。

国内假冒情况最为严重的洋酒是干邑酒，而干邑酒假冒又较为集中在轩尼诗、人头马、马爹利这三个品牌上。这是因为这三个品牌知名度最高，质量好而且价位相对较高。

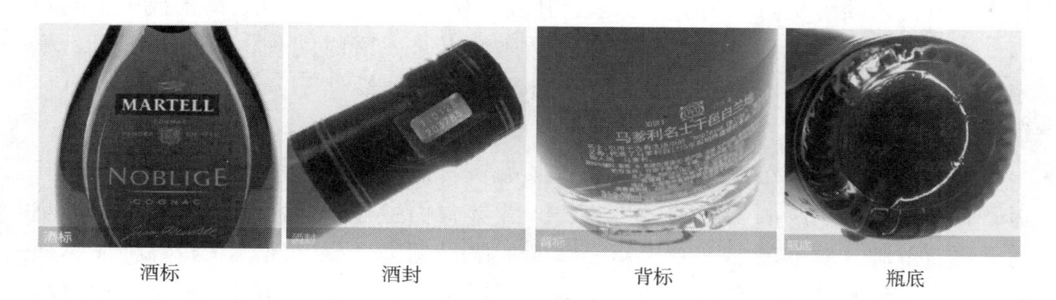

酒标　　酒封　　背标　　瓶底

鉴别干邑酒较常见的几种方法：

（1）按有关规定要求，洋酒标签上要有中文标识，因此没有中文标识可能是假酒。

（2）真品标签字迹清楚、轮廓好；假酒标签字迹模糊、不规则。

（3）真品液体呈金黄色、透亮；假酒的液体则暗淡、光泽差。

（4）真品瓶盖上的金属防伪盖与瓶盖连为一体，而假酒的防伪盖则是粘上去的。

（5）真品防伪标志在不同的角度下可出现不同的图案变换，防伪线可撕下来；假酒的防伪标志无光泽，图案变换不明显，防伪线有时是印上去的。

（6）真品金属防伪盖做工严密，塑封整洁、光泽好；而假酒瓶盖做工粗糙，塑封材质不好，偏厚、光泽差、商标模糊、立体感差。

实操五　白酒中糖的快速检测

白酒中含糖量很微少，几乎品尝不出甜味。但有些商贩为了以劣充优，便往劣质白酒中添加白糖掩盖假象，这种劣质酒味虽甜，但不醇厚。因此如果在白酒中检验出糖，即可认为是假白酒。

（一）定性试验

1. 方法原理

白酒中加的蔗糖与 α－萘酚乙醇溶液作用，加入硫酸后，两相界面之间生成紫色环。

2. 试剂

15% α－萘酚乙醇溶液；浓硫酸。

3. 检测方法

取酒样 1mL，置于洁净的试管中，加入 15% α－萘酚乙醇溶液 2 滴，摇匀，沿管壁缓缓加入浓硫酸 1mL。如两相界面之间呈现紫色环，则说明含糖。

（二）定量测定

1. 方法原理

糖与硫酸反应后，脱水生成羧甲基糖醛，再与蒽酮反应缩合成蓝绿色化合物，呈色深浅与糖的浓度呈正比，可在波长630nm处比色定量。

2. 适用范围

适用于白酒中糖的快速检测。

3. 试剂

蒽酮试剂：称取蒽酮0.4g，溶于88%硫酸溶液中，定容至100mL，置于冰箱中保存。

糖标准溶液：准确称取蔗糖（AR）0.5g，以75%乙醇溶解并置于500mL容量瓶中，稀释定容。1mL此溶液含蔗糖1mg。

4. 样品处理

原样直接进行检测。

5. 检测步骤

取酒样1mL置于100mL容量瓶中，加水至刻度，混匀。吸取此溶液0.1～0.2mL（糖含量为10～150μg）置于10mL具塞比色管中加蒸馏水至2mL，加蒽酮试剂6mL，摇匀，立即放入沸水浴中加热7min，取出，迅速用冰水冷却。同时做空白试验。用1cm比色杯在波长630nm处测吸光度，查标准曲线计算结果。

糖标准曲线的绘制：精密吸取糖标准液0mL，0.1mL，0.3mL，0.5mL，0.7mL，0.9mL，1.1mL，1.3mL，1.5mL，同前述样品操作，在波长630nm处比色测定吸光度，然后绘出标准曲线。

6. 计算

$$X = \frac{A}{V_1 \times \frac{V_2}{100}} \times 100$$

式中 X——样品中糖的含量，μg/100mL；

A——测定样品中糖的含量，μg；

V_1——样品的体积，mL；

V_2——吸取样品液的体积，mL。

7. 说明

如果对白酒中的糖情况仅需要大致了解，可用手持糖量计或阿贝折光仪简便测定。

实操六　白酒中水的快速检测

方法一　感官检验

用肉眼观察酒液浑浊不透明；用嗅觉和味觉品尝其香和味的寡淡，尾味苦涩。

方法二　酒精计法

1. 原理

各种酒均有一定酒精含量，如常见高度酒酒精含量（体积分数）为 62%、60%；低度酒有 55%、53%、38% 等，往酒类中掺入水后，其酒精含量必然降低。因此，可用酒精计直接测定白酒中是否掺水。

2. 适用范围

白酒中水的快速检测。

3. 样品处理

直接取样测试。

4. 检验方法

将 100mL 酒样倒入大量筒中，轻轻放入酒精计，放入时避免其上下振动或左右摇摆，也不应接触量筒壁，然后轻轻按下少许，待其上升静置后，从水平位置观察与其液面相交处的刻度，即为酒精浓度。与此同时，测量酒样的温度，然后根据酒精计温度与所测乙醇浓度换算表，得出 20℃时的酒精浓度。

5. 结果判定

根据测试结果，对照标签标示的酒精含量判断。

6. 注意事项

如果酒样中有颜色或杂质，可量取酒样 100mL，置于蒸馏瓶中，加 50mL 水进行蒸馏，收集馏液 100mL，然后测量酒精含量。

实操七　红葡萄酒掺伪速测

红葡萄酒是由葡萄汁（浆）发酵酿制的饮料酒，它除了含有葡萄果实的营养外，在发酵过程中还会产生有益成分。研究证明，红葡萄酒中含有 200 多种对人体有益的营养成分，其中包括糖、有机酸、氨基酸、维生素、多酚、无机盐等，这些成分都是人体所必需的，对于维持人体的正常生长、代谢是不可或缺的。特别是红葡萄酒中所含的酚类物质——白藜芦醇，它具有抗氧化、防衰老、预防冠心病、防癌抗癌的作用。每天适量饮用红葡萄酒者，心脏病死亡率是不饮酒者的 30%，患痴呆症和早衰性痴呆症的概率为不饮酒者的 25%。

葡萄酒档次越高软木塞标记越多越精美，甚至标有图案、年份、酒庄名称，如果软木塞变色，破损易碎，都可认为是劣质酒。

对于红葡萄酒来说红色、紫红色、石榴红色的表示是新的葡萄酒；宝石红、血红、暗红表示是陈酿的优质红葡萄酒，而过度氧化或非陈酿的劣质葡萄酒则呈亚光或深棕红色，正常的葡萄酒都应是澄清透明，流动性极好的，否则可能是劣质酒。

1. 适用范围

适用于普通葡萄酒优劣、掺伪的速测。

2. 检测原理

人工着色检查：葡萄酒中的呈色物质花色苷在不同的pH环境中，显色作用不同，即随pH改变而发生可逆性结构变化和颜色变化，其水溶液呈酸性时呈红色、碱性时呈暗绿色或灰黑色，而人工合成色素如苋菜红、胭脂红、柠檬黄等却无此特性。据此可以对葡萄酒中是否添加了合成色素进行定性检测。

葡萄酒通常在酸性条件下即pH为4.0左右显红色；用碱滴定后，在pH5.8～6.4范围内红色褪尽，酒液呈暗绿色或灰黑色；pH8.9～9.1显示为紫色，是未添加人工色素的正常葡萄酒；反之在pH5.8～6.4范围内红色不褪尽，pH8.9～9.1，直接转为紫色或玫瑰红色的酒样，可判定该样品添加了人工合成色素。

3. 检测步骤

（1）用塑料吸管吸取2ml红葡萄酒，加到5ml塑料测试管中；

（2）在检测试管中分别加入碱性溶液，摇匀使之溶解，观察；

（3）再向检测管分别加入酸性溶液，摇匀，观察。

4. 结果判定

（1）凡检测管加入碱性溶液变为深蓝色或墨绿色；再滴加酸性溶液后，又恢复红葡萄酒的酒红色，则为真红葡萄酒；

（2）凡检测管加入碱性和酸性溶液后，基本不变色，提示为假红葡萄酒。

5. 注意事项

定性有问题的红葡萄酒还需送法定质检机构检验。

实操八　伪劣葡萄酒测定试纸法

1. 检测原理

葡萄酒中的呈色物质花色苷在不同的pH环境中，显色作用不同。

2. 样品处理

原样直接进行检测。

3. 检测步骤

用吸管吸取酒样，分别滴于试纸1及试纸2上各1滴，显色约10s后，甩掉纸片上的多余液体，通过比较试纸1和试纸2的颜色差别判断葡萄酒的真伪。

4. 结果判定

若试纸1呈现明显蓝绿色，试纸2呈现红色，说明葡萄酒可能是真品；若试纸1与试纸2均呈现红色，且颜色无明显区别，说明葡萄酒可能是伪劣品。

5. 注意事项

不要用手接触试纸条的试纸部分；取出所需试纸后，立刻盖好瓶盖，开瓶后不要将瓶中干燥剂取出（多条试纸圆筒包装）。

任务三 蜂蜜掺伪的快速检测

➢ 任务引入案例

2015 年 7 月 10 日，原国家食品药品监督管理总局针对依据食品安全标准无法直接判断假蜂蜜等问题，在官网上发布了《对十二届全国人大三次会议第 8187 号建议的答复》。答复称，蜂产品生产经营中的造假售假问题一直是监管的重点和难点，今后将加大对蜂蜜生产、经营、抽检监督力度及对造假行为的打击力度。

蜂蜜造假不是中国人的独创，也并非中国独有。“马肉风波”后，欧洲食品安全局（EFSA）就发布了一个“十大易造假食品黑名单”，督促严打食物造假。在这个名单里，蜂蜜就赫然在列。可见，即使在国外，蜂蜜造假掺假也是让监管部门头疼的事情。

蜂蜜造假最常用的方法是添加蔗糖和高果糖浆等糖类，这些糖来自于甘蔗和玉米等碳四植物，而蜜蜂采集的花粉来自于碳三植物。这两类植物产生的糖中 C_{13} 同位素的比例不一样。理论上可用碳四植物糖的同位素检测方法确定蜂蜜的“真假”。但麻烦在于，不同的蜂蜜，差异实在太大，C_{13} 同位素偏移的范围也很大，很难准确判断真假。

2016 年 1 月，《消费者报道》向权威第三方检测机构送检了 6 款洋槐蜜和 2 款麦卢卡蜂蜜，检测蜂蜜中是否掺杂糖浆。

检测结果显示，百花牌洋槐蜜和同仁堂麦卢卡蜂蜜在糖浆标志物检测（SMX）指标中呈现阳性，涉嫌造假。农大神蜂洋槐蜜葡萄糖和果糖总含量较低，在该项目评级中低于其他 5 款洋槐蜜。

➢ 任务介绍

蜂蜜，是蜜蜂从开花植物的花中采得的花蜜在蜂巢中酿制的蜜，它是经过蜜蜂在巢脾内转化、脱水、储存至成熟的过程而形成的天然甜物质，蜂蜜的成分除了葡萄糖、果糖之外，还含有各种维生素、矿物质和氨基酸，以及多酚类、类黄酮类、多糖、活性酶和类胡萝卜素等活性物质。因此，蜂蜜具有多种保健功能，如抗氧化、抗菌、促进心脑和血管功能、促使肝细胞再生、加速创伤修复和增强免疫等。蜂蜜作为一种天然保健食品、高级营养品，一直深受消费者的青睐。但是由于经济利益的驱使，在蜂蜜的生产、加工、销售过程中，往往被加入其他价格低廉的甜味物质来牟取暴利。蜂蜜掺假主要有以下 3 种：①白糖加水加硫酸进行熬制，主要利用酸解的作用将白糖的双糖分子分解成单糖假冒蜂蜜；②用饴糖、糖浆等来冒充蜂蜜；③利用粮食作物加工成糖浆充当蜂蜜。

这些掺假蜂蜜或假蜂蜜可以达到现行国家标准的技术要求，或依据现行的国家标准也难以检测出其真伪。但是，由于天然蜂蜜是蜜蜂采集花蜜，通过分泌特殊分子（包括各种酶类）及蜜蜂本身的作用，经过物理和化学变化酿造而成的，因此天然蜂蜜应该同时具有花蜜和蜜蜂的某些特殊成分。而假蜂蜜是不会具有这些特殊成分的，掺假蜂蜜的这些特殊成分含量则降低。研究表明，蜂蜜淀粉酶是检测蜂蜜产品质量和判定蜂蜜产品是否掺假的一个理想指标。国标 GB/T 18932.16—2003《蜂蜜中淀粉酶值的测定方法　分光光度法》规定了蜂蜜淀粉酶的检测方法，但方法需要分光光度计等大型设备，不适合现场快速检测，利用快速检测方法能够弥补这个缺陷，作为实验检测的补充。

➢ 任务实操

实操一　蜂蜜掺伪感官检测

（一）筷子法

1. 筷子将蜂蜜挑起

2. 蜂蜜能拉成细长的丝

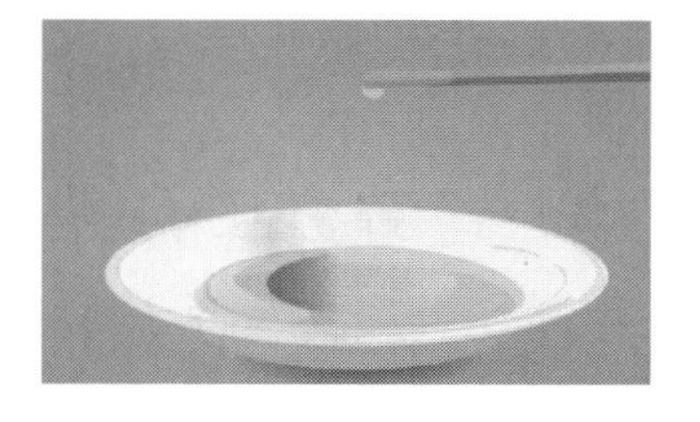

3. 丝断后自动回缩呈球状者为真

（二）颜色和味道

1. 掺有糖的蜂蜜透明度较差、浑浊

2. 掺有面粉、淀粉或玉米粉的蜂蜜色泽较浑浊、味道不甜

3. 掺红糖的蜂蜜颜色较深

（三）形态

1. 真蜂蜜的结晶体很软

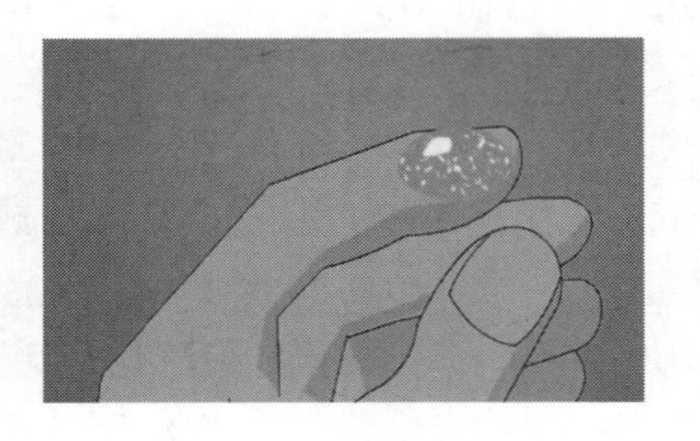

2. 真蜂蜜一捻就碎

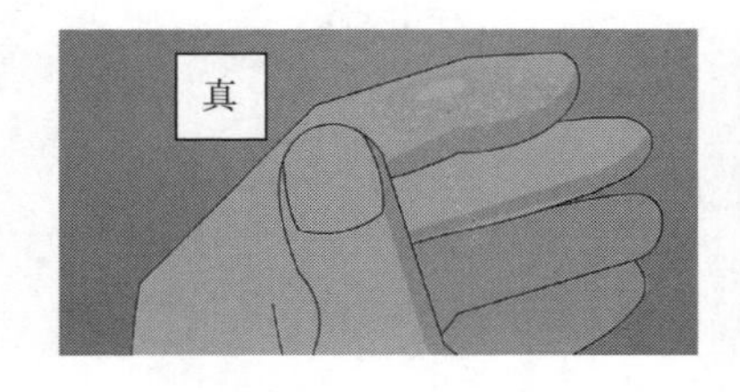

3. 真蜂蜜像油一样融化在手上

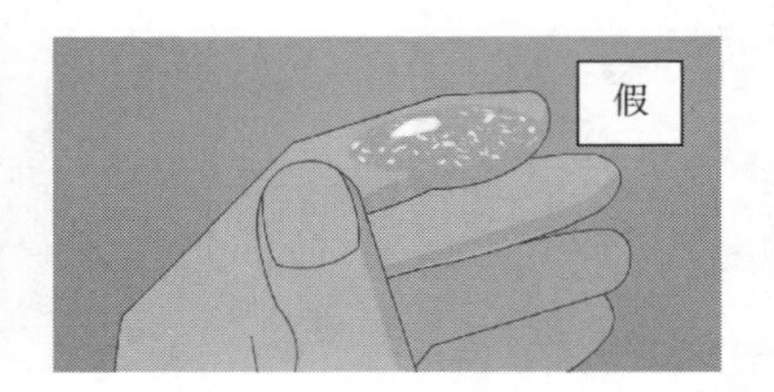

4. 假蜂蜜的结晶体有颗粒感

实操二　蜂蜜中水分的检测

方法一　感官法

1. 方法原理

优质的蜂蜜含水量低，所以滴落后不会很快浸渗入滤纸中，掺水的蜂蜜滴落后很快浸透、消散。

2. 检验步骤

取蜂蜜数滴，滴在滤纸上。

3. 结果判定

滴落后不会很快浸渗入滤纸中的是优质蜂蜜，滴落后很快浸渗、消散的是掺水蜂蜜。

方法二　试纸条法

1. 试剂与材料

蜂蜜水分快速检测试纸条。

2. 适用范围

蜂蜜水分快速检测试纸适用于各类瓶装蜂蜜、灌装蜂蜜及散装蜂蜜（荔枝蜂蜜、龙眼蜂蜜、柑橘蜂蜜、鹅掌紫蜂蜜、乌桕蜂蜜除外）中水分含量的现场快速检测。

3. 样品处理

直接取样检测。

4. 检测步骤

（1）从试纸筒中取出试纸条；

（2）将试纸条的反应膜浸入待测样品液中，开始计时；

（3）观察反应膜的颜色变化，记下反应膜完全变成粉红色的时间。

5. 结果判定

不合格反应膜在3min内完全显粉红色，说明蜂蜜中的水分含量>24%。

二级品：反应膜在3～9min内完全显粉红色，说明蜂蜜中水分含量为20%～24%。

一级品：反应膜在10min后才完全显粉红色，说明蜂蜜中水分含量≤20%。

6. 注意事项

（1）GH/T 18796—2012蜂蜜规定：除荔枝蜂蜜、龙眼蜂蜜、柑橘蜂蜜、鹅掌紫蜂蜜、乌桕蜂蜜外，其他蜂蜜的水分含量为：一级蜂蜜水分含量≤20%；二级蜂蜜水分含量≤24%。

（2）本试纸条对湿度及光照敏感，请密封保存，开封后必须立刻使用。

（3）请先使用试纸筒内的试纸，用完后再拆开铝箔袋，把袋内的试纸放入到试纸筒中使用，用完一袋后再拆开另一袋使用。

（4）请密切观察试纸的变色情况，准确记录反应时间，否则会影响结果判断。

方法三　相对密度法

1. 试剂与材料

蜂蜜密度计（波美计）：1支；温度计：1支。

2. 适用范围

适用于蜂蜜水分含量的现场快速检测。

3. 样品处理

直接取样检测。

4. 检测步骤

（1）将待测蜂蜜轻轻混匀，缓慢倒入250mL量筒中（约需300mL蜂蜜）。

（2）将洁净干燥的蜂蜜密度计（波美计）轻轻插入蜂蜜中央，任其自然下沉（下沉时间不少于15min）至不再下沉为止，水平观察，蜂蜜弯月面的下缘对应的数值即为即时温度下所测得蜂蜜浓度，同时用温度计测定此时蜂蜜温度。

5. 结果判定

被测蜂蜜温度高于标准温度20℃时，所高出的温度数乘以系数0.0477，再加上原测定的浓度即为蜂蜜的实际浓度。例：被测蜂蜜温度为25℃，波美计测得蜂蜜的浓度为41度，20℃时的蜂蜜实际浓度应为（25－20）×0.0477＋41度＝41.2度。当计算出蜂蜜浓度后按表2－23对照找出蜂蜜的百分含水量。

表 2-23　　20℃蜂蜜浓度与含水量对照表

蜂蜜浓度	38.0	38.5	39.0	39.5	40.0	40.5	41.0	41.5	42.0	42.5	43.0
含水量/%	27.0	26.0	25.0	24.2	23.1	22.3	21.2	20.2	19.2	18.1	17.0

6. 注意事项

（1）若待测蜂蜜有泡沫，需除去泡沫后测定，如有结晶，需水浴加热（水温不超过60℃），使结晶融化，冷却后测定。

（2）若被测蜂蜜低于20℃，可加热到标准温度或高于标准温度后测定。

（3）对于阳性可疑样品可重复检测来加以确定。

实操三　蜂蜜中糊精或淀粉的快速检测

方法一　感官评价

向蜂蜜中掺淀粉时，一般是将淀粉熬成糊并加些蔗糖后，再掺入蜜中。因此，这种掺伪蜜浑浊而不透明，蜜味淡薄，用水稀释后仍然浑浊。

方法二　碘-碘化钾溶液法

1. 检测意义

在造假蜂蜜中，有许多是采用淀粉、糊精和白糖等物质熬制后加入部分蜂蜜而成。在天然蜂蜜中，也有少量糊精存在，采用本方法一般检测不出来；造假蜂蜜中加入的糊精或淀粉一般都较多，采用本方法测试结果明显。糊精检出限为0.5%，淀粉检出限为2%。

2. 方法原理

糊精或淀粉与组合碘试剂发生反应产生棕色、紫色或棕紫色化合物。

3. 适用范围

蜂蜜中糊精或淀粉的快速检测。

4. 试剂与材料

糊精、淀粉速测液、试管。

5. 样品处理

原样直接进行检测。

6. 检验步骤

取1支试管，加入约1mL蜂蜜样品，加入约3mL的纯净水，振摇混匀，滴入8滴测试液，摇匀，5min后20min内观察试管溶液颜色变化。

7. 结果判定

正常蜂蜜测试管的颜色为黄色或淡黄色。如果测试管溶液变为棕色、紫色或棕紫色，可确定样品中含有糊精，如果测试液变为灰色或灰蓝色，或出灰色或灰蓝色沉淀，可确定样品中含有淀粉。其颜色随糊精或淀粉含量的加大而加深或沉淀增多。

8. 试剂质量控制（阳性对照实验）

取试剂糊精配制成浓度为5g/L阳性对照液，或取试剂可溶性淀粉配制成浓度为20g/L阳性对照液，在1mL蜂蜜中加入1mL阳性对照液。加入2mL的纯净水，振摇混溶，滴入8滴测试液．摇匀，5min后20min内观察试管溶液应显阳性反应。

9. 注意事项

必要时可做对照实验。

方法三　蜂蜜中淀粉快速检测盒

1. 方法原理

糊精遇碘试剂发生反应产生红色、淀粉遇碘试剂发生反应产生蓝色。

2. 适用范围

适用于蜂蜜中添加淀粉和糊精的现场定性检测。

3. 试剂与材料

淀粉和糊精快检试剂1瓶、吸管1包。

4. 样品处理

直接取样检测。

5. 检验步骤

（1）取1g待检蜂蜜于10mL比色管中，加10mL水混匀待用。

（2）将此比色管置于沸水浴中加热1min后冷却。

（3）向比色管中加入2滴（用塑料吸管吸取）淀粉和糊精快检试剂，观察结果。

6. 结果判定

掺有淀粉的蜂蜜：比色管中液体出现蓝色或绿色。

掺有糊精的蜂蜜：比色管中液体出现红色。

正常蜂蜜：颜色不变或加深（可与蒸馏水空白做比较）。

方法四　蜂蜜中淀粉检测试纸（仪器专用）

1. 范围

适用于蜂蜜中掺假淀粉的快速检测。

2. 试剂与材料

蜂蜜中淀粉检测试纸卡、离心管、一次性吸管。

3. 样品处理

用塑料吸管吸取10滴蜂蜜于离心管中，另换一根塑料吸管，加入10滴纯水。旋紧离心管的盖子，摇匀，使蜂蜜与纯水混合均匀。将离心管放入到沸水中加热1.5min，取出冷却至室温待测。

4. 检验步骤

（1）从铝箔袋中取出检测卡；

（2）滴入2滴浸泡液于检测卡的反应孔中，静置1min；

（3）甩掉多余的液体；

（4）将检测卡小孔朝上插入仪器中进行检测。

5. 结果判定

阴性：可判定蜂蜜样品中没有添加淀粉。

阳性：可判定蜂蜜样品中可能添加淀粉。

6. 注意事项

（1）本试纸检测卡为定性粗筛方法，确证请依据国家标准方法进行。

（2）量取蜂蜜时尽量均匀，不要有气泡，为方便吸取，可将吸管的头剪掉。

（3）吸水用的塑料吸管可重复使用。

（4）请在规定的时间范围内上机测试，否则结果可能会不准确。

方法五　蜂蜜中淀粉检测试纸（仪器专用）

1. 适用范围

蜂蜜中淀粉快速检测试纸适用于蜂蜜中掺假淀粉的快速检测。

2. 试剂与材料

蜂蜜中淀粉检测试纸条、塑料吸管、反应管。

3. 样品处理

（1）用塑料吸管吸取 10 滴蜂蜜于离心管中，另换一根塑料吸管，加入 10 滴纯水。

（2）旋紧离心管的盖子，摇匀，使蜂蜜与纯水混合均匀。

（3）将离心管放入到沸水中加热 1.5min，取出冷却至室温待测。

4. 检验步骤

（1）从试纸筒中取出试纸条；

（2）将试纸条的反应膜浸入待测液体中约 10s，取出后甩掉多余的液体；

（3）在 2 ~5min 内将反应膜所显示的颜色与色阶卡进行对比，得出蜂蜜样品中淀粉的含量。

5. 结果判定

掺有淀粉的蜂蜜：比色管中液体出现蓝色或绿色。

掺有糊精的蜂蜜：比色管中液体出现红色。

正常蜂蜜：颜色不变或加深（可与蒸馏水空白做比较）。

6. 注意事项

（1）量取蜂蜜时尽量均匀，不要有气泡，为方便吸取，可将吸管的头剪掉。

（2）检测试纸请密封保存，开封后必须立即使用。

（3）开封前若发现铝箔袋已经破损、密封不好或反应膜已经变色，则不能使用。

（4）请在规定的时间范围内观察反应结果，否则，结果的判断可能会不准确。

（5）吸水用的塑料吸管可重复使用。

实操四　蜂蜜中蔗糖的快速检测

方法一　感官评价

假蜂蜜是用蔗糖（白糖或红糖）加碱水熬制而成，其中没有蜜的成分，或是蜜的成分很少。

其品质特点是，没有自然的蜂蜜花香气味，而有一股熬糖浆的气味，品尝时无润口感，有白糖水的滋味。为了进一步确认假蜂蜜，可用一根烧红的粗铁丝，插入蜂蜜内，冒气的是真成品，冒烟的是假冒产品。也可采用荧光检查，取可疑蜂蜜1份与2.5份水混合均匀，向不透光的载玻片上涂2~3mm厚层，或放在不透荧光的试管中，在暗室中进行荧光观察。一般在天然蜂蜜中，颜色呈黄色略带绿色的，是优质蜂蜜，如果色泽草绿、蓝绿，则是劣质蜂蜜，若色泽呈灰色的，则是用蔗糖调制成的假蜂蜜。

物理检验：将样蜜少许置于玻璃板上，用强烈日光曝晒（或用电吹风吹），掺有蔗糖的蜜会因为糖浆结晶而成为坚硬的板结块，纯蜂蜜仍呈黏稠状。

方法二　蜂蜜蔗糖快速检测盒

蜂蜜是一种极好的食品和医疗保健品。纯正优质的新鲜蜂蜜是黏稠、透明或半透明的胶状液体，味甜，具有较浓郁的花香味。

1. 方法原理

蜂蜜中的蔗糖与显色剂反应生成有色化合物，采用目视比色分析方法，直接在蜂蜜蔗糖速测比色卡上读出样品中蔗糖含量。

2. 适用范围

蜂蜜中蔗糖含量的现场快速检测。

3. 样品处理

原样处理。

4. 检验步骤

（1）取1mL蒸馏水于离心管中，再用0.2mL塑料吸管取已搅拌均匀的蜂蜜1滴加到离心管中（样品若有结晶，可用搅拌针取少量样品放入取样管中，放入沸水浴中的托架上加热2min融化后再用）；

（2）盖上离心管盖，放入沸水浴中的托架上加热2min后取出，上下摇动6次作为待测液；

（3）用0.2mL塑料吸管取待测液滴加1滴到另一离心管中，滴入15滴蔗糖试剂1，盖上管盖，上下摇动6次；

（4）把离心管放入沸水浴中加热10min，取出冷却5min，沿离心管管壁缓慢滴加98%硫酸溶液（自备）2mL，上下摇动3次，再加入1勺蔗糖试剂2，盖上管盖，摇动使试剂完全溶解；

（5）把离心管放入沸水浴中加热5min，取出与比色卡比对，读出样品中蔗糖的含量（%）。

5. 结果判定

与标准色阶卡比较，得出蜂蜜中蔗糖的含量。

根据GH/T 18796—2012《蜂蜜》中规定，桉树蜂蜜、柑橘蜂蜜、紫花苜蓿蜂蜜、荔枝蜂蜜、野桂花蜂蜜的蔗糖含量应≤10%，其他蜂蜜的蔗糖含量应≤5%。

6. 注意事项

（1）98%硫酸溶液为强酸性试剂，使用时要戴上防护手套和眼镜，试剂要由专人保管。

（2）吸取浓硫酸用移液枪或者配置清单中的1mL吸管，谨慎操作，用完后，用大量水清洗1mL吸管，晾干后可重复使用。

实操五　蜂蜜果糖、葡萄糖速测

蜂蜜含有多种糖，主要是果糖和葡萄糖，它们是蜂蜜的主要甜味成分和重要质量特性指标。蜜蜂采集的花蜜、蜜露或甘露并不能简单地直接利用，而是有一个加工酿造过程，才能变为成熟的蜂蜜。果糖和葡萄糖含量（还原糖）指标偏低，说明了蜂农为了产量，急于求成，缩短了蜂蜜加工酿造过程。根据蜂蜜产品新国标规定，蜂蜜中果糖和葡萄糖含量不得低于60%。速测盒测量下限：40%，测量范围：0~60%，适用于蜂蜜中果糖和葡萄糖总量的快速检测。

1. 方法原理

蜂蜜中的果糖和葡萄糖与显色剂反应生成有色化合物，采用目视比色分析方法，直接在速测色阶卡上读出果糖和葡萄糖含量。

2. 适用范围

适用于蜂蜜中果糖和葡萄糖总量的快速检测。

3. 样品处理

若蜂蜜无结晶，将蜂蜜混匀；若蜂蜜有结晶的情况，可将蜂蜜样品取适量（只要不少于0.5g即可）加到检测管中，并且在水浴锅中加热使其融化，冷却至室温备用。

4. 检测步骤

（1）用0.2mL塑料吸管取蜂蜜样品滴加1滴到离心管中，再加入2mL蒸馏水（或纯净水），盖上盖，上下摇动30次；

（2）用0.2mL塑料吸管吸取上述稀释后的样品溶液，向另一支离心管中滴加1滴。滴加10滴果糖葡萄糖试剂，盖紧上盖，左右摇动5次；

（3）将样品显色管放入沸水浴中加热5min，取出，再加入1.5mL蒸馏水（或纯净水），盖紧上盖，上下摇动3次。把样品显色管与果糖和葡萄糖比色卡比对，即可读出样品中果糖和葡萄糖的含量。

5. 结果判定

对比标准比色卡，读出样品中蜂蜜果糖、葡萄糖含量。

实操六　蜂蜜酸度快速检测试剂盒

蜂蜜中含有多种酸，既有有机酸，也有无机酸，所以蜂蜜显弱酸性，pH4～5，蜂蜜的酸度高低可以证明蜂蜜的掺假及新鲜程度，是衡量蜂蜜好坏的一个指标。蜂蜜的酸度越低，质量越好，口感越好。国家规定蜂蜜酸度值应≤40mL/kg，目前市场上出现大量假冒伪劣蜂蜜，要有效地判别真假蜂蜜，蜂蜜的酸度可作为一项重要的检测指标。

1. 方法原理

不成熟的蜂蜜，含水量高的蜂蜜，加工、储存不当的蜂蜜以及掺假的蜂蜜，在酵母菌作用下容易发酵产酸，可用氢氧化钠标准溶液滴定，以酚酞指示剂显示终点，得出样品中酸度值。

2. 适用范围

适用于蜂蜜酸度的快速检测。

3. 样品处理

原样处理。

4. 检验步骤

取样品2.0g于三角瓶中，加入20mL纯净水将其混匀，另取20mL纯净水放入另一个三角瓶中作为空白，两瓶各加入3滴指示剂，分别用测定液滴定至出现粉红色。

具体酸度值可按以下公式计算得出：

$$酸度(mL/kg)=(V-V_0)\times 3$$

式中　V——样品消耗滴定液的滴数；

V_0——空白液消耗滴定液的滴数。

5. 结果判定

样品消耗滴定液的滴数V减去空白液消耗滴定液的滴数V_0后，滴定液的滴数差多于14滴即为阳性，即可判定为超标。

6. 注意事项

（1）滴定时注意滴瓶垂直向下滴定，以减少误差。

（2）当消耗滴定液的滴数与规定值相差1滴或2滴时，应考虑到现场操作误差的存在，可送实验室精确定量。

> 任务拓展

拓展一　微生物污染对蜂蜜质量的影响。
拓展二　有毒植物花粉对蜂蜜质量的影响。
拓展三　灌装蜂蜜的容器对蜂蜜的影响。
拓展四　常见的蜂蜜感官鉴定方法。

拓展一～拓展四

> 复习思考题

1. 含乳饮料中淀粉或麦芽糊精该如何检测？
2. 有颜色的乳品中尿素该如何测定？
3. 白酒的香型分类对检测的影响是什么？
4. 果汁的感官及掺假快速检测方法？

项目七 保健食品非法添加药物的快速检测

知识要求

1. 了解保健食品非法添加药物快速检测的优点及意义。
2. 了解保健食品非法添加药物快速检测技术的进展。

能力要求

1. 应用各种检测技术进行保健食品非法添加药物的检测。
2. 熟练分析保健食品非法添加药物快速检测结果。

教学活动建议

1. 广泛搜集保健食品非法添加药物检测相关的资料。
2. 关注保健食品监管、质量安全状况和检测技术的新信息。

【认识项目】

根据国家标准 GB 16740—2014《食品安全国家标准　保健食品》的规定，保健食品是指声称具有特定保健功能或者以补充维生素、矿物质为目的的食品，即适用于特定人群食用，具有调节机体功能，不以治疗疾病为目的，并且对人体不产生任何急性、亚急性或慢性危害的食品。保健食品既不同于普通食品，也不同于药品。与普通食品相比，它是一种特定的具有调节人体机能作用的某一功能食品种类，我们亦称之为功能性食品。与药品相比，它仅用于调节机体机能，提高人体抵御疾病的能力，改善亚健康状态，降低疾病发生的风险，并不以治疗疾病为目的，不能代替药品。

目前我国保健食品按功能划分为28类，包括：增强免疫力功能；辅助降血脂功能；辅助降血糖功能；抗氧化功能；辅助改善记忆功能；缓解视疲劳功能；促进排铅功能；清咽功能；辅助降血压功能；改善睡眠功能；促进泌乳功能；缓解体力疲劳；提高缺氧耐受力功能；对辐射危害有辅助保护功能；减肥功能；改善生长发育功能；增加骨密度功能；改善营养性贫血；对化学肝损伤有辅助保护功能；祛痤疮功能；祛黄褐斑功能；改善皮肤水分功能；改善皮肤油分功能；调节肠道菌群功能；促进消化功能；通便功能；对胃黏膜损伤有辅助保护功能；营养素补充剂。

保健（功能）食品应有与功能作用相对应的功效成分及其最低含量。功效成分是指能通过激活酶的活性或其他途径，调节人体机能的物质，目前主要包括：

（1）多糖类　如膳食纤维、香菇多糖等。

（2）功能性甜味料（剂）　如单糖、低聚糖、多元醇糖等。

（3）功能性油脂（脂肪酸）类　如多不饱和脂肪酸、磷酯、胆碱等。

（4）植物甾醇、皂苷等。

市面销售的保健食品必须符合四个要求：

（1）经必要的动物和人群功能试验，证明其具有明确、稳定的保健作用。

（2）各种原料及其产品必须符合食品卫生要求，对人体不产生任何急性、亚急性或慢性危害。

（3）配方的组成及用量必须具有科学依据，具有明确的功效成分。如在现有技术条件下不能明确功效成分，应确定与保健功能有关的主要原料名称。

（4）标签、说明书及广告不得宣传疗效作用。

由于我国保健食品市场管理不完善，起步晚、企业素质不高，掺伪现象一直困扰着保健食品产业、市场及消费的良性发展，其中在保健食品中添加违禁药物是目前掺伪的一种主要手段。在利益的驱动下，为了突出产品的功能效果，一些不法厂商在保健食品中滥加药物，并在广告中非法宣传疗效，欺骗和诱使消费者购买服用，不仅严重危害了消费者的身体健康，而且极大地损害了我国保健食品产业形象。目前我国保健食品中违禁药物的添加具有以下特点：

（1）在保健食品中添加治疗药物、不用作治疗或已被淘汰的药物。此类情况最为普遍，如在抗疲劳保健食品中添加“伟哥”，减肥保健食品中添加西布曲明，降糖保健食品中添加苯乙双胍、格列本脲等；还有一些添加停用药物如安非拉酮、芬氟拉明、安定等。更有一些不法厂家，利用正处于研究阶段药物的研究成果，如肽类等药物先导化合物，在尚未进行安全性评价的情况下，将未获得批准的新型药物或先导化合物添加到保健食品中，这给检验监督带来了更大的挑战。

（2）在保健食品中添加治疗用药的结构改造物。部分不法厂家通过化学手段对治疗药物进行改造后添加，如采用西布曲明的体内代谢产物单去甲基西布曲明和双去甲基西布曲明作为添加物，逃避监管。

（3）在保健食品中混合添加多种治疗药物。部分生产厂家为躲避监管，有意识地降低单一药物含量，采取多种违禁药物混合添加的形式，使产品有明显的效果。此方式比单一添加药物对消费者的身体健康危害更大，不仅存在单一药物的毒副作用，还存在药物相互作用的危害。

（4）添加天然植物化学品。如麻黄中的麻黄碱、伪麻黄碱，淫羊藿中的淫羊藿苷等。此类成分容易造成混淆，被误认为是功能成分。

目前，保健食品中违禁药物一般采用仪器方法进行检测，主要的检测方法有薄层色谱法（TLC）、高效液相色谱法（HPLC）、气相色谱法（GC）、近红外光谱法、毛细管电泳法（CE）、色谱－质谱联用技术（包括 GC/MS、LC/MS、LC－MS/MS）。薄层色谱法、液相色谱法和近红外光谱法等检测方法，会因为中药制剂成分的复杂性而影响定性的准确性；液相色谱－质谱联用法虽被认为是可以采用的最佳检测方法之一，但是质谱仪器价格昂贵，操作要求高，在基层检验部门推广受到限制。因此，建立高效准确、简便易行的方法进行保健食品的非法添加药物的检测，更适合基层检验部门及现场监督的实际需求。

任务一　保健食品非法添加降糖类药物的快速检测

➢ 任务引入案例

“降糖神药”仁合胰宝违法添加西药　成本5元售价300元

南方都市报　自2016年以来，一款名为“仁合胰宝”的降糖保健品，在多个电商平台上火爆销售。患有糖尿病多年的李明磊在服用这款声称“无添加”“三位一体健胰法”的降糖“神药”后，出现了心慌等不良反应。经有关部门鉴定发现，其中非法添加了“双胍”类国家明令禁止的西药成分。

公安部统一指挥河北、湖南等11个省区市公安机关会同当地食药监管部门，成功破获了这起特大网络销售有毒有害保健品案。截至目前，共抓获犯罪嫌疑人76名，打掉黑窝点19个、黑工厂3个、涉嫌非法经营犯罪的化工厂1个，查获有毒有害保健食品15万余盒、西药原料1.3万余千克、制假流水线4条、化工生产设备27台，案值高达12亿元。

➢ 任务介绍

在降糖类保健食品中违法添加的不止盐酸苯乙双胍。原国家食品药品监督管理局早在2012年发布的保健食品中非法添加有毒有害物质名单，盐酸苯乙双胍位列其中。此外还有甲苯磺丁脲、格列苯脲、格列齐特、格列吡嗪、格列喹酮、格列美脲、马来酸罗格列酮、瑞格列奈、盐酸吡格列酮、盐酸二甲双胍。

2015年11月原国家食品药品监督管理总局通告，查获了31种假冒保健食品并涉嫌违法添加药物成分的通告。其中包括多种所谓降糖保健食品：标称“北京仁济生物科技有限公司”生产的糖舒安尼达忠瓦胶囊，检出苯乙双胍、格列苯脲、罗格列酮；标称“福州创新正分子生物制品有限公司”生产的丹参苦瓜胶囊，检出苯乙双胍、格列苯脲、吡格列酮；标称“河南省泷鑫医药保健品有限公司”生产的金鑫玉铬桑胶囊，检出盐酸二甲双胍、盐酸苯乙双胍、格列本脲、马来酸罗格列酮；标称“贵州苗家医药保健品有限责任公司”生产的蜂胶活胰素（苗特R葛灵胶囊），检出苯乙双胍、格列苯脲、吡格列酮。

目前调节血糖功能的保健食品中违禁添加药物按作用机制可分为四大类：胰岛素分泌促进剂、胰岛素增敏剂、减少碳化合物吸收的药物和醛糖还原酶抑制剂。胰岛素分泌促进剂包括磺酰脲类和非磺酰脲类，其中磺酰脲类有：格列本脲、格列美脲、格列吡嗪、格列齐特、甲苯磺丁脲，氯磺丙脲。胰岛素增敏剂有：

①噻唑烷二酮类：盐酸吡格列酮、格列喹酮、罗格列酮、环格列酮、恩格列酮。

②双胍类：盐酸二甲双胍、盐酸苯乙双胍、苯乙福明、甲福明。

③β－肾上腺素受体激动剂：BRL－35135A、BTA－243。

④脂肪酸代谢干扰剂：依托莫司、SDZ－FOX－988。

减少碳化合物吸收的药物主要有：

①α－葡萄糖甙酶抑制药：阿卡波糖、伏格列波糖、米格列醇。

②淀粉不溶素。醛糖还原酶抑制剂主要有托瑞司他和依帕司他。

双胍类是一种典型的降糖药物，该类药物并不直接刺激胰岛素分泌，而主要是通过抑制肝脏的糖异生，促进外周胰岛素靶组织对葡萄糖的摄取和利用来改善肌体的胰岛素敏感性，能明显改善患者的糖耐量和高胰岛素血症，降低血浆游离脂肪酸（FFA）和血浆甘油三酯水平。主要不良反应是消化道症状，有心、肾功能障碍的老年患者有发生乳酸中毒的危险。一旦超过其使用量会产生中毒现象，同时还伴有很强的副作用。磺酰脲类药物中，格列吡嗪（美吡达、瑞罗宁、迪沙、依吡达、优哒灵）和格列齐特（达美康）均为第二代磺酰脲类药，其中格列吡嗪起效快，药效在人体可持续6～8h，对降低餐后高血糖特别有效；格列齐特药效比第一代甲苯磺丁脲强10倍以上，是成年型Ⅱ型糖尿病、Ⅱ型糖尿病伴肥胖症或伴血管病变者的处方药。如在不知情时长期服用磺酰脲类药物后，很可能引起低血糖或者体重增加。

国家明令禁止在降糖类保健食品、中成药及具有该功能的健康食品中添加降糖类药物，而不法商家为了达到疗效，赚取暴利，非法在健康类产品中添加降糖类物质，对消费者的身体健康造成很大的伤害。因此，对保健食品中非法添加降糖药物的快速分析具有现实意义。

➢ 任务实操

实操一　双胍类药物的快速检测

方法一　试剂盒法

1. 适用范围

适用于快速筛查保健食品中非法添加的双胍类（盐酸二甲双胍、盐酸苯乙双胍、盐酸丁二胍）。

2. 检测原理

双胍类化学成分与亚硝酰铁氰化钠－铁氰化钾－氢氧化钠混合溶液反应生成氢氧化铁，显示红褐色。

3. 检测试剂和器具

试剂：试剂 A，试剂 B，试剂 C。

器具：显色板，反应管，0.5mL 一次性吸管，2.5mL 注射器，过滤器，毛细点样管，称量纸。

4. 检测步骤

（1）显色剂的准备　打开试剂 B 瓶，将试剂 C 全部倒入试剂 B 瓶中，旋紧瓶盖，振摇使粉末溶解；静置 15min 以上，待溶液褪色为淡黄色或黄色时可使用。

（2）不同剂型取样

①颗粒、片剂、丸剂：压碎成粉末取 1g 于 A 瓶中；

②硬胶囊：旋开胶囊壳，称取 1g 内容物于试剂 A 瓶中；

③软胶囊：用剪刀剪开胶囊壳，挤出后直接称取 1g 内容物于试剂 A 瓶中。

（3）样品前处理　拧紧试剂 A 瓶瓶盖，充分振荡混匀 1min，静置 2～3min 使上层溶液澄清；拔下注射器活塞及针头，换上过滤器，将样本上清液轻轻倒入针筒内，装入活塞挤压，收集滤液至 1.5mL 离心管中。

（4）样品测定　用毛细点样管吸取离心管中的液体（2～3s），将毛细吸管对准显色板的中心位置，垂直于显色板接触（2～3s），待显色板上的点样液挥发至干，用 0.5mL 一次性吸管吸取试剂 B，对准点样位置滴加 1 滴，立即观察显色板的显色情况。

5. 结果判定

若点样位置显示紫色、紫红色、红色、红褐色，则可判定检测样品中含有双胍类，即为阳性（＋）；若显示淡黄色，判为阴性（－）。

6. 注意事项

（1）以点样中心位置判读为准。

（2）当气温较低时，可用手握住试剂瓶或浸泡在20～40℃的温水中加热，加快显色剂的制备。

（3）试剂有腐蚀性或毒性，避免与皮肤及黏膜接触，如误入眼中，请立即用大量清水冲洗。

（4）试剂用完后，应旋紧瓶盖，密封至塑料袋中丢弃。

方法二　仪器法

1. 适用范围

适用于降糖类中成药、调节血糖或者辅助降血糖类硬胶囊剂、片剂、颗粒剂等固体剂型和水剂、软胶囊剂等液体剂型保健食品以及其他标示上述功能的健康产品中双胍类药物的快速检测。

2. 检测原理

双胍类既能溶于有机溶剂，又能溶于碱性溶液中，经有机溶剂提取，碱溶液萃取后，在碱性条件下与显色剂反应生成氢氧化铁（红褐色），浓度越高，显色越深。经仪器可进行半定量测定。

3. 检测试剂、器具和仪器

试剂：试剂A、试剂B、试剂C、试剂D。

器具：5mL离心管，2mL离心管，称量纸，胶头滴管，过滤器（试剂盒配备，特殊样品使用）。

仪器：DY－3500食品综合分析仪（广东达元绿洲食品安全科技股份有限公司）。

4. 检测步骤

（1）样品前处理

①提取液配制：取5mL离心管，加入1.6mL试剂C，0.4mL试剂D，盖上管盖轻轻混匀，此为提取液。（此处使用移液管为最佳）

②固体剂型：取一次服用量充分碾碎混匀，准确称取0.1g，加入上述提取液，振荡1min，静置2min。取一套注射器拔出活塞，注射器下端置于5mL离心管口。向注射器中倒入样品提取液上清，加上活塞挤压收集滤液至5mL离心管中。完毕，向此离心管中加入1.8mL纯净水，盖上管盖，上下颠倒混合数次，静置5min分层。上层液体待测。

③水剂：直接取100μL样品液于提取液中混匀，静置1min，加入1.8mL纯净水，盖上管盖，上下颠倒混匀数次，静置5min分层，上层液体待测。

④软胶囊剂：若内含物为液体，则同水剂一样处理；若内含物为半固体型，则同固体剂型一样处理。

⑤空白对照：直接向提取液中加入1.8mL纯净水，上下颠倒混匀数次，静置分层。上层液体待测。

（2）样品检测

①显色剂配制：取一管试剂 A 将其中的粉末全部倒入配制瓶，吸取 3mL 试剂 B 于配制瓶中。混匀放置 10min 以上，待溶液褪去红色（显黄色或者黄绿色）时可使用。

②对照测试：取一个 2mL 离心管，用胶头滴管吸取空白对照上清液至 2mL 刻度线。加入 100μL 显色剂，摇匀，反应 5min。上机进行对照检测。

③样品测试：取一个 2mL 离心管，用胶头滴管吸取样品待测上清液至 2mL 刻度线。加入 100μL 显色剂，摇匀，反应 5min。上机进行样品检测。

5. 结果计算

样品中双胍类的含量：

固体剂型：仪器所示的浓度值 ×36. 7mg/kg。

液体剂型：仪器所示的浓度值 ×22mg/kg。

6. 注意事项

（1）部分样品显色过程中会出现明显褪色现象，此类样品则可在加入显色剂后 2min 左右即倒入比色皿进行显色，如蜂胶糖脂舒软胶囊。

（2）部分保健食品提取液过滤后若仍然浑浊，则考虑接上过滤器后过滤。

（3）显色剂需现配现用，如出现沉淀或者变色，请勿使用。

（4）在显色剂制备过程中，可以进行样品的前处理。

（5）显色剂配制瓶可洗净后重复利用，如显色剂配制时温度较低，可选择在 20 ~40℃的温度下加速其变色反应。

（6）试剂用完后，应旋紧瓶盖，密封至塑料袋中丢弃。如遇到试剂沾染皮肤或误入眼中，应立即用大量清水冲洗。

实操二　磺酰脲类药物的快速检测

1. 适用范围

适用于药品、保健食品中非法添加磺酰脲类（格列齐特、格列吡嗪）的快速检测。

2. 检测原理

样品中的磺酰脲类（格列齐特、格列吡嗪）在层析纸上固定相和流动相间产生的吸附作用不同，通过与标准溶液在层析纸上比移值的差异来直接判断是否存在磺酰脲类。

3. 检测步骤

（1）不同剂型取样

颗粒、片剂、丸剂、硬胶囊：压碎成粉末或直接称取 0. 5g 于试剂 A 瓶中；

软胶囊：用剪刀剪开胶囊壳，挤出后直接称取 0. 5g 内容物于试剂 A 瓶中；

液体制剂：直接取0.5mL于试剂A瓶中。

（2）样品前处理

拧紧试剂A瓶瓶盖，振荡1min，使试剂和样品充分混匀，静置2~3min使上层液澄清。用注射器取少量上清液，经过滤器过滤，滤液待测（仅需几微升即可）。

（3）样品检测

用铅笔在硅胶板上距离底端约0.5cm轻轻画一条线，然后在线上点两个小点，如图2-9所示。用毛细管吸取反应管中的液体（2~3s），将毛细管对准硅胶板所画小点，垂直与反应板接触（2~3s）；再用毛细管吸取参照品中的液体（2~3s），将毛细管对准硅胶板所画小点，垂直与反应板接触（2~3s），待点样液挥干；将试剂B倒在小烧杯中，将硅胶板竖直插入小烧杯中，爬板时间为90s。最后使用紫外灯在阴暗环境下近距离照射硅胶板。

4. 结果判定

使用紫外灯在阴暗环境下近距离照射的硅胶板如图2-10所示，若位置A或B有点存在即说明有磺酰脲类物质（除A和B位置之外，其他位置的点与本次测试无关）。样品中磺酰脲类检出限1g/kg。

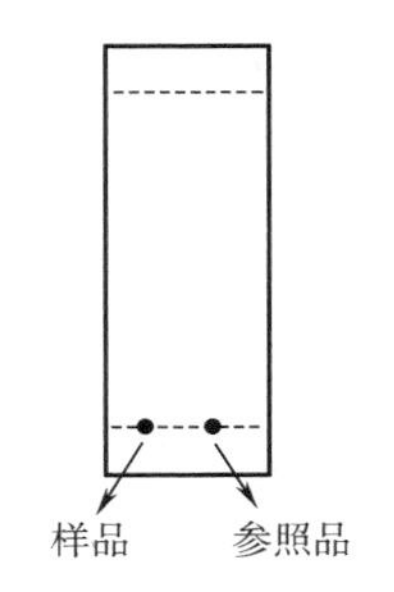

图2-9　硅胶板示意图

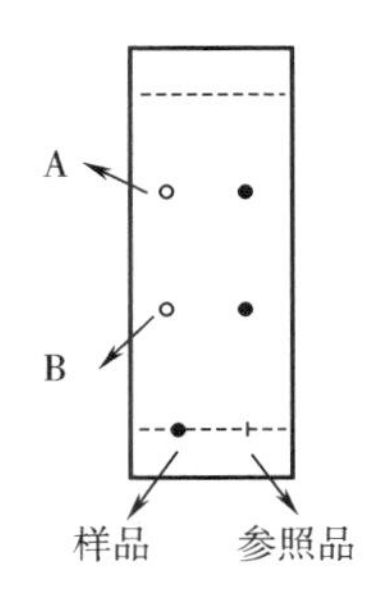

图2-10　磺酰脲类检测结果判定图

5. 注意事项

（1）保证爬板均匀，若点爬歪需重新点板。

（2）若样品在A或B点处不出现，但在A或B点上下2mm之内出现，需重新点板确定。

实操三　噻唑烷酮类药物的快速检测

1. 适用范围

适用于保健食品中非法添加噻唑烷酮类（盐酸吡格列酮、罗格列酮）的快速检测。

2. 检测原理

用二氯甲烷将样品中的罗格列酮、吡格列酮溶出，经盐酸除去脂溶性杂质，与磷钼酸反应生成沉淀。

3. 检测试剂和器具

试剂：试剂 A，试剂 B，试剂 C。

器具：反应管，2.5mL 注射器，过滤器，0.5mL 一次性吸管，称量纸。

4. 检测步骤

（1）不同剂型取样　硬胶囊剂约取 0.5g 内容物；软胶囊挤出内容物称取 0.5g；颗粒、片剂、丸剂等压碎成粉状称取 0.5g。

（2）样品前处理　取一支试剂 A，将所取样品加入管中，盖紧盖子大力振荡混匀 1～2min，静置 2～3min，至上层溶液澄清；拔下注射器活塞及针头，换上过滤器，将 A 瓶上清液倒入针筒内，装入活塞挤压，收集全部滤液于试剂 B 瓶中，上下颠倒混匀约 30s，静置。

（3）样品检测　用 0.5mL 一次性吸管吸取约 1mL 上层清液于反应管中，滴加 2～3 滴试剂 C，静置观察结果。

5. 结果判定

3min 内，若上层出现黄白色浑浊，则可判定样品中含有噻唑烷酮类物质，为阳性（+）；否则判为阴性（-）。检测样品中噻唑烷酮类药物检出限为 0.5g/kg。

6. 注意事项

（1）本方法仅为定性筛查用；对于测定结果为阳性的样品，应送样至实验室或有资质检测机构进行精确定量。

（2）试剂有腐蚀性或毒性，避免与皮肤接触，如误入眼中，请立即用大量清水冲洗。

➢ 任务拓展

降糖类保健食品主要功效成分——多糖类化合物。

拓展

任务二　保健食品非法添加减肥类药物的快速检测

➢ 任务引入案例

曲美退市：迟来的警告

2010 年 10 月 30 日，原国家食品药品监督管理局对外发布了关于停止生产、销售、使用"西布曲明"制剂及原料药的通知。此时，距离西布曲明获准中国上市已有十年之久。官方消息立即引发市场多米诺骨牌效应。曲美、澳曲轻、可秀、赛斯美、曲婷、浦秀、亭立、奥丽那、曲景、新芬美琳、希青、申之花、衡韵、苗乐、诺美亭等减肥药在各地纷纷下架。据国家药监局提供的数据显示，2004 年 1 月 1 日至 2010 年 1 月 15 日，国家药品不良反应监测中心病例报告共收到西布曲明相关不良反应报告 298 例，主要不良反应表现为心悸、便秘、口干、头晕、失眠等。主要累及系统为神经、胃肠道系统、中枢及外周神经系统等，多为说明书已载明的不良反应，目前无死亡病例。

➢ 任务介绍

随着人们生活水平的不断提高，物质生活条件的不断改善和饮食结构的不尽合理，肥胖在全世界像瘟疫一样蔓延开来，据世界卫生组织统计，全世界肥胖症患者目前至少有 12 亿人。肥胖导致的心脑血管疾病对人们的健康构成了极大的危险，因此，人们想通过药物和健康产品来进行减肥。减肥类保健食品因具有保健和美体双重功效，在各类保健产品中独领风骚，成为热销的重要品类。纵观减肥类保健食品市场种类多样，包括各类减肥茶、减肥咖啡、减肥饼干及各品，已成为近些年发展最快的朝阳产业。正是由于这些巨额利润的驱使，一些不法厂商铤而走险，利用消费者急于减肥的心理，置国家法律法规于不顾，在减肥类保健食品中添加许多化学药物。在保健食品中非法添加化学药物随意性大，剂量不准确，且标签上未作说明，往往导致消费者长期、超量服用，引起毒性反应，严重甚至危及生命。

减肥类保健食品中添加化学药物成分已是业内公开的秘密。由于食品企业缺乏正规医药企业的原料监督机制，加上检测标准和方法的正在完善，这对消费者的健康构成了极大的威胁，同时也给产业健康发展之路带来破坏，给减肥类保健食品的监管工作带来很大困难。

目前，减肥类保健食品中违禁添加药物按作用机制可分为三大类：影响消化吸收类药物、食欲抑制剂、增加能量消耗药物。其中，非法添加的食欲抑制剂，如盐酸芬氟拉明和盐酸西布曲明（SH），前者不良反应易引起成瘾性、肺部高血压等，后者不良反应易引起精神、心律失常等。非法添加增加消耗能量的药物，一类是中枢兴奋药，如盐酸麻黄碱、茶碱、咖啡因等，该类药物容易产生焦虑、兴奋、失眠等不良反应；另一类为人工合成的 β - 肾上腺素兴奋剂，如盐酸克仑特罗（CH，俗称瘦肉精）、盐酸妥洛特罗（TH）和盐酸班布特罗（BH）等，该类药物使用过量会引起中毒症状。非法添加泻药，如酚酞等，则会导致使用者血糖升高，血钾降低，长期使用可引起药物依赖性。非法添加利尿药，如呋塞米、吲达帕胺等，则会导致人体脱水、功能损害，严重时造成休克。

2010 年，原国家食品药品监督管理局颁布了针对减肥类中成药及保健食品中非法添加化学药的国家药品监督管理局药品食药监办许［2010］114 号文附件 2“减肥类保健食品违法添加药物的检测方法”，采用高效液相色谱法（HPLC）定性检查，液相色谱－质谱联用（HPLC－MS）法定性验证，适用于减肥类中成药及保健食品中非法添加 SH 等 5 种化学药品的筛查和验证。然而该方法操作繁琐费时，检测成本高，对操作人员专业技术要求高。因此，国家有关检测机构应迅速、有效地建立检测方法，对减肥类保健食品进行监管，以确保保健食品的安全。采用灵敏度高、方便快捷、安全可靠、检测成本低的快速检测方法，更适合于各级食品药品监督管理部门对保健食品非法添加减肥类药物的日常监督，是现场检测非法添加行为的一种强有力的手段。

➢ 任务实操

实操一　西布曲明的快速检测

2010 年 10 月 31 日，原国家食品药品监督管理局要求停止西布曲明的生产、销售和使用。盐酸西布曲明为非苯丙胺类食欲抑制剂，同时具有抗抑郁特性。其主要作用机制是盐酸西布曲明体内代谢产物抑制去甲肾上腺素、5－羟色胺和多巴胺的再摄取，引起食欲中枢饱胀感增强，产热量增加，从而起到减肥的效果。但不法商家为了追求暴利和效果，在健康产品中添加该类物质，消费者在不知情的情况下服用了含有该成分的减肥保健食品，有可能产生严重的后果，如：头疼、头昏、目眩、高血压、心动过速、心悸、胸痛、失眠、焦虑抑郁、记忆力受损和轻微的肠胃综合征，严重时给身体和生命带来巨大的危害。

方法一　试剂盒法

1. 适用范围

本产品适用于药品、保健食品中非法添加西布曲明的快速筛查。

2. 检测原理

西布曲明既能溶于有机溶剂，又能溶于酸性溶液中，经有机溶剂提取后，弱酸萃取，在酸性条件下与雷氏盐反应生成粉红色不溶物。浓度越高，沉淀越明显。

3. 检测试剂和器具

试剂：试剂 A，试剂 B，试剂 C。

器具：0.5mL 一次性吸管，称量纸。

4. 检测步骤

（1）显色剂的准备　取一管试剂 C，加入 1.0mL 蒸馏水，振摇使其溶解，现配现用。室温可保存一周。

（2）不同剂型取样　硬胶囊剂约取 0.5g 内容物；软胶囊挤出内容物称取 0.5g；颗粒、片剂、丸剂等压碎成粉状称取 0.5g。

（3）样品前处理　取一支试剂A，将所取样品加入管中，盖紧盖子，充分振荡混匀1min，静置2~3min，使上层液澄清；用0.5mL一次性吸管吸取试剂A瓶中上层溶液约一半的量至试剂B瓶中；盖紧试剂B瓶盖塞子，上下翻转10次（不可剧烈摇，避免乳化无法分层）使其混合，静置至清晰分层。

（4）样品检测　另取一支0.5mL一次性吸管，吸取试剂C至吸管细部前端约1/4处（约0.125mL），插入至试剂B瓶的下层溶液中并缓慢排空，观察B瓶下层溶液中是否产生浑浊絮状物或沉淀物。

5. 结果判定

1min后，观察B瓶下层产生浑浊或沉淀，可判定检测样品中含有西布曲明成分，即为阳性（+）；无浑浊或沉淀则判为阴性（-）。

6. 注意事项

（1）本方法仅为定性筛查用；对于测定结果为阳性的样品，应送样至实验室或有资质检测机构进行精确定量。

（2）试剂有腐蚀性或毒性，避免与皮肤接触及黏膜接触，如误入眼中，请立即用大量清水冲洗。

方法二　仪器法

1. 适用范围

适用于减肥类中成药、保健食品以及其他标示减肥功能健康产品的胶囊剂、片剂、颗粒剂等固体剂型样品中西布曲明的快速检测。

2. 检测原理

检测原理同试剂盒法。经仪器可进行半定量测定。

3. 检测试剂、器具及仪器

试剂：试剂A，试剂B，试剂C。

器具：5mL离心管，2mL离心管，注射器，胶头滴管，过滤装置，过滤器（试剂盒配备，特殊样品使用），称量纸（特殊样品使用）。

仪器：DY-3500食品综合分析仪（广东达元绿洲食品安全科技股份有限公司）。

4. 检测步骤

（1）样品前处理　取一次服用量碾碎混匀，准确称取0.2g于5mL离心管中，加入试剂B至2mL刻度线处，盖紧盖子振摇1min，静置2min。取一套注射器，下端置于5mL离心管口，拔出活塞，将上清液倒入注射器中，活塞挤压收集滤液至5mL离心管中。然后加入2.2mL试剂C，盖上盖子，上下颠倒振摇30s左右，静置5min分层。上层液待测（部分不宜分层的样品，期间可通过轻敲离心管壁加速分层）。

（2）样品检测

①显色剂配制：取一管试剂A将其中的粉末倒入显色剂配置瓶，加入3mL纯净水振摇，放置20min左右待用（显色剂放置期间可进行样品的前处理）。

②对照测试：取一个2mL离心管，移取2mL纯净水于离心管中，加入100μL显色剂，上下混匀5次立即上机测定，数据以第一次测定为准。

③样品测试：取一个2mL离心管，用胶头滴管吸取待测液于离心管2mL刻度线处，加入100μL显色剂，上下混匀5次立即上机测定，数据以第一次测定为准。

5. 结果计算

$$样品中西布曲明的含量(mg/kg)=仪器所示浓度\times 11$$

6. 注意事项

（1）显色剂需现配现用。

（2）部分样品提取液过滤后若仍比较浑浊，则考虑接上过滤器后过滤。

（3）如遇到试剂沾染皮肤或误入眼中，请立即用大量清水冲洗。

（4）试剂用完后，应旋紧瓶盖，密封至塑料袋中丢弃。

实操二　酚酞的快速检测

酚酞可引起皮炎、药疹、瘙痒、灼痛及肠炎、出血倾向等。长期滥用时可造成电解质紊乱，诱发心律失常、神志不清、肌痉挛以及倦怠无力等症状。国家禁止酚酞用于减肥类保健食品中。

1. 适用范围

适用于药品、保健品中非法添加物酚酞的快速筛查。

2. 检测原理

酚酞在中性溶液条件下无色，在碱性溶液条件下显红色。

3. 检测试剂、器具及仪器

试剂：试剂A，试剂B。

器具：0.5mL一次性吸管，称量纸。

4. 检测步骤

（1）不同剂型取样　硬胶囊剂称取1g内容物；软胶囊称取1g挤出的内容物；颗粒、片剂、丸剂等压碎成粉状称取1g。

（2）样品前处理　取一支试剂A，将所取样品加入管中，盖紧盖子大力振荡混匀1~2min，静置2~3min，至上层溶液澄清。

（3）样品检测　用0.5mL一次性吸管吸取上层样品处理液，加3~5滴于试剂B中，盖上盖子后摇匀，马上观察溶液颜色。

5. 结果判定

若溶液出现粉红至紫红色，可判定检测样品中含有酚酞成分，判为阳性（+）；否则判为阴性（-）。

6. 注意事项

（1）结果判定时，有时溶液浓度较低，褪色较快，需在滴加样品处理液时注意观察。

（2）本方法仅供定性筛查用；对于测定结果为阳性的样品，应送样至实验室进行定量。

（3）检测样品中酚酞浓度越高，溶液颜色越深。

（4）试剂有腐蚀性或毒性，避免与皮肤接触，如误入眼中，请立即用大量清水冲洗。

➢ 任务拓展

拓展一　保健食品中非法添加的减肥类药物。

拓展二　魔芋葡甘露聚糖，减肥类保健食品的主要功效成分之一。

拓展一～拓展二

任务三　保健食品非法添加壮阳类药物的快速检测

➢ 任务引入案例

原国家食品药品监督管理总局关于51家保健酒、配制酒企业69种产品违法添加行为的通告

原国家食品药品监督管理总局组织各省食品药品监管部门执法检查中发现，部分保健酒、配制酒生产企业存在违法添加行为。

初步查明，共有51家企业在69种保健酒、配制酒中违法添加了西地那非（俗称“伟哥”的药品成分）等化学物质，并在产品名称、标识、标签上明示或暗示壮阳、性保健等功能。其中，违法添加西地那非的有15家企业27种产品；违法添加他达拉非、硫代艾地那非、伐地那非、红地那非等（均为与西地那非类似的化学物质）的有5家企业7种产品；正在调查的涉嫌违法添加西地那非的产品27种，涉及标称企业25家；正在调查的涉嫌违法添加他达拉非、硫代艾地那非、伐地那非、红地那非等化学物质的产品8种，涉及标称企业7家。

➢ 任务介绍

近年来，人们对自身的保健越来越重视，市场上标示各种功能的保健食品越来越多。保健食品具有特定保健功能，适宜于特定人群食用，具有调节机体功能，不以治疗疾病为目的，并且对人体不产生任何急性、亚急性或者慢性危害的食品。然而在巨大的利益驱使下，某些不法分子、不法厂商未经过严格试验验证，擅自在一些保健食品中添加入国家明文规定不得在保健食品中添加的化学物质。

其中保健食品非法添加补肾壮阳类药物的行为尤为常见。2014年9月26日，国家食品药品监督管理总局已经发布提示，中国允许注册申请的特定保健食品不包括补肾壮阳、活血通络等功能，声称“能壮阳”的保健食品一律属于假冒保健食品。

此外，在标示具有抗疲劳功能的保健食品中也可能非法添加壮阳类化学药物，主要有两大类，一类是环磷酸鸟苷（cGMP）特异性磷酸二酯酶5（PDE5）型抑制剂，它是一种治疗男性性功能障碍（ED）的药物，代表性药物主要有枸橼酸西地那非（品牌名为艾可，俗称伟哥）、他达拉非（品牌名为西力士）、伐地那非（品牌名为艾力达）、爱地那非、硫代艾地那非等；另一类是蛋白同化制剂，是合成代谢类药物，具有促进蛋白质合成和减少氨基酸分解的特征，可促进肌肉增生，提高动作力度和增强男性的性特征，代表性药物主要有甲睾酮、司坦唑醇、达那唑等。这些药物在应对其适应症时，可以给予患者较为满意的疗效，但是，当患者在不知情的情况下将含有这些成分的保健品作为日常保健食品服用时，药物在患者体内不断积累，极其容易引起严重药物不良反应，甚至引起死亡。

原国家食品药品监督管理局曾颁布了一个针对补肾壮阳类中成药中非法添加西药的《药品检验补充方法和检验项目批准件》（批准件编号2009030），适用于补肾壮阳类中成药及抗疲劳类、免疫调节类保健食品中测定非法添加那红地那非等11种PDE5型抑制剂及其衍生物，初筛方法包括传统的物理化学鉴别和TLC定性鉴别；确证方法包括HPLC的初步确证和液相色谱-质谱（LC-MS）联用技术的最终确证。随着快速检测手段的不断更新和发展，建立高灵敏度、高准确度、高通量和低成本检测非法添加壮阳类化学药物的方法，更适合于条件有限的基层药品监督管理部门日常的监督检验工作，以便于扩大对保健食品非法添加行为的发现范围，增强对保健食品的监管能力。

➢ 任务实操

实操一　西地那非的快速检测

西地那非是男性勃起障碍治疗药物，是属于PDE5型（磷酸二酯酶5型）抑制剂的处方药。当服用较大剂量的西地那非时会引起头痛、消化不良、头晕、皮疹等不良反应，更为严重的是，西地那非能增强硝酸酯类药物的降压能力，与任何一种短效或长效的硝酸酯类药物同时使用时，可能会引起致命性低血压反应，甚至导致突然死亡，因此国家严禁在任何保健品中添加，只能作为处方药使用。但一些保健品生产企业为突出产品的功效，置消费者健康于不顾，擅自在抗疲劳保健品、性保健品等非法添加。

方法一　胶体金免疫层析法

1. 适用范围

适用于西地那非类药物及其衍生物的快速鉴别，可检测胶囊剂、片剂、丸剂和散剂等剂型保健食品。

2. 检测原理

检测原理见模块二项目四中“辣椒制品中非法添加罗丹明 B 快速检测（胶体金免疫层析法）”。

3. 检测试剂和器具

试剂：样品处理液，样品稀释液。

器具：西地那非胶体金快速检测试纸，2mL 离心管，小吸管，称量纸。

4. 检测步骤

（1）不同剂型取样

①硬胶囊：旋开胶囊壳，取约 1/2 粒内容物，置于 5mL 样品处理液瓶内。

②软胶囊：用剪刀剪开胶囊壳，挤出约 1/2 粒内容物，置于样品处理液瓶内。

③丸剂、散剂等：取每次服用量的 1/8 左右，尽量压碎或剪碎，置于 5mL 样品处理液瓶内。

（2）样品前处理　拧紧样品处理液瓶盖，大力振摇约 1min（丸剂大力振摇 2min），静置约 30s 待药渣沉淀；用小吸管滴加 7 滴上清液至 2mL 离心管，加样品稀释液至 1mL 处，振摇混匀后，待测。

（3）样品检测　将试纸（不要打开铝箔袋）及待测的样本恢复至室温（20～30℃）；从原包装中取出试纸，将试纸平放于实验台面上；取小吸管吸取被测溶液 3 滴滴于试纸的 S 孔内；5～10min 内观察并记录实验结果。

5. 结果判定

阴性：试纸条在检测线（T）和质控对照线（C）处出现两条紫红色条带。阴性结果表明被测样品中未检测出西地那非及其衍生物。

阳性：试纸条只在质控对照线（C）处出现一条紫红色条带。阳性结果表明被测样品中检测出西地那非及其衍生物。

无效：质控对照线未出现紫红色条带，表明不正确操作过程或试纸失效。在此情况下应再次仔细阅读试剂盒说明书，并使用新的试纸条重新检测。如仍存在问题，应立即停止使用该批号产品，并与当地供货商联系。

6. 注意事项

（1）本方法仅用于西地那非及其衍生物的快速筛查；对于测定结果为阳性的样品，应送样至实验室或有资质检测机构进行精确定量。

（2）大量标本进行测试时，需做好标记，以免混淆。

（3）本试纸条仅用于一次性测试，同一试纸条不得重复使用。

（4）检测环境应避风，避免在过高温度、过高湿度或过于干燥的环境中进行测试。

(5) 试剂和检测试纸条切忌冷冻或在已过有效期后使用。

方法二　仪器法

1. 适用范围

适用于胶囊剂、片剂、颗粒剂、袋泡茶等剂型的中成药、保健食品和食品中非法添加西地那非的快速半定量测定。

2. 检测试剂、器具和仪器

试剂：试剂 A，试剂 B。

器具：15mL 离心管，2mL 离心管，称量纸。

仪器：DY－3500 食品综合分析仪（广东达元绿洲食品安全科技股份有限公司）。

3. 样品检测

(1) 样品前处理　称取 0.1g 样品（片剂需充分研碎；胶囊剂直接取内容物）至 15mL 离心管中，加入 10mL 纯净水，盖上盖子，振荡 1min，充分混匀，静置 3min；取上清液 0.2mL 加入 0.8mL 纯净水，混匀，作为样品待测液。

(2) 样品检测

对照测试：取一个 2mL 离心管，加入 1mL 纯净水；加入 0.5mL 试剂 A，再加入 0.5mL 试剂 B，混匀。所得溶液上机进行对照测试。

样品测试：取一个 2mL 离心管，加入 1mL 样品待测液；加入 0.5mL 试剂 A，再加入 0.5mL 试剂 B，混匀。所得溶液上机进行样品测试。

4. 结果计算

$$样品中西地那非的含量(mg/kg) = 仪器所示的浓度值 \times 500$$

本方法检出限：25mg/kg。

5. 注意事项

(1) 本方法为半定量粗筛方法；对于测定结果为阳性的样品，应送样至实验室或有资质的检测机构进行精确定量。

(2) 试剂 B 具有一定的腐蚀性，需佩戴手套，小心操作。

(3) 15mL 离心管洗净后可重复使用。

实操二　那非类药物的快速检测

1. 适用范围

适用于药品、保健食品中非法添加那非类（西地那非、豪莫西地那非、羟基豪莫西地那非、红地那非、那红地那非、艾地那非等）的快速检测。

2. 检测原理

那非类化合物经稀酸提取、氧化除杂后，生成黄色有机盐沉淀物。

3. 检测试剂和器具

试剂：试剂 A，试剂 B，试剂 C。

器具：称量纸，注射器，过滤器，反应管，0.5mL 一次性吸管。

4. 检测步骤

（1）不同剂型取样

①颗粒、片剂、丸剂：压碎成粉末称取 0.3g 于试剂 A 瓶中。

②硬胶囊：旋开胶囊壳，称取 0.3g 内容物于试剂 A 瓶中。

③软胶囊：用剪刀剪开胶囊壳，挤出后称取 0.3g 内容物于试剂 A 瓶中。

④混合溶液类（包括口服液、营养保健酒等）：取 0.3mL 于试剂 A 瓶中。

（2）样品前处理　拧紧试剂 A 瓶瓶盖，充分震荡混匀 1min，静置 2～3min 使上层溶液澄清；拔下注射器活塞及针头，换上过滤器，用 0.5mL 一次性吸管取样本上清液轻轻倒入针筒内，装入活塞挤压，收集滤液约 1mL 至反应管中；向反应管中逐滴滴加试剂 B（边加变摇），至紫红色在 15s 内不褪色。

（3）样品检测　用 0.5mL 一次性吸管吸取试剂 C，滴加 3～4 滴于待测液中，观察结果（此时勿振摇反应管）。

5. 结果判定

3min 内，若上层出现黄色沉淀（或者浑浊），则可判定检测样品中含有那非类物质，为阳性（+）；否则判为阴性（-）。样品中那非类药物检出限为 1.5g/kg。

6. 注意事项

（1）本方法仅供定性筛查用；对于测定结果为阳性的样品，应送样至实验室或有资质检测机构进行精确定量。

（2）不同样本所需加入试剂 B 的量不同，需注意严格控制紫红色在 15s 内不褪色。

（3）试剂有腐蚀性或毒性，避免与皮肤接触，如误入眼中，请立即用大量清水冲洗。

实操三　拉非类药物的快速检测

拉非类是 PDE-5 抑制剂中的一种，而 PDE-5 抑制剂是目前治疗男性性功能勃起障碍最有效的化学药品，长期使用会使人产生依赖，形成永久性阳痿。国家严禁在任何保健品中添加，但一些保健品生产企业为突出产品的功效，置消费者健康于不顾，擅自在缓解体力疲劳保健食品、性保健品等非法添加。

方法一　试剂盒法

1. 适用范围

快速筛查药品、保健食品中非法添加的拉非类（他达拉非、氨基他达拉非）。

2. 检测原理

拉非类化合物经乙醇提取后，与硫酸发生特征化学反应生成紫色物质。

3. 检测试剂和器具

试剂：试剂 A，试剂 B。

器具：0.5mL 一次性吸管，称量纸。

4. 检测步骤

（1）样品准备

①固体类：胶囊剂约取 1/2 粒内容物；片剂 1 片压碎成粉状；丸剂、散剂等取每次服用量的 1/4，压碎成粉状。取一支 A 试剂，将所取样品加入管中，盖紧盖子大力振摇 1～2min，静置 2～3min，至上层溶液澄清。

②液体类：无需前处理，直接取样加入 A 试剂中，拧紧瓶盖充分振荡混匀 1min，静置 2～3min 使上层溶液澄清，待测。

（2）样品检测　用 0.5mL 一次性吸管吸取上清液，加入 5 滴于试剂 B 中，盖上瓶盖摇匀，静置观察。

5. 结果判定

5min 内，若试剂 B 瓶中的溶液不变色，则判为阴性（-）；若出现紫色，则可判定样品中含有拉非类物质即为阳性（+）；若滴加样本溶液至试剂 B 瓶后，背景颜色为淡黄色，3min 内颜色加深，也判为阳性（+）。对照品检出限 0.05mg/mL，胶囊剂样品检出限为 2.6mg/g，片剂样品检出限为 1.0mg/g。

6. 注意事项

（1）本方法仅为定性筛查用。对于测定结果为阳性的样品，应送样至实验室或有资质检测机构进行精确定量。

（2）若检测后颜色不好判断时，建议用试剂 B 液作对比，垫于白纸上进行观察判断。

（3）试剂有腐蚀性或毒性，避免与皮肤接触，如误入眼中，请立即用大量清水冲洗。

方法二　仪器法

1. 适用范围

适用于胶囊剂、片剂、颗粒剂、袋泡茶等各种剂型的宣称具有壮阳效果的中成药、保健食品和食品中非法添加拉非类药物的快速半定量测定。

2. 检测原理

检测原理同试剂盒法。经仪器可进行半定量测定。

3. 检测试剂、器具和仪器

试剂：试剂 A，试剂 B。

器具：2mL 离心管，称量纸。

仪器：DY-3500 食品综合分析仪（广东达元绿洲食品安全科技股份有限公司）。

4. 检测步骤

（1）样品前处理

液体样品：取200μL样品于2mL离心管中，加入1.8mL试剂A，混匀，作为样品待测液。

固体样品（片剂、胶囊剂、茶剂）：称取0.2g样品（片剂需充分研碎；胶囊剂直接取内容物），加入5mL试剂A，盖上盖子，振荡1min，充分混匀，静置3min；取上清液100μL加1.9mL试剂A，混匀，作为样品待测液。

（2）样品检测

对照测定：取一个2mL离心管，加入1.8mL纯净水；加入200μL样品待测液，混匀后于40℃水浴反应10min，然后上机进行对照测定。

样品测定：取一个2mL离心管，加入1.8mL试剂B；加入200μL样品待测液，混匀后于40℃水浴反应10min，然后上机进行样品测定。

5. 结果计算

液体样品结果：样品中拉非的含量（mg/L）＝仪器所示的浓度值×10。

固体样品结果：样品中拉非的含量（mg/kg）＝仪器所示的浓度值×500。

6. 注意事项

（1）本方法为半定量筛查方法；对于测定结果为阳性的样品，应送样至实验室或有资质的检测机构进行精确定量。

（2）试剂B具有一定的腐蚀性，需佩戴手套，小心操作。

➢ 任务拓展

拓展一　保健食品中可能非法添加的补肾壮阳类药物。

拓展二　选购保健食品的“四明确”和“四看清”。

拓展一～拓展二

➢ 复习思考题

1. 什么是保健食品？保健食品应符合哪几方面的要求？
2. 保健食品与普通食品、药品的区别有哪些？
3. 简述我国保健食品中违禁药物添加特点。
4. 举例说明保健食品中添加违禁药物的危害。
5. 简述快速检测技术应用于保健食品中违禁药物检测的优势。
6. 查阅资料，阐述我国保健食品检测技术现状。

模块三

食品企业食品安全的快速检测

【模块介绍】

食品企业对产品的自检自控体系的特点就是其控制的时效性和经济性，对检测的要求是快速、灵敏、简便、经济，尽可能体现在线测量的效果，以提高响应速度，保证体系的可操作性。食品安全快速检测技术一般体现在短时间、简化操作、自动化、可进行多项目或多样品的同时检测，非常适合食品企业的检测要求。可以说食品安全快速检测是食品企业检测体系的需要和发展趋势。

项目一

食品常规理化指标的快速检测

知识要求

1. 了解食品快速检测常规理化检测指标。
2. 了解食品理化速测技术的最新进展。

能力要求

1. 熟练应用速测技术进行理化指标的检测。
2. 分析食品理化指标快速检验的结果。

教学活动建议

1. 广泛搜集食品理化快速检测相关的资料。
2. 关注食品安全出现的新信息。

任务一 水分的快速检测

➢ 任务引入案例

注水肉事件

2015年5月，汤某等人为增加宰杀后牛肉的质量，向活牛胃部插管进行初步灌水，并于宰杀时再使用水泵通过牛血管向牛体内二次注水，随后黄某等加入。2016年4月，南通警方发现了这起销售注水牛肉案件。法院经开庭审理查明，2016年2月至2016年4月，犯罪嫌疑人汤某、李某等7人生产、销售注水牛肉共计近60吨，销售金额累计人民币270多万元。法院认为，现有证据尚不能证明生产、销售的注水牛肉足以造成严重食物中毒或者其他严重食源性疾病，但有证据证明被告人在产品中掺假、掺杂，使产品降低了使用性能，且销售数额特别巨大，构成生产、销售伪劣产品罪。

➢ 任务介绍

水分含量是食品的重要质量指标之一。食品含水量的高低直接影响食品的感官性质、鲜度、风味、加工性、储藏稳定性等。如肉制品（香肠）的口味与吸水、持水的情况关系十分密切。乳粉的水分含量控制在2.5%～3.0%，可抑制微生物生长繁殖，延长保质期；若水分超过3.5%，乳粉易结块，从而导致变质加速。新鲜面包的水分含量若低于28%，其外观形态干瘪，缺少光泽。

在食品加工和保藏中，水分含量的测定为成本核算、物料平衡提供基础数据，在工艺控制、品质保障和产品经济性等方面具有指导意义。在食品监督管理中，水分含量的测定可为评价食品或其原料的品质提供依据。相关食品标准对食品的水分含量（或固形物含量）有明确的规定。食品中水分超标，不仅反映食品本身的质量问题，也反映出生产、流通环节的诸如掺杂使假等违法、违规问题。

食品中水分的测定方法通常可分为直接法和间接法两大类。直接法是直接测量水分或是利用水分本身发生的定量化学反应来进行测定，如利用水的挥发性将其从食品样品中分离出来，再以其质量或体积来定量的干燥法、蒸馏法。间接法不是直接测量水分，而是测量与水分相关的食品的某个参数，如测定食品的相对密度、折射率、电导率、介电常数等物理性质，间接确定水分含量。

经典的水分测定法如干燥失重法和蒸馏法等，由于操作较繁琐，分析时间较长，灵敏度较低和环境湿度干扰大等原因已经逐步被电分析方法和气相色谱法等代替。但同时一些新的加热干燥方法如远红外加热或微波加热等方法也应运而生。目前市场上存在的水分测定仪主要有卡尔·费休水分测定仪、远红外水分测定仪、露点水分仪、微波水分仪、库仑水分仪等。这些仪器操作方法简便、灵敏度高、重复性好、并能连续测定，自动显示数据。

➢ 任务实操

实操一　DY－6400肉类水分快速测定仪检测肉制品水分含量

1. 适用范围

适用于猪肉、牛肉、羊肉、鸡肉等肉类水分含量的现场快速测定。

2. 检测仪器

DY－6400肉类水分快速测定仪。

3. 仪器工作原理

肉的阻抗与其含水量有关，通过测量肉的阻抗变化可以判断肉的水分含量。肉类水分检测仪由水分检测系统、计算机控制系统、软件系统等组成（图3－1）。电导法测量速度快，测量信息的传输与处理方便，易于实现取样、测量、信息传输、显示和控制的计算机管理。

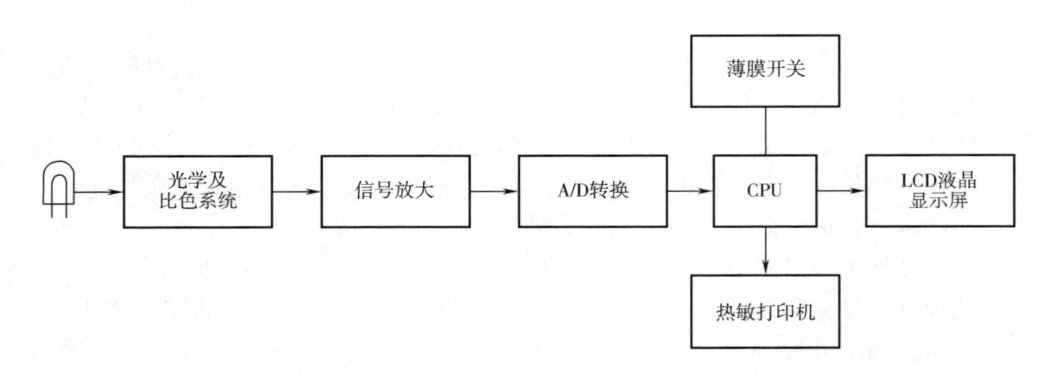

图3－1　肉类水分快速测定仪结构简图

4. 检测步骤

仪器经标定、标准值设定、声控开关设定、测量次数设定后，可开始测量肉类样品。

（1）开启仪器后，在主菜单按“向上键”或“向下键”移动光标，如选择猪肉，按“确认键”，进入猪肉子菜单，光标选择“测量”，按“确认键”一次，即进入测量状态，如图3－2所示。

（2）左手持主机，右手持检测探头手柄，将检测探头针状电极插入被测样品中，用右手轻扶检测探头手柄，左手大拇指按“确认键”1次，显示器的数字自动加1，变成“2”。

（3）拔出检测探头，重复本步骤（2），直至显示器显示“10”，此时再按“确认键”1次，仪器自动计算出测量值，并直接显示测量值。如图3－3显示中的74.8%即被测量样品的水分值。

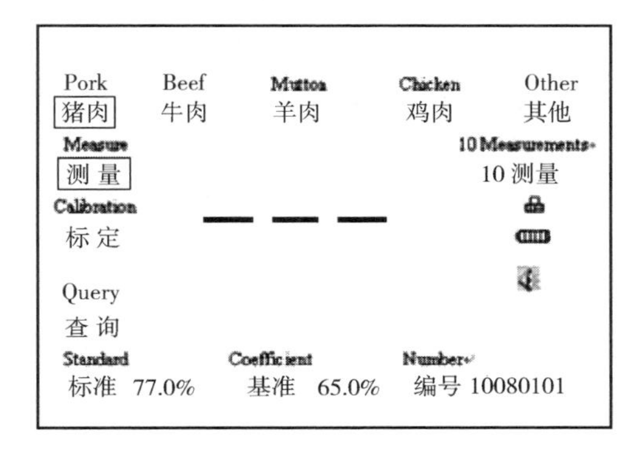

图3－2　测量开始界面

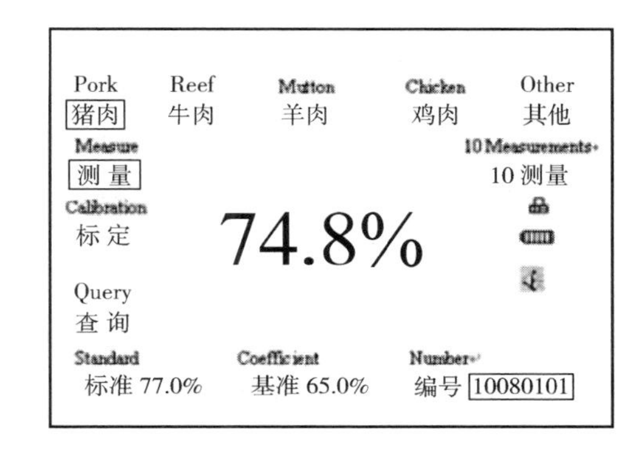

图3－3　测量完成

5. 结果判定

畜禽肉水分限量：猪肉≤77%；牛肉≤77%；羊肉≤78%；鸡肉≤77%。

6. 注意事项

（1）仪器应根据测定对象的品种，设定相应的判断标准值。

（2）如果仪器设置为“1次测量”，则检测探头插入样品后，按一次“确认键”，仪器就显示测量水分值。

（3）当测量结果大于判断标准时，仪器会发出声光报警。

实操二　SFY－6S红外水分检测仪测定食品中水分

1. 适用范围

适合蛋糕、饼干、糖果、食盐、肉骨粉、蛋白粉、羽毛粉、大料、肉骨汤、浓汤宝、鸡精、肉类、淀粉类、饼干、水果、蛋白粉、肠衣、腐竹、木耳、花生果、辣椒粒、面粉、淀粉、挂面、各种豆类、脱水蔬菜、红枣、葡萄干、糖果、葡萄糖粉、蜜饯、开心果、核桃、杏仁、枸杞、黄原胶、槐豆胶、果胶、卡拉胶、结冷胶、琼胶、淀粉、麦芽糊精、固体葡萄等含水量大于5%的各类食品水分的快速测定。

2. 检测仪器

SFY－6S水分检测仪。

3. 仪器工作原理

利用食品中水分的物理性质，在高温下样品快速被干燥，采用挥发方法测定样品中干燥减少的质量，包括吸湿水、部分结晶水和该条件下能挥发的物质，再通过干燥前后的称量数值计算出水分的含量。

4. 检测步骤

（1）将仪器组装好，掀开加热桶，依次放上三脚架和托架、样品盘。

（2）连接电源线，按仪器后面的开机按钮，主屏显示：9、8 至 0。

（3）取出标配的 20g 砝码放到样品盘上，看是否是显示 20.00；如果不是，取下校准砝码后按“校准”键，再放上砝码仪器自动校准（两周校准 1 次）。

（4）将砝码取出，向样品盘上放入样品，仪器主机会显示样品质量。

（5）取好样品后，盖上加热桶，等样品质量稳定后，按“测试”按键仪器灯亮开始工作。

（6）仪器工作完后灯灭并自动报警，按“显示”按键仪器停止报警，再按一次“显示”主屏显示水分值%。

5. 注意事项

（1）新的仪器应放置于平稳的工作台，请勿在仪器下方垫任何物品；不可调整仪器上面的水平位置。

（2）工作环境注意防风、防震动；工作环境电压如果不稳定，建议配置 1000W/220V 稳压器，电压不稳定会影响水分值的测试准确度。

（3）仪器不使用的情况下，建议每隔 3 个月，仪器拿取出通电一次，每次通电时间 1～2h 即可。

实操三　SFY－30S 肉类水分检测仪快速检测肉类水分

1. 适用范围

适用于猪肉、牛肉、鱼肉、冷冻肉类、鸡肉、羊肉、鸭肉、羊肉、肉糜、风干牛羊肉、肉制品等肉类及制品的水分含量快速检测。

2. 检测仪器

SFY－30S 肉类水分检测仪。

3. 仪器工作原理

仪器采用直接干燥法、红外线（快速）干燥法工作原理，在测量样品质量的同时，红外线加热单元和水分蒸发通道快速干燥样品，在干燥过程中，水分仪持续测量并即时显示样品失去的水分含量（%），干燥程序完成后，最终测定的水分含量被锁定显示。

4. 检测步骤

同 SFY－6S 红外水分检测仪检测步骤。

5. 注意事项

同 SFY－6S 红外水分检测仪使用注意事项。

➢ 任务拓展

拓展

GB 5009.3—2016《食品安全国家标准　食品水分的测定》修订介绍。

任务二　蛋白质的快速检测

➢ 任务引入案例

原国家食品药品监督管理总局公布保健食品抽检名单发现10批次不合格产品

2014年，原国家食品药品监督管理总局组织开展了易非法添加的保健食品和蛋白粉类保健食品专项监督抽检工作，抽检产品类别涉及蛋白粉类以及声称减肥、通便、辅助降血糖、缓解体力疲劳、辅助降血压和增强免疫力（调节免疫）等功能保健食品。共抽检产品336批次，发现不合格产品10批次。

在不合格产品中，其中6批次产品蛋白质含量不符合国家标准规定，潮州市多合生物科技有限公司生产的多合牌蛋白质粉有1批次涉嫌假冒，蛋白质含量仅为7g/100g，远低于国家规定的≥50g/100g。

➢ 任务介绍

蛋白质（protein）是生物体细胞的重要组成成分，在细胞的结构和功能中起着重要的作用；蛋白质也是一类重要的产能营养素，并提供必需氨基酸；蛋白质亦是食品的主要成分，对食品的质构、风味和加工性状产生重大影响。

在化学组成上，蛋白质是一种复杂的大分子，相对分子质量在1万至几百万。根据元素分析，蛋白质由50%～55%碳、6%～7%氢、20%～23%氧、12%～19%氮和0.2%～3.0%硫等元素构成，有些蛋白质分子还含有铁、碘、磷或锌。大多数蛋白质含氮约16%，因该元素容易用凯氏定氮法进行测定，故蛋白质的含量可由氮的含量乘以6.25（100/16）计算出来。蛋白质在酸、碱或酶的作用下，完全水解的最终产物是侧链结构和性质各不相同的α－氨基酸，通常为22种基本氨基酸中的十几种。这些α－氨基酸以肽键（酰胺键）相连结形成几百个氨基酸残基的大分子化合物（蛋白质），类似结构的较小分子称为多肽（polypeptide）。虽然蛋白质的基本氨基酸种类有限，但由于氨基酸连结的顺序和比例不同，又可以形成不同的三维空间结构，从而形成性质不同和结构各异的成百上千种蛋白质。蛋白质的三维空间结构指蛋白质的一级、二级、三级和四级结构。

按照化学组成，蛋白质通常可以分为简单蛋白质和结合蛋白质。简单蛋白质是水解后只产生氨基酸的蛋白质；结合蛋白质是水解后不仅产生氨基酸，还产生其他有机或无机化合物（如碳水化合物、脂质、核酸、金属离子等）的蛋白质。结合蛋白质的非氨基酸部分称为辅基。具体分类如下：

1. 简单蛋白质（simple proteins）

（1）清蛋白（albumins） 溶于水及稀盐、稀酸或稀碱溶液，能被饱和硫酸铵所沉淀，加热可凝固。广泛存在于生物体内，如血清蛋白、乳清蛋白、蛋清蛋白等。

（2）球蛋白（globulins） 不溶于水而溶于稀盐、稀酸和稀碱，为半饱和硫酸铵所沉淀。普遍存在于生物体内，如血清球蛋白、肌球蛋白和植物种子球蛋白等。

（3）谷蛋白（glutelins） 不溶于水、乙醇及中性盐溶液，但易溶于稀酸或稀碱。如米谷蛋白和麦谷蛋白等。

（4）醇溶谷蛋白（prolamines） 不溶于水及无水乙醇，但溶于70%～80%乙醇、稀酸和稀碱。分子中脯氨酸和酰胺较多，非极性侧链远较极性链多。这类蛋白质主要存在于谷物种子中，如玉米醇溶蛋白、麦醇溶蛋白等。

（5）组蛋白（histones） 溶于水及稀酸，但为稀氨水所沉淀。分子中组氨酸、赖氨酸较多，分子呈碱性，如小牛胸腺组蛋白等。

（6）鱼精蛋白（protamines） 溶于水及稀酸，不溶于氨水。分子中碱性氨基酸（精氨酸和赖氨酸）特别多，因此呈碱性，如鲑精蛋白等。

（7）硬蛋白（seleroproteins） 不溶于水、盐、稀酸或稀碱。这类蛋白质是动物体内作为结缔组织及保护功能的蛋白质，如角蛋白、胶原、网硬蛋白和弹性蛋白等。

2. 结合蛋白质（conjugated proteins）

（1）核蛋白（nucleoproteins） 辅基是核酸，如脱氧核糖核蛋白、核糖体、烟草花叶病毒等。

（2）脂蛋白（lipoproteins） 与脂质结合的蛋白质。脂质成分有磷脂、固醇和中性脂等，如血液中的β_1－脂蛋白、卵黄免疫球蛋白等。

（3）糖蛋白和黏蛋白（glycoproteins） 辅基成分为半乳糖、甘露糖、己糖胺、己糖醛酸、唾液酸、硫酸或磷酸等中的一种或多种。糖蛋白可溶于碱性溶液中，如卵清蛋白、γ－球蛋白、血清类黏蛋白等。

（4）磷蛋白（phosphoproteins） 磷酸基通过酯键与蛋白质中的丝氨酸或苏氨酸残基侧链的羟基相连，如酪蛋白、胃蛋白酶等。

（5）血红素蛋白（hemoproteins） 辅基为血红素。含铁的如血红蛋白、细胞色素c，含镁的有叶绿蛋白，含铜的有血蓝蛋白等。

（6）黄素蛋白（flavoproteins） 辅基为黄素腺嘌呤二核苷酸，如琥珀酸脱氢酶、D－氨基酸氧化酶等。

（7）金属蛋白（metalioprotein）　与金属直接结合的蛋白质，如铁蛋白含铁、乙醇脱氢酶含锌、黄嘌呤氧化酶含钼和铁等。

蛋白质按其分子形状分为球状蛋白质和纤维状蛋白质两大类。球状蛋白质，分子对称性佳，外形接近球状或椭球状，溶解度较好，能结晶，大多数蛋白质属于这一类。纤维状蛋白质，对称性差，分子类似细棒或纤维，它又可分成可溶性纤维状蛋白质，如肌球蛋白、血纤维蛋白原等和不溶性纤维状蛋白质，包括胶原、弹性蛋白、角蛋白以及丝心蛋白等。

所有的由生物生产的蛋白质在理论上都可以作为食品蛋白质而加以利用，而实际上食品蛋白质是那些易于消化、无毒、富有营养、在食品中具有一定功能性质和来源丰富的蛋白质。乳、肉、水产品、蛋、谷物、豆类和油料种子是食品蛋白质的主要来源。为了满足人类对食品蛋白质日益增长的需要，不仅要寻找新的食品蛋白质资源和开发利用蛋白质的技术方法，而且还应提高对常规蛋白质的利用率和性能的改进。

食品中蛋白质含量的高低也是食品质量的重要指标，对于评价食品的营养价值、合理开发利用食品资源、提高产品质量、优化食品配方、指导经济核算及生产过程控制均具有极重要的意义。目前测定蛋白质方法的原理可分为两大类：一类是利用蛋白质的共性，即含氮量、肽键和折射率测定蛋白质含量；另一类是利用蛋白质中特定氨基酸残基、酸性和碱性基团以及芳香基团等测定蛋白质含量。食品中蛋白质检测的常规方法有：凯氏定氮法、燃烧定氮法、比色法（双缩脲法、Folin－酚法、BCA法、考马斯亮蓝法、茚三酮法）、近红外光谱法、高效液相色谱法、毛细管凝胶电泳法和胶束电动毛细管色谱法，此外还有极谱法、紫外吸收法、共振光散射光谱法、荧光法等其他方法。

目前国家标准对食品中蛋白质含量有严格的规定和要求，但在监督执法过程中，缺乏快速便捷的检测手段，因此急需研发能够快速检测食品中蛋白质的方法进行鉴伪及含量测定。

➢ 任务实操

实操一　Folin－酚快速检测法

1. 适用范围

适用于乳粉、牛乳、豆乳等乳制品中蛋白质含量的快速检测。

2. 检测原理

可溶性的蛋白质与Folin－酚试剂反应，Folin－酚试剂在碱性溶液中极不稳定，易被酚类化合物——蛋白质中含酚基的氨基酸还原为蓝色复合物，蓝色的深浅与蛋白质的含量成正比。通过测定吸光值可以计算可溶性蛋白质的含量。

3. 检测步骤

（1）取乳粉 2g（液体乳取 4mL）放置于比色管或取样瓶中，加纯净水或蒸馏水至 100mL，充分摇匀；然后从中取 1mL 溶解乳液至另一比色管或取样瓶中，加纯净水或蒸馏水至 40mL，充分混匀制备成样品待测液。

（2）取一支蛋白质检测管，加入 0.5mL 样品待测液，盖上盖子摇匀，反应 2min，观察颜色变化。

（3）每批检测必需按上述步骤做一个空白对照。

4. 结果判定

将样品的蛋白质检测管与标准比色卡进行比对，半定量判定样品中蛋白质的含量。方法检测下限为 0.5g/100g。

5. 注意事项

（1）检测时各样品的提取时间、反应时间及操作方法应尽可能保持平行一致。检测时若产生沉淀，提示蛋白质含量可能较高，应稀释后再测定。

（2）若样品有结块或难以溶解的现象，需对样品液加热或直接以热水稀释样品，以使样品充分溶解。

（3）检测试剂具有腐蚀性，使用时需小心操作以防止检测液渗漏；若万一不小心沾到检测液，可用清水冲洗干净；用过的检测管应妥善处理，不可乱丢或让儿童接触到。

实操二 考马斯亮蓝速测管法

1. 适用范围

本方法适用于乳粉、牛乳、豆乳等乳制品中蛋白质含量的快速检测。

2. 检测原理

考马斯亮蓝试剂在游离状态下呈红色，当它与蛋白质结合后变为青色，其颜色深浅与蛋白质含量成正比。检测范围：液体样品为 0.5 ~ 20g/100g，固体样品为 1 ~ 40g/100g。

3. 检测步骤

取乳粉 2g（液体乳取 4mL）于容器中，加纯净水或蒸馏水至 100mL，充分摇匀；从中取 1mL 至另一容器中，加纯净水或蒸馏水至 40mL，充分混匀成样品待测液。

4. 结果判定

取一支蛋白质检测管，加入 0.5mL 样品待测液，盖上盖子摇匀，反应 2min，观察颜色变化，根据标准比色卡进行半定量判定；每批检测需做一个纯净水或蒸馏水的空白对照。

5. 注意事项

（1）检测时各样品的提取时间、反应时间及操作方法应尽可能保持平行一致。检测时若产生沉淀，提示蛋白质含量可能较高，应稀释后再测定。

（2）若样品有结块或难以溶解的现象，需对样品液加热或直接以热水稀释样品，以使样品充分溶解。

（3）当样品中蛋白质含量低于产品包装标示含量或国家标准规定含量时，应送有资质的检测机构进一步确认。

6. 试剂质量控制

定期与国标法检测进行比对，所得结果差异应在 ±20% 以内。

实操三　双缩脲比色法快速测定蛋白质含量

1. 适用范围

适用于牛乳（不包括酸乳和乳饮料）、乳粉中蛋白质含量的快速检测。不适用于酸牛乳和乳饮料中蛋白质的测定。

2. 检测原理

蛋白质分子中的肽键在碱性条件下与二价铜离子作用生成蓝紫色化合物。化合物颜色深浅与蛋白质浓度成正比，而与蛋白质相对分子质量及氨基酸成分无关，通过与标准比色可测定蛋白质含量。

3. 检测步骤

（1）样品前处理

①牛乳样品：无需处理，直接取少量乳样于离心管中，待检测。

②乳粉样品：称取 1g 乳粉于离心管中，用蒸馏水溶解并定容至 10mL，待检测。

（2）样品检测　将试纸条上的试纸部分浸入样品中约 1 ~ 2s，沿着离心管边缘取出试纸（以便除去多余的样品溶液），计时 5min，计时结束立即与标准比色板进行比较判断。

4. 结果判定

（1）标准比色板判断：若试纸颜色与标准比色板色块颜色一致，相同色块代表的含量即为标准色卡读数；若试纸颜色在两个色阶之间，其标准比色卡上读数取二者的中间值。

（2）牛乳样品直接从标准比色卡上读数；乳粉样品标准比色卡上的读数乘以 10。

（3）与国家限量标准进行比较（见表 3 - 1），判断出被测样品中蛋白质含量是否达标。

表 3-1 乳及乳制品中蛋白质含量指标

样品类型	限量/(g/100g)
生乳	≥2.8
灭菌乳、巴氏杀菌乳	牛乳≥2.9；羊乳≥2.8
调制乳	≥2.3
调制乳粉	≥16.5
淡炼乳、加糖炼乳、乳粉	非脂乳固体*的34%
调制淡炼乳	≥4.1
调制加糖炼乳	≥4.6

*非脂乳固体（%）=100%-脂肪（%）-水分（%）-蔗糖（%）。

5. 注意事项

（1）本方法为半定量法，测定结果不能作为最终判据；若需准确定量，需送权威机构检测。

（2）试纸取出后，应立即盖好瓶盖，并且尽快使用试纸条。

实操四　食品中蛋白质含量快速检测

1. 适用范围

适用于食品中蛋白质的快速检测。

2. 检测仪器

CEM Sprint 真蛋白质分析仪。

3. 仪器工作原理

使用蛋白质融合标签（iTAG）技术，此标签只能结合蛋白质链上的氨基，不能结合非蛋白质（三聚氰胺）链上的氨基结构。检测时，将已知含量的带标签的检测溶液与样品进行混合，标签与蛋白质结合，过量的标签可以通过内置的色度计测定含量，经过仪器计算显示样品中蛋白质含量。

4. 检测步骤

（1）打开仪器，选择相应的检测方法。

（2）称量样品。

（3）将样品放置于蛋白仪样品检测区。

（4）启动样品检测按钮，2~3min 后机器将显示样品蛋白质含量。

5. 仪器特点

（1）直接测量“真蛋白质”，而非总氮含量。

（2）直接测量真蛋白质，排除非蛋白氮的干扰。

（3）可用于多种类型样品检测（液体、固体、粉末状、奶油、肉类、坚果类、谷物、种子等）。

（4）操作简单，无需有经验的化学家。

（5）无需危险的化学试剂。

（6）无需校准和维护，样品无需前处理。

（7）检测方法满足美国分析化学家协会（AOAC），美国谷物化学师协会（AACC）的要求。

> 任务拓展

GB 5009.5—2016《食品安全国家标准　食品中蛋白质的测定》修订介绍。

拓展

任务三 脂肪的快速检测

> 任务引入案例

原国家食品药品监督管理总局关于3批次食品不合格情况的通告（2017年第93号）

原国家食品药品监督管理总局组织抽检粮食加工品、乳制品、水产制品和饮料等4类食品431批次样品，抽样检验项目合格样品428批次，不合格样品3批次，其中，济阳县圣琪乳品店销售的标称济南维维乳业有限公司生产的天山雪源味希腊酸奶，脂肪检出值为2.26g/100g，比标准规定（不低于2.5g/100g）低9.6%。

> 任务介绍

脂肪是一种富含热能的营养素，是人体热能的主要来源。食物中的脂肪为人体提供必需的脂肪酸，维持细胞构造及生理作用，有助于脂溶性维生素的吸收，同时可延长食物在胃肠中的停留时间。食品脂肪含量的测定，可以用来评价食品的品质，衡量食品的营养价值，而且对实行工艺监督，生产过程的质量管理，研究食品的储藏方式是否恰当等方面具有重要的意义。

不同食品种类，其脂肪的含量及其存在形式不同，测定脂肪的方法也不同。常用的方法有：索氏提取法、酸水解法、罗兹－哥特里法（Rose－Gottlieb）、巴布科克法、盖勃法和氯仿－甲醇提取法等。索氏提取是测定脂肪的经典方法，是测定多种食品脂类含量的代表性方法。酸水解法能对包括结合态脂类在内的全部脂类进行定量测定。而罗兹－哥特里法、巴布科克法和盖勃法主要用于乳及乳制品中脂类的测定。

此外，食用油脂品质好坏不仅影响食品风味与质量，而且影响人们的身体健康和生活质量。其中食用油脂引发的食品安全事件长期困扰着食品生产、使用和监管部门，引发消费者恐慌，严重影响人们的正常生活。食用油安全问题主要来源于两方面：一是地沟油、潲水油、工业油脂、煎炸油违规用于食品加工行业。这些废油脂在加工过程中会发生一系列复杂的化学反应，如水解、氧化、缩合等，产生大量的有毒有害物质，如苯、芘、萘、硝酸盐和亚硝酸盐。长期食用这类油脂会诱发多种疾病甚至癌症，严重威胁人们的身体健康；二是食用油脂在储存、使用过程中发生油脂变质。食用油脂在储存、使用过程中，同样存在相当的安全隐患且没有引起足够的重视。储存过程中，油脂由于受到外界条件的影响而酸败劣变。

➢ 任务实操

实操一　动物油脂中丙二醛的快速测定

丙二醛是油脂氧化变质生成的过氧化脂质，在热、光、重金属等过氧化物分解因子存在下，进一步分解产生的一种醛类物质，会引起蛋白质、核酸等生命大分子的交联聚合，具有细胞毒性，同时有潜在的致癌性。因此，我国标准 GB 10146—2015《食品安全国家标准　食用动物油脂》对食用动物油脂中丙二醛限量规定为≤0.25mg/100g。

随着油脂氧化变质程度的发展，丙二醛含量较酸价及过氧化值有明显的增高，且较为稳定，是客观评价油脂酸败程度的敏感指标之一。

1. 适用范围

适用于动物油脂中丙二醛的快速测定。

2. 检测原理

丙二醛经三氯乙酸溶液提取后，与硫代巴比妥酸（TBA）作用生成粉红色化合物，测定其在532nm 波长处的吸光度值，与标准比较进行定量。

3. 检测试剂、器具和仪器

试剂：试剂 A、试剂 B。

器具：慢速定量滤纸、离心管、玻璃漏斗。

仪器：DY－3500 食品综合分析仪。

4. 检测步骤

（1）样品前处理　取 1g 融化的油脂于离心管中，加入 5mL 试剂 A，盖紧盖子，于超声波中 60℃左右的水加热震荡 20min，用慢速定量滤纸过滤。

（2）样品检测

①对照测试：取 2.5mL 试剂 A 于离心管中，加入 5mL 的试剂 B，在 90℃水浴加热 20min 后，取出冷却至室温，上机进行对照测试。

②样品测试：取 2.5mL 上述待测油样于离心管中，加入 5mL 的试剂 B，在 90℃水浴中加热 20min 后，取出冷却至室温。上机进行样品测试。

5. 结果计算

$$样品中丙二醛的含量(mg/100g) = 仪器所测的浓度值 \times 5$$

样品中丙二醛含量应≤0.25mg/100g。

6. 注意事项

（1）油脂融化后，请将样品搅拌均匀，以保证取样的均匀性。

（2）试剂 A 具有一定腐蚀性，如不慎接触，请立即用大量水冲洗。

实操二　核磁共振法快速测定食品中脂肪含量

1. 适用范围

适用于快速检测食品中脂肪的含量。

2. 检测仪器

CEM oracle 通用快速脂肪分析仪。

3. 仪器工作原理

通过对样品中脂肪的氢质子分离技术，将脂肪氢质子从其他氢质子中完全分离出来，通过 NMR 信号检测脂肪的含量。CEM oracle 通用快速脂肪分析仪的 NMR 分析技术可从其他氢核干扰信号中完全分离脂肪氢核信号，不受样品类型限制，可快速分析样品的脂肪含量。

4. 检测步骤

（1）干燥样品　可以在烘箱过夜干燥，也可通过 CEM Smart 6 微波水分/固形物检测仪干燥样品。

（2）启动仪器，将样品放进脂肪分析仪进行检测，检测结束读取结果。

5. 仪器特点

（1）检测样品类型不受限制，也无需新建样品检测方法。

（2）可以直接快速检测食品中脂肪，精度高。

（3）不需要使用化学试剂。

（4）操作简便。

（5）检测时间为 30s。

实操三　劣质油检测

劣质油主要包含煎炸老油、潲水油和其他劣质油。其中，煎炸老油是多次煎炸食品残剩的不可再食用的油脂，由于长时间高温加热，油脂与空气中的氧、煎炸食物所带入水分作用，产生一系列饱和及不饱和的醛、酮、内酯等有害物质。

潲水油则是经过烹调的油被废弃到下水道中，再与水、金属元素、微生物等作用，酸败并发生更复杂的反应；在回收提炼过程中，由于高温加热、酸败以及其他反应又会继续，产生更多有毒有害物质。变质油是正常的油样在保存过程中由于氧化、水解等反应发生变质，产生了有害物质。

1. 适用范围

液体油样。

2. 检测原理

煎炸老油、潲水油、变质油等劣质油中产生某种相同的极性物质，该物质在油样经过酸碱水洗、脱色、过滤、纯化等精炼过程中不易被去除，与劣质油检测试剂反应，通过极性组分与特定试剂反应显色对油样进行快速评定。

3. 检测仪器

DY－3500 食品综合分析仪。

4. 检测步骤

（1）样品处理　取 2.5mL 劣质油检测试剂于 10mL 比色管中，盖紧盖子轻轻摇匀 10 次；将比色管置于煮沸浴中，加热 5min 后取出。倒入比色皿，上机进行空白测试。

（2）样品检测　取 2.5mL 劣质油检测试剂于 10mL 比色管中，再用小滴管吸取 4 滴油样于上述比色管中，盖紧盖子轻轻摇匀 10 次；将比色管置于煮沸浴中，加热 5min 后取出。倒入比色皿，上机进行样品测试。

5. 结果判定

结果显示≥0.2 为不合格样品，说明样品可能为劣质油；结果显示 <0.2 为合格。

6. 注意事项

（1）劣质油检测试剂加样后摇匀应采用轻轻摇匀的方式，避免进行振摇，否则样品液浑浊，影响结果判定。

（2）检测时各样品的反应时间及操作方法应尽可能保持平行一致。

（3）使用过的比色皿可采用洗洁精进行浸泡，去除内部油脂后方可进行下次使用。

（4）本方法为快速检测方法，检测结果为阳性的样品，需送到有资质的检测机构进一步确认。

➢ 任务拓展

拓展一　国标（GB 5009.6—2016）中脂肪含量测定方法和适用范围。

拓展二　脂肪检测方法的对比。

拓展一～拓展二

➢ 复习思考题

1. 食品中水分快速检测的方法有哪些？
2. 食品中蛋白质含量快速检测的方法有哪些？试述一下几种方法的检测原理。
3. 试述动物油脂中丙二醛测定的意义及快速检测方法的原理。
4. 试述劣质油快速检测方法的原理和测定的意义。
5. 了解实验室快速测定水分、蛋白质和脂肪含量的方法有哪些？

项目二 食品微生物快速检测

知识要求

1. 了解微生物快速检测的优点及意义。
2. 了解微生物速测技术的进展。

能力要求

1. 应用各种检测技术进行致病微生物的检测。
2. 熟练分析各种致病微生物的快速检测结果。

教学活动建议

1. 广泛搜集微生物快速检测相关的资料。
2. 关注食品企业利用微生物快速检测技术的新信息。

【认识项目】

在人们对食品中微生物情况重视程度日益加深的今天，要想保证食品卫生质量，就必须借助相应的检测手段，对食品的微生物情况进行监测。但是传统的检测手段存在众多的缺陷，不足以应对日益上涨的食品安全需求，所以一系列新型的微生物快速检测技术应运而生。目前用于食品微生物快速检测的技术主要包括免疫学技术、代谢学技术和分子生物学技术三个方面，这些检测技术以其快速、简便、高效等优点极大程度上保障了食品安全。随着食品工业的迅速发展，在餐饮及食品企业建立食品微生物快速检测方法，对食品生产、运输、销售过程中质量的监控具有十分重要的意义。

任务一　菌落总数和大肠菌群的快速检测

➢ 任务引入案例

汕头5家餐饮店餐具大肠菌群超标

汕头市食品药品监督管理局2017年4月组织开展了餐饮环节餐具专项监督抽检工作。本次抽样检验共抽检餐具60批次（非集中消毒餐具50批次，集中消毒餐具10批次），合格48批次，不合格12批次，总体合格率80%。12批次不合格餐具中，9批次为非集中消毒餐具，3批次为集中消毒餐具，涉及5家餐饮单位，其中汕头市鲁智笙餐饮有限公司第一分公司、汕头市金平区佳福猪肚小食店、汕头市金平区林记海鲜行、汕头市澄海区澄华南洋火锅城等4家餐饮单位提供的非集中消毒餐具检出不合格，汕头市龙湖区煮饺饮食店提供的“美洁高温消毒餐具”集中消毒餐具检出不合格，不合格项目均为大肠菌群超标。

➢ 任务介绍

近年来，一些国家和地区不断发生食品污染事件，特别是随着人民生活水平的提高，对食品的质量和食品的安全性要求越来越高，不仅要求食品能饱肚子，而且要求安全卫生、营养丰富、美味可口，生物检验工作是食品卫生检验的重点，对评价食品卫生质量、保证消费者健康安全有着极为重要的作用。为此，在各种食品生产加工单位均设有化验部门，开展食品微生物检验工作。

菌落总数就是指在一定条件下（如需氧情况、营养条件、pH、培养温度和时间等）每1g（每1mL）检样所生长出来的细菌菌落总数。菌落总数的多少在一定程度上标志着食品卫生质量的优劣。

大肠菌群，是指一群好氧或兼性厌氧，能发酵乳糖，在乳糖培养基中经37℃、24h培养，产酸产气，革兰氏阴性，无芽孢的杆菌。主要由肠杆菌科中四个属内的细菌组成，即埃希杆菌属、柠檬酸杆菌属、克雷伯菌属和肠杆菌属。食品的大肠菌群数是指1mL（或1g）检样内含有的大肠菌群实际数值，以大肠菌群最大可能数（MPN）表示。大肠菌群的存在是粪便污染的指标。

➢ 任务实操

实操一　冰淇淋菌落总数快速检测法

方法一　纸片法

1. 适用范围

用于各类食品及原料中菌落总数的测定。也可用于与食品接触的容器、操作台和其他设备表面的卫生检测。

2. 方法原理

Petrifilm TM 细菌总数测试片（Aerobic count plates）是一种预先制备好的培养基系统，含有标准的培养基、冷水可溶性的凝胶剂和氯化三苯四氮唑（TTC）指示剂，菌落在测试片上呈红色或粉红色，通过计数报告结果。

3. 操作方法

（1）样品处理　无菌量取冰淇淋样品 25mL 放入含有 225mL 无菌生理盐水的采样瓶或均质杯内，经充分振摇（均质）做成 1∶10 的稀释液。用 1mL 灭菌吸管吸取 1∶10 稀释液 1mL，注入含有 9mL 灭菌生理盐水的试管内，用 1mL 灭菌吸管反复吸吹制成 1∶100 的稀释液。以此类推，做出 1∶1000 等稀释度的稀释液，每个稀释度更换一支灭菌吸管。

（2）接种　一般食品选 2 ~ 3 个稀释度进行检测，含菌量少的液体样品（如食用纯水和矿泉水等）可直接用原液检测。将测试片放在水平台面上，揭开上面的透明薄膜，用灭菌吸管吸取样品原液或稀释液 1mL，均匀加到中央的纸片上，轻轻将上盖膜放下，静置 5min 使培养基凝固，最后用手轻轻地压一下。每个稀释度接种两片。

（3）培养　将测试片叠在一起放回原自封袋中，透明面朝上，水平置于恒温培养箱内，堆叠片数不超过 12 片。培养温度为 36℃ ±1℃，培养 15 ~24h。

4. 结果判断与计数

（1）菌落在纸片上生长后会显示红色斑点，选择菌落数适中（10 ~ 100 个）的纸片进行计数，乘以稀释倍数后即为每 1g（或 1mL）样品中所含的细菌菌落总数。菌落数在 100 以内时，按实有数报告。菌落数大于 100 时，用 2 位有效数字，2 位有效数字后面的数字，以四舍五入方法计算，并以 10 的指数来表示。

（2）计数原则与报告方式　通常选择菌落在 10 ~ 100 个的纸片进行计数，乘以稀释倍数报告之（见表 3 -2 中例次 1）。国家标准菌落总数报告方式术语为 cfu/g 或 cfu/mL，cfu 的含义为菌落形成单位。

若有两个稀释度的菌落数在 10 ~ 100 个，两者的比值小于 2，则取其平均数，若大于 2，则采用稀释度小者报告（见表 3 -2 中例次 2 和例次 3）。

若三个稀释度的菌落数都在 10 ~ 100 个时，应选择两个低数值的平均数（见表 3 -2 中例次 4）。

若三个稀释度的菌落数均小于 10 个或大于 100 个时，应重新试用更低或更高的稀释度进行菌落计数；或采用均小于数量标准的最小值，或采用均大于数量标准的最大值（见表 3 -2 中例次 5 和例次 6）。

表 3－2　　菌落总数检测纸片计数原则与报告方式

例次	稀释度			两稀释度之比	选定计数稀释度	报告方式/(个/g 或个/mL)
	10^{-1}	10^{-2}	10^{-3}			
1	158	76	5	—	10^{-2}	7.6×10^3
2	208	68	12	1.8	10^{-2}、10^{-3}	9.4×10^3
3	265	82	50	6.1	10^{-2}	8.2×10^3
4	98	50	15	—	10^{-1}、10^{-2}	3.0×10^3
5	8	5	1	—	10^{-1}	8.0×10
6	295	174	106	—	10^{-3}	1.1×10^5

5. 注意事项

使用过的纸片上带有活菌，需及时按照生物安全废弃物处理原则进行处理。

方法二　荧光光电快速检测法

传统方法检测产品的菌落总数要经过 48h 才能出检测结果，会影响产品投放到市场的速度，对于易腐食品，则缩短了产品的货架期；对于原料检验来说，则增加了原料压库的成本，降低了企业的资金周转率。而使用荧光光电快检系统检测产品中的菌落总数，数小时即可得到检测结果，大大节省了检测时间。同时还具有操作简单、节省人工、减少检测环节污染引起的假阳性、自动保存检测结果、提供风险追溯等优势。

1. 适用范围

实时荧光光电快速检测法适用于各类食品及原料中菌落总数的测定。

2. 方法原理

利用实时快速微生物荧光光电检测系统，该系统将最新的荧光光电技术、染色技术、CO_2传感技术和特异性的培养技术结合在一起，检测生物体的代谢过程，使之能够同步检测颜色和光子的变化。目标微生物在特定培养基中的生长和代谢可通过感光试剂（色彩和荧光染色）检测。当代谢过程发生时，试剂的光谱模式会发生改变，光传感器检测到这些变化后以预先设定好的时间间隔进行监控并报告检测结果，菌量越高，检测时间越短。

3. 操作方法

（1）样品的处理与制备　取含巧克力与水果成分的乳料冰淇淋 1∶10 稀释后，121℃高压灭菌 15min，冷却后备用，编号 AX。取相同冰淇淋 25g，与 225mL 0.85%生理盐水混合均匀，编号 A_1。取 A_1 5mL，与 45mL AX 混合均匀，编号 A_2。将同一批次的巧克力水果口味的冰淇淋进行增菌和冷冻，然后取 25g 与 225mL 0.85%生理盐水混合均匀，编号 AZ_1。

（2）样品的稀释　取 AZ_1 5mL 与 45mL AX 混合均匀，编号 AZ_2；取 AZ_2 5mL，与 45mL AX 混合均匀，编号 AZ_3；依此进行 6 个梯度的 10 倍稀释。

（3）检测　将上述 A_1、A_2 及 AZ_1～AZ_7，各取 1mL 分别加入 1 支 BioLumix 菌

落总数检测管中，混合均匀，放入 BioLumix 仪器中进行检测，以得到每个样品的 BioLumix 系统的 DT（检测时间）。

同时，将 A_1、A_2 及 AZ_1 ~ AZ_7 选择合适的稀释度按 GB 4789.2—2016 做平板培养，以得到每个样品的菌落总数值。

（4）校准曲线的建立和验证　将上述多个样品的 BioLumix 系统的 DT（检测时间）和对应的平板菌落总数值输入到 BioLumix 软件界面中，经过修整后，得到一条以 DT（检测时间）为横轴，以相应的菌落总数值（CFU/mL）的对数 LgCFU 作为纵坐标的校准曲线。

取冰淇淋各 25g 与 225mL 0.85% 的生理盐水混合后各取 1mL，分别加入 BioLumix 系统菌落总数检测管中上机检测，同时对同一样品按 GB 4789.2—2016 中的标准做平板培养。将得到 DT 值带入校准方程中，得到 BioLumix 系统报出的 CFU 值，与对应的平板菌落总数值对比。

4. 结果判定

根据实验数据得到的校准曲线和校准曲线方程以及相关系数，在曲线范围内的菌落总数都可测，同时会自动对超过内控标准上限的高污染样本发出预警。

5. 注意事项

产品的菌含量一般都控制在标准曲线最高限额范围内，否则无法检测到具体的菌落总数。

实操二　饮料中大肠菌群的快速检测

1. 适用范围

大肠菌群纸片法与国标法相对应，将原来几步完成的试验简化为一步，时间由一个星期左右缩短为十几个小时，而且省去了制备培养基和清洗器皿的麻烦，非常适合于生产企业自检和卫生检验部门使用。在计数方面，比传统的 MPN 值法更加准确。

2. 使用原理

快检纸片法是以大肠菌群细菌生长发育时分解乳糖产酸，同时产生脱氢酶脱氢，氢与无色氯化三苯四氮唑（TTC）作用形成红色三苯甲臜（TTF）使菌落（菌苔）变红的原理，将一定量的乳糖、指示剂（TTC）、溴甲酚紫、蛋白胨等吸附在特定面积的无菌滤纸上，大肠菌群细菌通过上述两种指示剂显示出发酵乳糖产酸纸片变黄和形成红色斑点（红晕）的固有特性。

3. 检测步骤

（1）样品原液检测　对含菌量少的液体样品可直接用原液检测。将测试片平放在工作台面上，揭开上面的透明薄膜，用灭菌吸管吸取样品原液或稀释液 1mL，均匀加到中央的圆圈内，再轻轻将上盖膜放下，静置 5min。然后从中间向周围轻轻推刮，使水分在圆圈内均匀分布，并将气泡赶走。

（2）样品稀释液检测　对于含菌量多的样品，则取样品25g（或25mL）放入含有225mL无菌水的玻璃瓶内，充分振摇后成为1∶10的稀释液。用1mL灭菌吸管吸取1∶10的稀释液1mL，注入含有9mL无菌水的试管内，振摇后成为1∶100的稀释液，以此类推，做出1∶1000等稀释度的稀释液。选3个稀释度进行检测。用灭菌吸管吸取稀释液1mL，按样品原液检测方法进行检测。

（3）培养　将加样的测试片放入自封袋中，平放在37℃培养箱内培养15～24h。

4. 结果判定

在测试片培养基上显红色斑点，周围有黄晕并且有气泡者为大肠菌群阳性菌落。如果只做原液，则每个测试片上的阳性菌落数即相当于每毫升大肠菌群数；如同时做三个稀释度，则选择有阳性菌落的最高稀释度的测试片进行计数，然后乘以稀释倍数即为样品中每1g（1L）含有大肠菌群数。

5. 注意事项

如果样品的酸碱度在pH7.0以下时，应先用灭过菌的碱性溶液（如0.01mol/L NaOH）调节到pH7.0～8.0，否则接种后培养基马上变黄。

6. 保存条件

在2～10℃冰箱中，保质期为一年。铝箔袋打开后，未用的测试片要放回袋中重新封好，放到冰箱中，一个月内用完。

➢ 任务拓展

检测大肠菌群的食品卫生意义

拓展

任务二　食品中霉菌和酵母菌的快速检测

➢ 任务引入案例

上海市质量技术监督局：维维活性乳饮料酵母菌数超标

2005年8月江苏维维乳业有限公司在上海被查酵母菌数严重超标。上海市质量技术监督局公布的监督抽查结果表明，“维维”牌天山雪活性乳饮料酵母菌数超标24倍。昨日，徐州维维公司朱修良经理在接受记者电话采访时表示，刚刚知晓上海的抽查结果，公司初步调查认为很可能是在冷链环节出现问题。

徐州市质量技术监督局每月都会对维维天山雪进行检查，一直都是合格的。他分析，天山雪活性乳饮料一般要低温存放，问题极有可能出在冷链环节。因为产品从出厂到终端消费，要经历厂家冷库保存、冷藏运输，再通过代理商将产品分流到终端冷柜，这中间环节众多，特别是代理商环节，极易由于操作不规范形成问题。

➢ 任务介绍

长期以来，人们利用某些霉菌和酵母加工一些食品，如用霉菌加工干酪和肉，使其味道鲜美；还可利用霉菌和酵母酿酒、制酱；食品、化学、医药等工业都少不了霉菌和酵母。但在某些情况下，霉菌和酵母使食品表面失去色、香、味，也可造成食品腐败变质，有些霉菌能够合成有毒代谢产物——霉菌毒素。例如，酵母在食品中繁殖可使食品产生难闻的异味，还可以使液体发生浑浊，产生气泡，形成薄膜，改变颜色等。因此，霉菌和酵母也作为评价食品卫生质量的指标菌，并以霉菌和酵母计数来衡量食品被污染的程度。我国已制定了一些食品中霉菌和酵母的限量标准。

➢ 任务实操

实操　糕点中霉菌和酵母菌的快速检测

1. 适用范围

可用于各类食品及饮用水中霉菌和酵母菌的计数。与传统方法相比，省去了配制培养基、消毒和培养器皿的清洗处理等大量辅助性工作，随时可以进行抽样检测，而且操作简便。培养时间由一周缩短为48～72h，适合食品卫生检验部门和食品生产企业使用。

2. 方法原理

由霉菌营养培养基、吸水凝胶和酶显色剂等组成。通过酶显色剂的放大作用，使菌落提前清晰地显现出来。

3. 操作方法

（1）取样品25g（或25mL）放入含有225mL无菌水的玻璃瓶内，经充分振摇做成1∶10的稀释液，用1mL灭菌吸管吸取1∶10稀释液1mL，注入含有9mL灭菌水的试管内，做成1∶100的稀释液，以此类推，每次换一支吸管。

（2）一般食品选3个稀释度进行检测，含菌量少的液体样品（如食用纯水和矿泉水等）可直接用原液检测。将检验纸片水平放台面上，揭开上面的透明薄膜，用灭菌吸管吸取样品原液或稀释液1mL，均匀加到中央的滤纸片上，然后轻轻将上盖膜放下，静置5min。

（3）用手指先沿方格区边缘刮一下，防止水外流，然后再在中间轻轻推刮，使水分在纸片方格区内均匀分布，并将气泡赶走。

（4）将加了样的检验纸片每15片叠放在一起，放入自封袋中，平放在28～

35℃培养箱内培养48～72h。

（5）霉菌和酵母菌在纸片上生长后会显示蓝色斑点，霉菌菌落显示的斑点略大或有点扩散，酵母菌落则较小而圆滑，许多霉菌在培养后期会呈现其本身特有的颜色。选择菌落数适中（10～100个）的纸片进行计数，乘以稀释倍数后即为每克（或毫升）样品中霉菌和酵母菌的数目。

4. 计数原则及报告方式

（1）通常选择菌落在10～100个的纸片进行计数，乘以稀释倍数报告之（见表3－3例次1）

（2）若有两个稀释度的菌落数在10～100个，两者的比值小于2，则取其平均数，若大于2，则用值小者（见表3－3例次2、例次3）。

（3）若三个稀释度的菌落数都在10～100个，应选择两个低数值的平均数（见表3－3例次4）。

（4）若三个稀释度的菌落数均小于10个或大于100个时，应重新试用更低或更高的稀释度进行菌落计数；或采用均小于数量标准的最小值，或采用均大于数量标准的最大值（见表3－3例次5、例次6）。

表3－3　霉菌和酵母快速检验纸片的计数和报告方式

例次	稀释度			两稀释度之比	选定计数稀释度	报告方式/（个/g或个/mL）
	10^{-1}	10^{-2}	10^{-3}			
1	158	76	5	—	10^{-2}	7.6×10^3
2	208	68	12	1.8	10^{-2}、10^{-3}	9.4×10^3
3	265	82	50	6.1	10^{-2}	8.2×10^3
4	98	50	15	—	10^{-1}、10^{-2}	3.0×10^3
5	8	5	1	—	10^{-1}	8.0×10
6	295	174	106	—	10^{-3}	1.1×10^5

另：揭开上盖膜，用接种针挑取凝胶上的菌落可作进一步的分离和鉴定。使用过的纸片上带有活菌，需及时处理掉。

5. 注意事项

本品需存放在8℃以下冰箱中，保质期为一年，铝箔袋打开后，未用的纸片要放回铝箔袋中封好，放到冰箱中，一个月内用完。

➢ 任务拓展

不同霉菌和酵母菌形态之间的相互区别

拓展

任务三 食品原料中常见致病菌的快速检测

➢ 任务引入案例

从墨西哥进口木瓜已致一百多名美国人感染沙门氏菌

据英国《每日邮报》2017年8月8日报道，目前已有100多名美国人因墨西哥进口的木瓜而感染了沙门氏菌，美国的卫生官员正在努力控制疫情。进口木瓜已引起逾百例沙门氏菌病例，其中1人死亡，35人住院。疫情出现在了美国的16个州。美国食品药品管理局正与墨西哥一道监控从引发疫情的地区进口的木瓜。

美国疾病控制与预防中心透露，目前已有100多名美国人因从墨西哥进口的木瓜而患病。两周前首次报道的这次疫情，可追溯至位于海湾和危地马拉之间的墨西哥坎佩切州某农场。该农场的木瓜对5种不同的沙门氏菌菌株检测都呈阳性，这些细菌会导致腹泻、呕吐、胃痛和发烧。幼童、老年人和免疫系统较弱的人可能出现严重感染。

➢ 任务介绍

食品致病菌是以食品为传播媒介引起食源性疾病的致病性细菌。致病菌直接或间接污染食品原料，人经口感染可导致肠道传染病的发生及食物中毒。食源性致病菌是导致食品安全问题的重要来源。常见食品原料中致病菌主要有致病性大肠杆菌、沙门氏菌、霍乱弧菌、阪崎肠杆菌、金黄色葡萄球菌等。

（1）致病性大肠杆菌　根据致病机制不同又可分为产肠毒素性大肠杆菌（ETEC）、肠致病性大肠杆菌（EPEC）、侵袭性大肠杆菌（EIEC）、出血性大肠杆菌（EHEC）、肠道聚集黏附性大肠杆菌（EAEC）和产志贺氏样毒素大肠杆菌（SLTEC）六类。各类致病性大肠杆菌可引起婴儿或成人腹泻，当其污染食品或饮水后，可引起细菌性食物中毒或水源性腹泻病暴发流行。

（2）沙门氏菌　大多数食源性疾病发病的主要原因。沙门氏菌是一类广泛分布于自然界肠杆菌科中一种重要的人畜共患、革兰阴性病原菌。不仅能导致鸡白痢、鸡伤寒、副伤寒、仔猪副伤寒、流产等多种动物疾病，而且在世界各地的食物中毒中沙门氏菌引起的中毒病例占首位或第二位。沙门氏菌菌型繁多，已确认的沙门氏菌有2500个以上的血清型。繁杂的各类生化反应型使常规检验程序复杂繁琐、耗时费力，不仅给检验部门带来沉重的负担，而且还使生产部门产品运转和仓贮的时间延长，费用增加，因此多年来建立快速而准确的检测方法一直是沙门氏菌检验研究的核心问题。目前主要采用传统标准检测方法、分子生物学方法、免疫学方法等。GB 4789.4—2016是目前我国规定的对畜产品中沙门氏菌的标准检测方法，主要是根据沙门氏菌的生化特性进行前增菌、选择性增菌、分离培养、生化鉴定和血清分型五个步骤，需时4~7d才能得出明确的诊断结果。分子生物学方法包括核酸探针、扩增片段长度多态性技术、PCR技术和基因芯片技术。免疫学检测方法包括酶联免疫吸附法、斑点酶联免疫吸附、免疫磁性分离技术、免疫荧光标记、自动酶标免疫检测仪。

（3）霍乱弧菌　霍乱的病原菌，引起一种急性肠道传染病，发病急、传染性强、病死率高，属于国际检疫传染病。霍乱弧菌分为两类：O_1群霍乱弧菌及非O_1群霍乱弧菌和O_{139}群霍乱弧菌。霍乱弧菌在形态和生物性状上都相似，呈逗点状、香蕉状，革兰阴性菌，无芽孢，无荚膜，单鞭毛，运动性强。

（4）阪崎肠杆菌　又称阪崎氏肠杆菌，是肠杆菌科的一种，1980年由黄色阴沟肠杆菌更名为阪崎肠杆菌。阪崎肠杆菌能引起严重的新生儿脑膜炎、小肠结肠炎和菌血症，死亡率高达50%以上。目前，微生物学家尚不清楚阪崎肠杆菌的污染来源，但许多病例报告表明，婴儿配方乳粉是目前发现的主要感染途径。

（5）金黄色葡萄球菌　隶属于葡萄球菌属，有“嗜肉菌”的别称，是革兰阳性菌的代表，可引起许多严重感染。金黄色葡萄球菌肠毒素是个世界性卫生难题，在美国，由金黄色葡萄球菌肠毒素引起的食物中毒，占整个细菌性食物中毒的33%，加拿大则更多，占到45%，中国金黄色葡萄球菌引起的食物中毒事件也时有发生。中毒食品种类多，如奶、肉、蛋、鱼及其制品。此外，剩饭、油煎蛋、糯米糕及凉粉等引起的中毒事件也有报道。上呼吸道感染患者鼻腔带菌率83%，所以人畜化脓性感染部位常成为污染源。

➢ 任务实操

实操一　原料中沙门氏菌的酶联免疫吸附法快速检测

1. 适用范围

食品原料中的沙门氏菌检测。

2. 实验原理

酶联免疫吸附法现在已成为目前分析化学领域中的前沿课题，它是一种特殊的试剂分析方法，是在免疫技术基础上发展起来的一种新型的免疫测定技术，采用抗原与抗体特异反反应将待测物与酶连接，然后通过酶与底物产生颜色反应，用于定量测定（图3-4）。

3. 实验步骤

（1）加样　加一定稀释的待测样品0.1mL于已包被异性抗体之反应孔中，置37℃孵育1h，然后洗涤，同时做空白孔、阴性对照及阳性对照孔。

（2）加酶标抗体　于各反应孔中，加入新鲜稀释的酶标抗体（经滴定后的稀

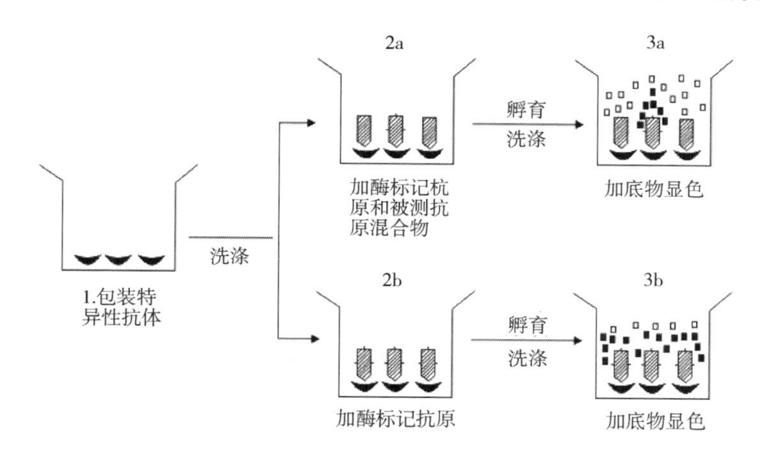

图 3－4　酶联免疫吸附法原理

释度）0.1mL，37℃孵育 0.5～1h，洗涤。

（3）加底物液显色　于各反应孔中，加入临时配制的底物溶液 0.1mL，37℃孵育 10～30min。

（4）终止反应　于各反应孔中加入 2mol/L 硫酸 0.05mL。

（5）结果测定　置于酶标仪上测定各孔的 OD 值，并记录结果，读数在加终止液 10min 内完成。

4. 结果判读

（1）临界值（CO，cutoff）的计算：临界值＝阴性对照孔 OD 均值×2.1。

（2）阴性对照孔 OD（optical density）均值大于 0.1 时重新实验，小于 0.05 时以 0.05 计算，结果判定：样品 OD 值 S/CO＝1 者为阳性，样品 OD 值 S/CO＝1 者为阴性。

5. 注意事项

（1）所有样品按传染源处理。

（2）加试剂前应混匀，力求滴加准确。

（3）加样应加在板孔的底部，避免产生气泡并迅速完成。

（4）洗涤时各孔均需加满，洗涤必须彻底，防止产生假阳性。

（5）温育的时间要严格控制。

实操二　乳粉中阪崎肠杆菌荧光 PCR 检测

1. 适用范围

PCR 技术是一种特定的核酸片段在体外进行快速扩增的方法；非传统克隆模式，无需活细胞；高效率，在数小时内可扩增 10^7～10^8倍；广泛应用于病毒细菌的 DNA 和 RNA 的检测。

2. 实验原理

PCR 技术是在模板 DNA、引物和四种脱氧核糖核苷酸存在下，依赖于 DNA 聚合酶的酶促合成反应。DNA 聚合酶以单链 DNA 为模板，借助一小段双链 DNA 来启动合成，通过一个或两个人工合成的寡核苷酸引物与单链 DNA 模板中的一段互补序列结合，形成部分双链。在适宜的温度和环境下，DNA 聚合酶将脱氧单核苷酸加到引物 3′-OH 末端，并以此为起始点，沿模板 5′→3′方向延伸，合成一条新的 DNA 互补链。

3. 检测步骤

（1）标本取样　取样前消毒样品包装的开启处和取样工具。按照“三管”增菌法，无菌称取 100g、10g 和 1g 样品各三份，分别加入 2L、250mL、125mL 的样品稀释瓶中，加入 9 倍预热到 45℃的灭菌水（1∶10 稀释），或者将样品直接称量到装有 9 倍预热的 45℃灭菌水的样品稀释瓶中，振荡使样品充分混匀，36℃ ±1℃培养 18 ~22h。

分别移取培养 18 ~22h 的悬液各 10mL 加入 90mL 肠杆菌增菌肉汤（EE 肉汤）中，36℃ ±1℃培养 18 ~22h。

（2）试剂制备　取出反应管 N 支（N = 样本数 +1 管阳性对照 +1 管阴性对照），快速离心后，存于 4℃备用。

（3）DNA 提取　标本处理：每瓶培养的 EE 肉汤分别取 1mL 加到 1.5mL 无菌离心管中，8000r/min 离心 5min，尽量吸取去除上清液；加入 50μL DNA 提取液（使用前室温解冻并充分混匀，快速吸取），混匀后沸水浴 10min，12000r/min 离心 5min，取上清液 2μL 做模板进行 PCR 反应。

（4）PCR 扩增

①加样：取出备用的 PCR 反应管，分别加入处理后的样品上清 2μL，阴阳性对照直接加 2μL，瞬时离心后放入仪器样品槽进行 PCR 反应。

②编辑：点击新建文件，输入实验文件名称；对应样品槽样本放置顺序设置阴、阳性对照以及未知标本，并在 Name 栏中设置样品名称。

换到温度设置窗口设置循环条件（表 3-4）：

表 3-4　温度设置窗口设置循环条件

步骤	温度	时间	循环数
1	94℃	5min	1
2	94℃	20sec	10
	60℃	50sec	
3	94℃	15sec	30
	60℃	40sec	

步骤 3 中 60℃时读取荧光值。

编辑完成后点击开始运行，出现热盖温度是否等待，请点击“是”。

（5）试验有效性判定　设定阈值线高于阴性对照最高点，阳性对照的 *C*t 值≤25.0，反应有效。

4. 结果判定

设定阈值线高于阴性对照最高点，检验样本 *C*t 值小于或等于 25.0 时，报告阪崎肠杆菌筛选阳性；检验样本 *C*t 值大于 25.0 且小于 30.0 时，重复一次，如果 *C*t 值仍小于 30.0，且曲线有明显的对数增长期，可报告阪崎肠杆菌筛选阳性，否则报告阪崎肠杆菌未检出；样本检验不到 *C*t 值，或 *C*t 值为 0 时，报告阪崎肠杆菌未检出。

5. 注意事项

（1）实验室应专门辟出 RNA 操作区，离心机、移液器、试剂等均应专用。RNA 操作区应保持清洁，并定期进行除菌。

（2）在超净台中按照细胞培养的要求进行操作，可以有效避免操作中引起的 RNA 酶污染。

（3）避免在操作中说话聊天。也可以戴口罩以防止引起 RNA 酶污染。尽量使用一次性的塑料制品，尽量避免共用器具如滤纸、试管等，以防交叉污染。

（4）操作过程中应始终戴一次性橡胶手套，并经常更换，以防止手、臂上的细菌和真菌以及人体自身分泌的 RNA 酶带到试管或污染用具，尽量避免使用一次性塑料手套。

实操三　原料中金黄色葡萄球菌的快速检测

金黄色葡萄球菌（Staphylococcus aureus，简称金葡菌）是引起食源性疾病的主要致病因子，可引起化脓性皮炎和肠毒素肠炎。金黄色葡萄球菌肠毒素是世界性卫生问题，大多数食品及食品原料，如肉、乳、蛋制品，糖果，糕点等，均要求对金黄色葡萄球菌进行检测，我国明确规定食品中金黄色葡萄球菌不得检出。

免疫学方法是金黄色葡萄球菌的传统检测法，因其时间冗长、操作繁琐易导致食品积压，且常出现假阳性或假阴性的结果，依照传统的金黄色葡萄球菌检验方法，从取样至鉴定结果最快需要 4d。利用病原微生物中特异性酶而发展起来的选择性显色培养基技术，特异性强、敏感性好，已得到广泛的认可和应用。DNA 酶和凝固酶是金黄色葡萄球菌重要的标记酶，目前国内外已有多种显色培养基或测试片产品。

1. 适用范围

本产品适用于各类生、熟食制品，饮料，糕点类，调味品，乳制品等的快速检测。

2. 检测原理

金黄色葡萄球菌测试片（FilmplateTM Staphylococcus aureus BT206）含有选择性培养基和专一性的酶显色剂，运用微生物测试片专有技术，做成一次性快速检验产品，一步培养 15～24h 就可确认是否有病原菌的存在，大大地简化了检测程序。

3. 检测方法

（1）样品处理　取样品 25mL（g）放入含有 225mL 灭菌磷酸盐缓冲液或生理盐水的取样罐或均质杯内，制成 1:10 的样品匀液，调节样品匀液 pH 至 6.0～8.0。用 1mL 灭菌吸管吸取 1:10 样品匀液 1mL，注入含有 9mL 稀释液的试管内，振摇后成为 1:100 的样品匀液，以此类推，每次换一支吸管。

（2）接种　一般食品选 2～3 个稀释度进行检测，将金黄色葡萄球菌测试片（BT206）置于平坦实验台面，揭开上层膜，用无菌吸管吸取 1mL 样品匀液慢慢均匀地滴加到纸片上，然后再将上层膜缓慢盖下，静置 10s 左右，使培养基凝固，每个稀释度接种两片。做一片空白阴性对照。

（3）培养　将测试片叠在一起放回原自封袋中并封口，透明面朝上水平置于恒温培养箱内，堆叠片数不超过 12 片。培养温度为 36℃ ±1℃，培养 15～24h。

4. 结果判读

培养后，测试片上紫红色的菌落为金黄色葡萄球菌；呈蓝色的菌落为其他大肠菌群。出现阳性菌落的样本，最好用其他更为可靠的方法进行验证，没有条件的至少要再取样重复检验一次。

（1）选择菌落数在 20～200 个之间的纸片进行计数。

（2）若两个稀释度的菌落数均在 20～200 之间，则取其平均菌落数乘以稀释倍数，即为每毫升（或每克）样品中金黄色葡萄球菌数。

（3）如果所有稀释度的测试片上的菌落数都小于 20，则计数稀释度最低的测试片上的平均菌落数乘以稀释倍数报告之；如果所有稀释度的测试片上均无菌落生长，则以小于 1 乘以最低稀释倍数报告之。

（4）如果所有稀释度的菌落数都大于 200，计数最高稀释度的测试片上的平均菌落数乘以稀释倍数报告之。计数菌落数大于 200 的测试片时，也可计数一个或两个具有代表性的方格内的菌落数，换算成单个方格内的菌落数后乘以 20（滤纸区面积为 $20cm^2$），即为测试片上估算的菌落数。报告单位以 CFU/mL（或 CFU/g）表示。

5. 注意事项

本产品需存放在 4～10℃冰箱中，保质期为一年，铝箔袋打开后，未用完的纸片要放回铝箔袋中封好，放到冰箱中，一个月内用完。在高湿度的环境中可能出现冷凝水，最好在拆封前将整包回温至室温。

➢ 任务拓展

国家卫计委发布《食品中致病菌限量》问答（2014 年3 月）。

拓展

➢ 复习思考题

1. 简述菌落总数测试片的检测原理。
2. 在酵母和霉菌的速测技术中，快速检验纸片如何计数的？
3. 大肠菌群的速测技术中，其原理、适用范围和检测步骤是什么？

项目三
原料中生物毒素的快速检测

知识要求

1. 了解食品原料中常见生物毒素的种类和危害。
2. 了解食品原料中常见生物毒素的快速检测常用方法和国家标准。

能力要求

1. 熟练掌握食品原料中常见生物毒素的快速检测常用方法。
2. 熟练查找常见生物毒素的相关标准。

教学活动建议

1. 收集不同食品企业对食品原料中常见生物毒素防范技术的相关资料。
2. 认真学习相关食品安全标准。

【认识项目】

生物毒素又称天然毒素，是指生物来源并不可自复制的有毒化学物质，包括动物、植物、微生物产生的对其他生物物种有毒害作用的各种化学物质。人类对生物毒素的最早体验源于自身的食物中毒，随着人类对海洋生物利用程度的增长，海洋三大生物公害：赤潮、西加中毒和麻痹神经性中毒的发生率有日趋增加的趋势；黄曲霉毒素、杂色曲霉毒素等对谷类的污染，玉米、花生作物中的真菌霉素等都已经证明是地区性肝癌、胃癌、食道癌的主要诱导物质；现代研究还发现，自然界中存在与细胞癌变有关的多种具有强促癌作用的毒素，如海兔毒素等。生物毒素除以上对人类的直接中毒危害以外，还可以造成农业、畜牧业、水产业的损失和环境危害。

生物毒素的检测方法主要有高效液相、质谱和免疫学等方法，对实验条件要求较高，利用快速检测方法能够更加快速简便进行食品原料中生物毒素的检测。

任务一 黄曲霉毒素的快速检测

➢ 任务引入案例

北京同仁堂检出黄曲霉毒素

2017年8月22日原国家食品药品监督管理总局发布了《关于9批次中药饮片不合格的通告》。通告称，经重庆市食品药品检验检测研究院检验，标识为北京同仁堂（亳州）饮片有限责任公司等9家企业生产的9批次中药饮片不合格，不合格项目为黄曲霉毒素。目前，相关监管部门已采取查封扣押等控制措施，要求企业暂停销售使用、召回产品，并进行整改。

➢ 任务介绍

黄曲霉毒素（AFT）是一类化学结构类似的化合物，均为二氢呋喃香豆素的衍生物。黄曲霉毒素是主要由黄曲霉（*aspergillusflavus*）、寄生曲霉（*a. parasiticus*）产生的次生代谢产物，在湿热地区食品和饲料中出现黄曲霉毒素的几率最高。它们存在于土壤、动植物、各种坚果中，特别是容易被污染的花生、玉米、稻米、大豆、小麦等粮油产品，是霉菌毒素中毒性最大、对人类健康危害极为突出的一类霉菌毒素。

➢ 任务实操

花生中黄曲霉毒素快速检测——胶体金法检测

1. 适用范围

适用花生、玉米、小麦、大米、茶叶、油脂、饲料等的检测。

2. 方法原理

该试剂盒采用免疫竞争法分析原理结合胶体金标记技术进行检测。

3. 操作方法

（1）取5g以上有代表性的粉碎后的谷物样品（过20目筛），准确称取0.5g均匀粉碎试样，加入到配套的15mL离心管中。

（2）向离心管中准确加入纯净水和乙酸乙酯各2mL，将瓶塞盖紧密封，用力振荡5min，4000r/min离心1min（备注：如实验室没有大离心机设备，可以用小离心管取1.5mL上清液，用小离心机离心）。

（3）用吸管取0.6mL上清液到小玻璃杯中，吹干滤液（吹风机或烘箱），然后用0.3mL体积稀释液复溶杯底固体。此溶解液即为检测液。

（4）取出试纸，开封后平放在桌面，用滴管向试纸孔缓慢而准确地逐滴加入3滴检测液。

（5）5～10min判断结果，半小时后的结果判读无效。

4. 结果判读

（1）阴性　测试线（T）与对照线（C）都出现，表明样品中黄曲霉毒素的浓度小于5μg/kg。

（2）阳性　只有对照线（C），无测试线（T），表明样品中黄曲霉毒素的浓度大于或等于5μg/kg。

（3）无效　对照线（C）和测试线（T）都不出现，或者对照线（C）不出现。

5. 注意事项

（1）本产品在2～30℃密封干燥保存；忌冷冻；检测卡保存期18个月；

（2）在环境温度15～37℃下操作；检测卡极易受潮，打开小包装后应立即使用；

（3）乙酸乙酯为易挥发液体，保存为12个月，不用时要盖紧瓶塞。

➤ 任务拓展

认识黄曲霉毒素。

拓展

任务二　赭曲霉毒素的快速检测

➤ 任务引入案例

最早关于赭曲霉毒素A的记录是在1928年的丹麦。在1957年和1958年，多瑙河沿岸国家原南斯拉夫、罗马尼亚和保加利亚等国的居民流行一种肾病（巴尔干肾病），农村地区从事种植业的农民，只食用自己田里收获的粮食。该肾病就是由于人食用了含有赭曲霉毒素的食物引起，人类食物和动物饲料中都有赭曲霉毒素存在，赭曲霉毒素就是造成人类和猪发生肾病的原因。国际癌症研究机构（IARC）将赭曲霉毒素A分类为可能的致癌物。

➢ 任务介绍

赭曲霉毒素主要包括赭曲霉毒素A、赭曲霉毒素B、赭曲霉毒素C等结构相类似的化合物，其中赭曲霉毒素A分布最广泛且毒性也最大，而且在农作物中污染程度最高。经研究发现其热稳定性强，通过烘焙、蒸煮等加工过程处理后只能破坏一部分，总含量仅降低20%。

赭曲霉毒素A普遍存在于谷物及制品、牛乳、咖啡、香料、酒类和中草药及其制剂中，可导致人类及动物体内毒素的蓄积。赭曲霉毒素A具有很强的肝脏毒性和肾脏毒性，并会使动物致畸、致突变和致癌。在已发现的真菌毒素家族中，根据其重要性及危害性排序，被认为是仅次于黄曲霉毒素而列第2位。

赭曲霉毒素A一般是用薄层色谱、高效液相色谱法检测，但因其操作繁杂、费用昂贵而影响实际使用，使用荧光定量快速检测法能快速准确分析样品中赭曲霉毒素残留。

➢ 任务实操

小麦中赭曲霉毒素A荧光定量快速检测

1. 适用范围

适用于中草药、谷物及制品、牛乳、咖啡等样品中的赭曲霉毒素A的检测。

2. 方法原理

本实验主要利用赭曲霉毒素A特异性核酸适体，及荧光染料对双链核酸的特异性结合原理，建立的一种检测赭曲霉毒素A的快速定量方法。荧光染料不结合单链核苷酸，仅识别并结合双链DNA的螺旋结构，继而释放荧光。当荧光染料浓度一定时，反应体系中加入不同浓度的赭曲霉毒素A，则反应液中的荧光强度不同，从而达到快速定量检测的目的。

3. 操作方法

将小麦粉碎后过20目筛，在65℃下烘干后充分混匀，准确称取5.0g待测样品于50mL离心管中，加入25mL 70%甲醇溶液。振荡提取5～7min，静置3min，过滤或离心得上清液。取600μL室温下的样品稀释液与100μL上清液涡旋混合，即为待测溶液。

提前将未开封的检测卡及待检样本放在室温下平衡0.5h左右。将检测卡平放，用移液器定量吸取100μL待测液加入600μL样本稀释液中，反复吸打至5次，使其充分混合均匀，再吸取100μL此混合液垂直滴加于荧光定量检测卡的加样孔中，开始计时；反应10min后，将检测卡放入时间分辨荧光免疫层析检测仪中，点击仪器主界面“测量”菜单中“样品及时测量”按钮，进行检测。仪器读数完成后会自动计算出被检样本中的赭曲霉毒素A含量。

4. 结果判断与计数

采用便携式赭曲霉毒素 A 检测仪进行读数，打印检测报告。

5. 注意事项

注意使用一次性吸头，防止交叉污染。

> 任务拓展

部分国家、地区和组织对赭曲霉毒素 A 的限量标准。

拓展

任务三 龙葵碱的快速检测

> 任务引入案例

一盘土豆丝，放倒一家三口

土豆是很多人超喜欢的美食，各种吃法都很美味。然而，有种土豆却不能随便食用，否则会引起中毒反应。家里买菜的人，一定要注意挑选，安徽就有一家三口食用马铃薯中毒入院治疗。2017 年 5 月，家住庐江县城的刘先生在超市里买了约 4 斤“荷兰土豆”。一家人在食用了土豆丝之后，相继出现了乏力、发烧等症状，15 岁的儿子严重到入院治疗三天。经过医生诊断，孩子的病因是食源性发芽马铃薯中毒。

> 任务介绍

龙葵碱又名茄碱、龙葵毒素、马铃薯毒素，是由葡萄糖残基和茄啶组成的一种弱碱性糖苷。不溶于水、乙醚、氯仿，能溶于乙醇，与稀酸共热生成茄啶及一些糖类。龙葵碱广泛存在于马铃薯、番茄及茄子等茄科植物中。在番茄青绿色未成熟时，里面含有龙葵碱。马铃薯中龙葵碱的含量随品种和季节的不同而有所不同，一般为 0.005% ~0.01%，在储藏过程中含量逐渐增加，马铃薯发芽后，其幼芽和芽眼部分的龙葵碱含量高达 0.3% ~0.5%。龙葵碱对胃肠道黏膜有较强的刺激性和腐蚀性，对中枢神经有麻痹作用，尤其对呼吸和运动中枢作用显著。对红细胞有溶血作用，可引起急性脑水肿、胃肠炎等。中毒的主要症状为胃痛加剧，恶心、呕吐，呼吸困难、急促，伴随全身虚弱和衰竭，严重者可导致死亡。龙葵碱主要是通过抑制胆碱酯酶的活性造成乙酰胆碱不能被清除而引起中毒。

> 任务实操

马铃薯中龙葵碱的化学显色法快速检测

1. 适用范围

适用马铃薯、番茄及茄子等茄科植物食品。

2. 检测原理

龙葵碱能与钒酸铵、硒酸钠显色，且随着时间变化，颜色变化多样，是龙葵碱的特征性反应。同时龙葵碱也能与浓硝酸、浓硫酸发生氧化还原显色反应。

3. 操作步骤

（1）取适量样品捣碎后榨汁，放入烧杯中，残渣用水洗涤，将洗液与汁液混合，取上清液用。

（2）氨水碱化，蒸发至干。残渣用95%热乙醇提取2次，过滤，滤液用氨水碱化，使龙葵碱沉淀，滤去沉淀。

（3）取少量沉淀加入1mL钒酸铵溶液，观察颜色变化。

（4）取少量沉淀加入1mL硒酸钠溶液，温热，冷却后观察颜色变化。

（5）将马铃薯发芽部位切开，在出芽部位分别滴加浓硝酸和浓硫酸，观察颜色变化。

4. 结果判读

（1）加入1mL钒酸铵溶液，呈现黄色，以后逐渐转变为橙红色、紫色、蓝色、绿色，最后颜色消失，结果为龙葵碱阳性。

（2）加入1mL硒酸钠溶液，温热，冷却后呈紫红色，后转为橙红色、黄橙色、黄褐色，最后颜色消失，结果为龙葵碱阳性。

（3）滴加浓硝酸和浓硫酸，显玫瑰红色，结果为龙葵碱阳性。

5. 注意事项

浓硝酸和浓硫酸取用注意安全。

> 任务拓展

龙葵碱中毒治疗。

拓展

任务四 玉米赤霉烯酮的快速检测

> 任务引入案例

山东德州某规模养猪场，存栏母猪300多头，自2017年3月份一些母猪和3～

5月龄的仔猪开始出现临床症状。病猪一般体温正常，母猪发情期延长或假性妊娠，分娩时产程长，难产现象比以前增加，死胎数增多，5月份大约有10%的死胎；仔猪下痢，排黄色或黄绿色稀便，并常见里急后重，部分发病仔猪出现直肠脱垂。虽然用多种抗毒、抗菌止痢药进行治疗，但病情仍不见明显好转。在检查仓库玉米时，发现库存玉米中有很多霉变，破碎的玉米粒，颜色淡红色，典型的霉变现象。跟猪场负责人沟通时，负责人反应在3月份使用该批玉米后，猪场开始出现的问题。结合猪群的临床症状，诊断为玉米赤霉烯酮中毒。

➢ 任务介绍

玉米赤霉烯酮（Zearalenone）又称F－2毒素，它首先从有赤霉病的玉米中分离得到。玉米赤霉烯酮其产毒菌主要是镰刀菌属（Fusarium）的菌佚，如禾谷镰刀菌（*F. graminearum*）和三线镰刀菌（*F. tricinctum*）。玉米赤霉烯酮主要污染玉米、小麦、大米、大麦、小米和燕麦等谷物。

玉米赤霉烯酮一般用薄层色谱、高效液相色谱法检测，但因其操作繁杂，费用昂贵而影响实际应用。而使用玉米赤霉烯酮ELISA试剂盒能够快速而准确分析样品中玉米赤霉烯酮残留。

➢ 任务实操

玉米中玉米赤霉烯酮ELISA试剂盒快速检测

1. 适用范围

可用于定量、定性检测饲料、玉米等样本中玉米赤霉烯酮的残留。

2. 方法原理

酶联免疫法测定抗原主要有四种方法，竞争法、双抗体夹心法、改良的双抗体夹心法和抑制性测定法。

本试剂盒采用间接竞争酶联免疫法，在微孔板上预包被玉米赤酶烯酮偶联抗原，标准品或样本中的玉米赤酶烯酮与微孔板上的抗原竞争结合抗玉米赤酶烯酮抗体，加入酶标二抗后，用3,3′,5,5′－四甲基联苯胺TMB显色（TMB是非常优越的酶免试验显色剂底物），样本吸光值与其所含玉米赤酶烯酮的含量成负相关，与标准曲线比较即可得出样本中玉米赤酶烯酮的含量。

3. 操作方法

样品处理程序

（1）称取5g具有代表性的粉碎样品于100mL带塞三角瓶内，准确加入25mL 60%（体积分数66.7%）甲醇水溶液。

（2）将加入了甲醇水溶液的样品放入振荡器内（或用手强力振荡），充分振荡

3min 后，用滤纸过滤，收集滤液。

（3）取滤液 2mL，加入 6mL 20%（体积分数 25%）甲醇水溶液，混匀，用滤纸过滤，此为样品待检液。

定量检测程序

（1）实验准备　从冰箱取出试剂盒，恢复至室温后，打开自封袋，取出所需数量的板条插入微孔架，记录空白、标准品①②③④⑤号及样品的位置（可参照表 3－5 所示）。其余板条封口后放入冰箱。将浓缩洗涤液用超纯水或蒸馏水稀释 20 倍，待用。

表 3－5　　酶联免疫法空白和样品布板

	1	2
A	空白	样品
B	标准品①	样品
C	标准品②	样品
D	标准品③	样品
E	标准品④	样品
F	标准品⑤	样品
G	样品	样品
H	样品	样品

（2）加样　空白孔加入 100μL 洗涤液（不加抗体）。标准品孔和样品孔相应地加入标准品（①②③④⑤）和样品待检液 50μL/孔（如表 3－5 所示加入），再加入抗体（50μL/孔），此时各孔中溶液体积为 100μL。将酶标板在水平桌面上轻微振荡（注意避免液体溅出），使之混匀，放入湿盒内（在有盖容器内放置一块平整湿纱布），37℃温育 30min。注意：此操作步骤要快，尽量保持前后孔温育时间一致，每次加样须更换新的吸头。

（3）洗板　甩出孔中的液体，用洗瓶或移液器将洗涤液加入各孔中（满孔），再次甩出孔中液体，将酶标板倒置在吸水纸上拍打以除去孔中的液体，再重复操作洗涤步骤三次（共洗四次）。

（4）加酶标二抗　将洗好的酶标板平放，加入酶标二抗 100μL/孔，置于湿盒内，37℃温育 30min。

（5）洗板，参照步骤（3）。

（6）显色　将洗好的酶标板平放，加入显色液 100μL/孔，37℃显色 5min（若显色较浅，可适当延长，但不宜超过 10min）。

（7）终止及测定　将显色完毕的酶标板取出，加入终止液 50μL/孔，轻微震荡混匀，以空白孔调零，在 450nm 处测量吸光值 A（在加入终止液 5min 内读取吸光值）。

4. 结果判定

以标准品浓度 30μg/L、60μg/L、200μg/L、500μg/L 的常用对数值（lg$C$）为横坐标，各浓度标准品相应的吸光值 A 与 0μg/L 的标准品 A 值的比值（B/B_0%）为纵坐标，［B/B_0% = 标准品（或样品）的吸光值/0μg/L 标准品的吸光值 × 100%］，绘制标准曲线。

根据样品孔的吸光值计算样品的 B/B_0% 值，查标准曲线，可得到相应样品中的含量（已考虑样品提取的稀释倍数，结果无需换算，或可直接用 RADEWIN 等专用 ELISA 分析软件对数据进行分析得出结果）。如果检测结果高于检测上限，请将待测样品提取液用 30% 甲醇水稀释后再检测，测定结果乘以相应的稀释倍数。

5. 注意事项

（1）某些样品待检液（如花生等）久置影响检测结果的准确性，为保证检测的准确性，样品提取后请即时检测。

（2）若样品待检液不立即检测，请将其存储于棕色玻璃瓶内，2～8℃避光保存。

（3）试剂盒在使用前，请将试剂盒内所有试剂放到室温（20～25℃）进行温度平衡。试剂用完后立即将其放置回 2～8℃冰箱内保存。

（4）在每个步骤操作时，速度要快，不要使板孔暴露在空气中时间过久，避免酶标板变干。未用完的酶标板需密闭于自封带内，防止受潮且避光保存于 2～8℃冰箱内。

（5）在温育时，避免光照，建议将酶标板置于湿盒内（在有盖容器内放置一块平整湿纱布）进行温育。

（6）若样品数量超过 20 份，请用多通道加样器操作。

➢ 任务拓展

国标中规定的食品中玉米赤霉烯酮限量指标。

拓展

任务五 肉毒素的快速检测

➢ 任务引入案例

网约美容师打肉毒素　这姑娘命差点没了

2017 年 3 月 12 日晚 10 点左右，市中医医院急诊科来的这位女患者让医生也吓了一跳。患者 30 岁出头，有头晕、恶心、呕吐、胸闷、心悸、气短、周身乏力、视物成双、意识模糊等诸多症状，最显眼的是她脸上的多个像圆珠笔点的小点，再一测心率，已经达到每分钟150次，十分危险。原来小美刚刚打了4针肉毒素。肉毒素就是肉毒杆菌毒素的俗称，是肉毒杆菌在繁殖过程中分泌的毒性蛋白质，具有很强的神经毒性，能破坏生物的神经系统，使人出现头晕、呼吸困难、肌肉乏力等症状，最早是作为生化武器使用，后来被医学界用来治疗面部痉挛和其他肌肉运动紊乱症。后来人们又发现肉毒素可以消除皱纹，这才被美容行业广泛使用。患者、过敏体质者以及身体非常瘦弱，有心、肝、肾等内脏疾病的人等都是不能使用的。另外，肉毒素用于美容也会出现一些危害，比如皮肤潮红、瘙痒，复视，表情不自然，畏光流泪甚至全身中毒，如胸闷、心悸、乏力、发热、吞咽困难等，小美就是典型的肉毒菌中毒患者，而严重过敏或超剂量使用甚至可以导致死亡。

➤ 任务介绍

肉毒梭状芽孢杆菌（*Clostridium botulinum*）简称肉毒梭菌或肉毒杆菌，为革兰氏阳性厌氧菌。在厌氧环境中能产生外毒素，即为肉毒梭菌毒素，简称肉毒毒素（botulinum toxlin）。肉毒毒素与典型的外毒素不同，并非由活的细菌释放，而是在细菌细胞内产生无毒的前体毒素，待细菌死亡自溶后游离出来，经肠道中的胰蛋白酶或细菌产生的蛋白酶激活后才具有毒性，且能抵抗胃酸和消化酶的破坏。

肉毒毒素是已知最剧烈的毒物，毒性比氰化钾强一万倍。肉毒梭菌食物中毒是神经毒素型食物中毒。肉毒毒素由胃肠道吸收后，经淋巴和血进行扩散，作用于颅脑神经核和外周神经肌肉接头以及植物神经末梢，阻碍乙酰胆碱（神经传导介质）释放，影响神经冲动的传递，导致肌肉的松弛性麻痹。

肉毒杆菌在自然界分布广泛，土壤中常可检出，偶亦存在于动物粪便。我国引起肉毒毒素中毒的食品是家庭自制的发酵食品，如：豆瓣酱、豆酱、豆豉、臭豆腐等。也有少数发生于各种不新鲜肉、蛋、鱼类食品。日本以鱼制品引起中毒较多。欧美多以肉制品引起中毒较多。

肉毒毒素的快速检测主要是胶体金法。

➤ 任务实操

豆瓣酱中肉毒毒素的免疫胶体快速检测

1. 适用范围

本方法适用于肉类、豆制品、腌制的菜、酱、蜂蜜、奶液等A型肉毒素的检出。

2. 检测原理

采用双抗体夹心法（图3－5），将抗A型肉毒素特异性抗体包被在硝酸纤维膜上，用于捕捉标本中的A型肉毒素，然后用特异性抗体标记的免疫胶体金探针进行检测。检测时，待测样品中的肉毒素与试纸条上的金标记抗体结合后沿着硝酸纤维素膜移动，并与膜上的抗体结合形成肉眼可视红色带。

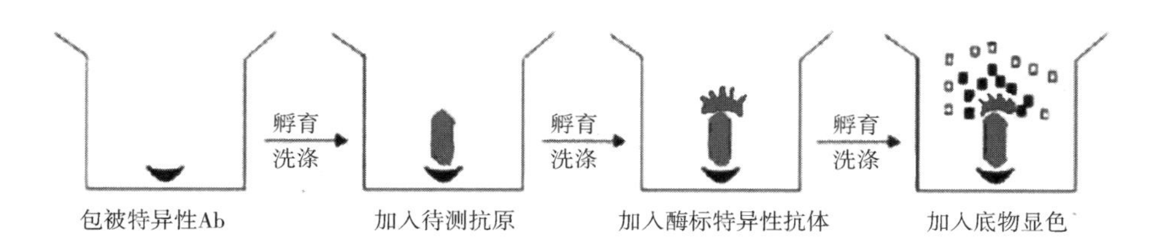

图3－5　双抗夹心法

3. 操作步骤

（1）固态食品如肉类、豆制品、腌制的菜、酱等，称取约2g，充分剪碎，加5mL生理盐水振荡10min，使内容物充分浸出，自然沉降后取上清液0.3mL作为样品检测液；液体食品如蜂蜜、奶液等，吸取0.1mL，加生理盐水0.4mL，混匀后作为样品检测液。

（2）取试剂一个，撕开外包装，吸取样品检测液，滴加3～4滴（约0.2mL）于试剂圆孔中，2min后观察结果，15min终止观察。

4. 结果判定

（1）阳性结果　试剂窗口“C”和“T”（对照和检测）处出现2条红色沉淀线为阳性，即有肉毒素检出。

（2）阴性结果　试剂窗口“C”（对照）处出现1条红色沉淀线为阴性，即无肉毒素检出。

（3）试剂失败　试剂窗口“C”和“T”（对照和检测）均无红色沉淀线，即试剂失败。

5. 注意事项

避免假阳性结果出现。

> 任务拓展

肉毒素分类。

拓展

> 复习思考题

1. 什么是肉毒素，检测方法是什么？
2. 什么是龙葵碱，龙葵碱危害有哪些？
3. 黄曲霉毒素的分类及毒性，快速检测方法是什么？

项目四
食品包装材料及容器安全性的快速检测

知识要求

1. 了解常见食品包装、容器的安全问题。
2. 熟悉食品包装、容器的国标要求。

能力要求

1. 熟练掌握常见食品包装材料及容器安全性的快速检测。
2. 熟练查找食品包装材料及容器检测的相关标准。

教学活动建议

调查周边快销食品的包装安全性。

【认识项目】

食品在加工、运输、储藏、销售、消费者使用的过程中均需包装。食品包装容器通常是指与食品直接接触的包装容器，即内包装容器。使用包装容器或包装材料进行包装（通常指在加工厂内进行包装）的食品称为包装食品。食品包装材料及容器是指在正常使用条件下，各种已经或预期可能与食品或食品添加剂接触、或其成分可能转移到食品中的材料和制品，包括食品生产、加工、包装、运输、储存、销售和使用过程中用于食品的包装材料、容器。常见的包装材料有纸、竹、木、金属、搪瓷、陶瓷、塑料、橡胶、天然纤维、化学纤维、玻璃等制品和直接接触食品或者食品添加剂的涂料。

食品包装的作用很多，首要目的是保藏食品，使食品免受外界物理、化学和微生物的影响，保持食品质量，延长食品的储藏期。而食品包装材料及容器本身的安全性对食品安全有直接影响，利用快速检测的方法对其进行快速简便的检测，能够进一步确保食品的安全。

任务一 食品包装袋安全问题的快速检测

➢ 任务引入案例

人类，正在用塑料袋毁灭海洋生物

最近的西班牙海边，出现了一条巨大的抹香鲸尸体。重约 6 吨，长达 10 米的它，静静的被海浪冲上了岸。它看起来外表并无明显伤痕，究竟是怎么死的？当解剖开它的肚子后，眼前的一幕震惊了所有人。它的肚子里竟然有上百个塑料袋，甚至还有一个大油桶。

纪录片《蓝色星球》中，有一幕看哭了很多人。一头鲸鱼妈妈用嘴巴轻轻含着，刚出生半个月的小鲸鱼不停的打转。小鲸鱼已经死去好几天了，但鲸鱼妈妈依然不想相信这个现实。她以为，只要她不放弃，小鲸鱼就会醒过来陪她遨游大海。她还有一肚子的奶水没来得及给它喝，为什么小宝宝就死了？令人心痛的事实是，鲸鱼妈妈由于长期食用大量塑料垃圾，她的奶水早就有了毒。小鲸鱼生下来没喝几天，就被活活的毒死了。

➢ 任务介绍

三聚氰胺－甲醛

三聚氰胺－甲醛成型品俗称密胺，在生产时，由甲醛和三聚氰胺单体经过缩聚反应后热压成型。因此在成品中可能会有剩余单体残留，而残留的甲醛单体会对人体健康产生严重危害。我国国家标准 GB 4806. 7—2016《食品安全国家标准 食品接触用塑料材料及制品》中规定了甲醛单体迁移量应≤2. 5mg/dm^2。

双酚 A

双酚 A（BPA）是生产聚碳酸酯（PC）树脂的重要原料，食品包装行业广泛使用 PC 作为食品包装材料，但双酚 A 是一种内分泌干扰化学物质，这类物质在环境中难以降解，即使含量很低也能使内分泌紊乱。

塑化剂

塑化剂是一种工业用添加剂，可使塑料制品更富有弹性，人体过多摄入会影响健康。塑化剂进入食品，主要有三种渠道：一是食品原料带入，比如农田土壤受到了塑化剂的污染，小麦等粮食就可能吸收塑化剂；二是食品生产加工过程带入，比如生产食品的机器等设备可能有塑料部件，加工过程中塑化剂会迁移到食品中；三是塑料包装带入。

塑化剂的迁移量与接触的食品种类、温度有关。所以，生活中要注意一些细节，以减少塑化剂的摄入，如少用塑料袋装油条、包子、煎饼，少用劣质餐盒，不将食用油放在塑料瓶里，塑料包装的食品避免光照等。

➢ 任务实操

食品包装袋塑化剂的色谱法快速检测

1. 适用范围

适用食品包装袋的塑化剂检测。

2. 方法原理

色谱法又叫层析法，是一种物理分离技术。它的分离原理是使混合物中各组分在两相间进行分配，其中一相是不动的，叫做固定相，另一相则是推动混合物流过此固定相的流体，叫做流动相。当流动相中所含的混合物经过固定相时，就会与固定相发生相互作用。由于各组分在性质与结构上的不同，相互作用的大小强弱也有差异。因此在同一推动力作用下，不同组分在固定相中的滞留时间有长有短，从而按先后顺序从固定相中流出，这种借在两相分配原理而使混合物中各组分获得分离的技术，称为色谱分离技术或色谱法。当用液体作为流动相时，称为液相色谱，当用气体作为流动相时，称为气相色谱。

3. 操作方法

（1）将样品剪碎混匀，称取 0.25g，置于微波萃取管中。

（2）依次加入 15mL 乙酸乙酯、5mL 甲醇，混匀。

（3）用微波消解仪进行萃取，设定功率 900W，爬升 10min 至 100℃，保持 30min，降温至 50℃以下，萃取结束。

（4）将萃取液转移至 50mL 比色管内，用乙酸乙酯定容至 25mL，如萃取液浑浊，用 0.45μm 有机膜过滤，取 1mL 待测液于 1.5mL 进样瓶。

（5）参考气相色谱质谱联用仪使用规程，打开检测方法文件“塑化剂检测 SIM 法”，下载参数，开始检测。

（6）检测结束后，在定量分析界面加载已建立的标准曲线，峰积分，计算结果。

4. 结果判读

根据标准曲线建立的公式计算试样中塑化剂残留浓度。

5. 注意事项

（1）所有试剂均为色谱纯。

（2）所用玻璃器皿用丙酮浸泡 30min，纯净水冲洗干净，烘干待用。

（3）微波萃取管反复使用易有塑化剂残留，需反复清洗多次。

（4）所有用到的塑料制品，如微孔滤膜、一次性注射器等，使用前浸泡 2h 以上。

（5）定性分析时，若离子峰度与标准品相差很大（请参考国标具体规定），则不能定为目标组分。

（6）每次检测均需带一只标准品，用来标定标准曲线是否适用，若不适用则需重新建标准曲线。

➢ 任务拓展

常见塑化剂认识。

拓展

任务二 餐饮器具安全卫生的快速检测

➢ 任务引入案例

常州高新区对法官餐厅餐具进行微生物检测

2018年5月，常州高新区加强对当地法院的法官餐厅进行安全监管。法官餐厅的安全卫生关系到每位干警的健康与法院的稳定发展，为法官餐厅有一个良好的卫生状况，确保大家用餐安全，有效预防食源性疾病和食物中毒事件的发生，近期，新北法院行装科特别邀请专业检测机构对法官餐厅餐具（水杯、餐盘、汤碗）的卫生质量进行了检测，经过一周时间的大肠杆菌和沙门菌等微生物培养及认真检验，所有检测项目完全合格。

很多企业单位为了让员工吃上"放心菜"，都采取了对餐具进行微生物检测的措施。

➢ 任务介绍

为规范餐饮服务食品安全监管工作中快速检测方法的应用，加强餐饮服务食品安全快速检测方法的管理，根据《食品安全法实施条例》、《餐饮服务食品安全监督管理办法》等，2011年原国家食品药品监督管理局制定了《餐饮服务食品安全快速检测方法认定管理办法》。办法中明确规定餐饮服务食品安全快速检测方法是指具有快速、简便、灵敏等特点，用于餐饮服务食品安全相关项目初步筛查的检测手段，其中就包括对餐饮器具安全卫生的快速检测。

➢ 任务实操

餐饮器具表面洁净度检测

1. 方法原理

蛋白质和糖类是微生物滋生繁衍的温床，同时也是细菌菌体的组成部分，餐饮器具或食物加工器具上遗留或污染的蛋白质或糖类物质，可与特定试剂反应出现不同颜色，由此可通过与对照色卡比对判断被检物体表面洁净的程度。

2. 适用范围

适用于餐饮器具和食物加工器具表面洁净程度的快速检测。

3. 样品处理

检测样品不用清洗，保持常态。

4. 检测步骤

（1）在待测物体表面滴加2滴湿润剂；

（2）取出一片洁净度速测卡（方形药片向下），于物体表面10cm×10cm面积范围内交叉来回轻轻擦拭；

（3）然后将擦拭过待测器具的洁净度速测卡（方形药片向上）平放在台面上；

（4）滴1滴显色剂到方型药片上，如果物体表面较脏的话，1min内药片就会变为紫色，即可判定被检物体不洁净，否则需要等待10min与标准比色板进行比较确定结果。

5. 结果判定

绿色表示洁净，灰色表示处于洁净与不洁净的边缘，紫色表示不洁净，深紫色表示深度不洁净。

6. 注意事项

（1）速测卡每条限用一次，不得重复使用。

（2）擦拭的关键控制点应考虑从易清洁到难清洁的区域范围，比如平面、接缝、凹陷区域、混合机桨叶等。

（3）不要用手接触方形药片，确保药片部位仅与要检测的物体表面接触。

（4）如需检测的控制点有肉眼可见的污垢，就不要再浪费速测卡去评估其洁净度。产品只用来检测看起来洁净的表面。

（5）如果待检表面有多余液体存在，应等至液体稍干燥后再进行检测。

> 复习思考题

1. 食品包装袋存在哪些有毒物质？
2. 简述塑化剂检测方法及气相色谱原理。
3. 餐饮器具表面洁净度快速检测方法是什么？

项目五

食品加工储藏安全度的快速检测

知识要求

1. 了解食品加工储藏安全度的具体要求。
2. 熟悉食品加工储藏安全相关标准。

能力要求

1. 熟练掌握食品加工储藏安全度的快速检测技术。
2. 掌握相关仪器设备的使用方法。

教学活动建议

对单位食堂的食品加工储藏安全度进行检测。

【认识项目】

食品的加工储藏对食品的安全性有很大的影响，餐饮及食品加工企业加强对食品加工储藏安全度的控制和监测是保证食品安全的重要手段。

任务一 食品中心温度的快速检测

➢ 任务介绍

食品中心温度是指块状或有容器存放的液态食品或食品原料的中心部位的温度，中心温度可用中心温度计测量。

测定食品中心温度是掌握食品在热处理和加热杀菌等处理工艺中最终效果的重要依据。因此，测定中心温度的快慢是掌握热处理工序效果的决定性因素之一。

需要熟制加工的食品应当烧熟煮透，其中心温度不低于70℃。在烹饪后至食用前需要较长时间（超过2h）存放的食品，应当在高于60℃或低于10℃的条件下存放。需要冷藏的熟制品，应当在放凉后再冷藏。凡隔餐或隔夜的熟制品必须经充分再加热后方可食用。含奶、蛋的面点制品应当在10℃以下或60℃以上的温度条件下存放和销售。

➢ 任务实操

食品中心温度的监控

1. 适用范围

（1）中心温度计主要用于食品中心温度的监测，目的在于控制食品在20℃以下的保存与60℃以上的加热处理。

（2）可以用于食品生产加工企业对食品中心温度的测定，应用于冷藏食品温度测定到加热处理食品的范围内。测量生产、存储及运输过程中食品的温度。适用于膳食、旅馆、工业厨房、超级市场等的快速简便的测量，以及家庭煮食、加热、解冻、饮料、婴儿饮奶等温度的测定。

2. 实验原理

测温仪的光学元件将发射的、反射的以及透射的能量汇聚到探测器上，测温仪的电子元件将此信息转换成温度读数，并显示在测温仪的显示面板上。

3. 实验方法

（1）开机　按下 ON/OFF 按钮，开启温度计。

（2）测温　如图 3-6 所示，尖锐的不锈钢探针前端可以直接插入待测物体中部，待温度显示稳定后读取测量温度。测量液体温度时，先将探针插入笔筒前端侧面的圆孔中，手持笔筒将探针放入液体中测量。

（3）切换温度显示模式　按 C/F 按钮。

（4）关机　按下 ON/OFF 按钮。

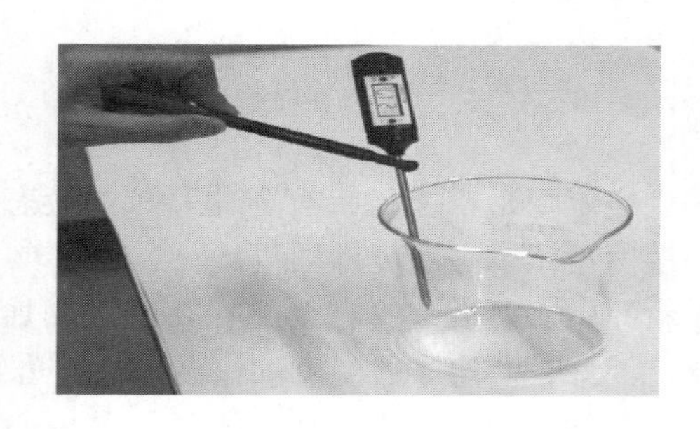

图 3-6　食品中心温度计的操作演示

4. 结果判读

中心温度计直接读数。

5. 注意事项

（1）勿用本品测量 300℃以上的物品。

（2）勿将本品表头浸入水中。使用完毕后，用温水或中性清洁剂清洗。

（3）温度计的探针插入的深度必须达到其感应区的长度（通常是 5~8cm）以确保读数准确。如果测量的是薄片食物的温度，比如碎牛肉饼或去骨鸡脯肉，探针必须从食物的侧面插入以保证整个感应区置于食物的中心部分。

任务二　食品加工消毒的快速检测

➢ 任务介绍

紫外线杀菌消毒是利用适当波长的紫外线能够破坏微生物机体细胞中 DNA（脱氧核糖核酸）或 RNA（核糖核酸）的分子结构，造成生长性细胞死亡和（或）再生性细胞死亡，达到杀菌消毒的效果。紫外线消毒技术是基于现代防疫学、医学和光动力学的基础上，利用特殊设计的高效率、高强度和长寿命的 UVC 波段紫外光照射流水，将水中各种细菌、病毒、寄生虫、水藻以及其他病原体直接杀死。

含氯消毒液杀菌机理是释放出新生态原子氧，氧化菌体中的活性基团；杀菌特点是作用快而强，能杀死所有微生物，包括细菌芽孢、病毒，以表面消毒为主。

➢ 任务实操

实操一　紫外辐射照度的快速检测

对紫外线的计量要使用测量紫外线的专用仪器——紫外辐照度计。测量系统见图 3－7 所示。

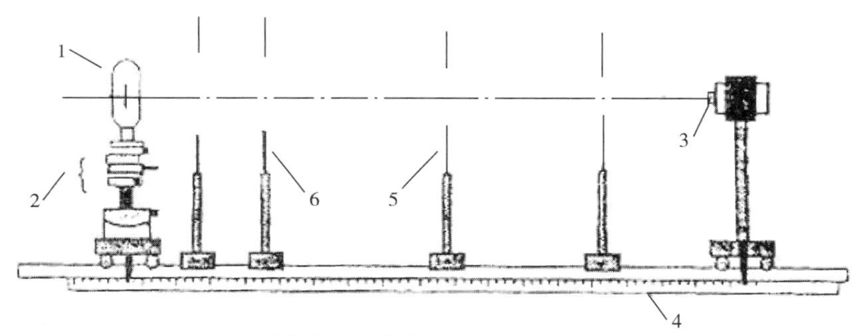

1—灯　2—定位台　3—紫外探头　4—光轨　5—光阑　6—光阑

图 3－7　紫外线辐射照度的测量系统

对电测仪表的要求：电测仪表的精度应不低于 0.5 级，且不应有波形误差，与灯并联的仪表，从线路上分取的电流应不超过灯正常工作的电流值 3%，与灯串联的仪表，其电压降应不超过灯的工作电压 2%。

对测量环境的要求：为避免杂散光误差，整个测量系统应该放置在墙壁刷成黑色的暗室中，如果没有暗室可以放置在不透光的箱子中，箱子中所有内壁都要贴上黑色丝绒布料。

1. 适用范围

适用于测量各种场合的紫外辐射强度，如生物、化学、医疗、卫生、食品、侦破、考古等领域，适合于紫外线杀菌、理疗荧光分析、紫外光刻、水处理、育种等领域的紫外辐射照度测量。

2. 实验原理

当光线射到硒光电池表面时，入射光透过金属薄膜到达半导体硒层和金属薄膜的分界面上，在界面上产生光电效应。产生电位差的大小与光电池受光表面上的照度有一定的比例关系。

3. 方法步骤

（1）将电源开关拨向“ON”位置。将接收器插入仪表输入插口，打开接收器遮光罩，即可进行测量。

（2）测试时紫外灯水平放置，将紫外辐照照度计的探测器放在距灯管中心距离一米处，同时屏蔽杂散光。

4. 结果判读

仪表显示屏上显示的数字与倍数因子（$100\mu W/cm^2$）的乘积即为被测位置的紫外辐射照度。

5. 注意事项

在测试过程中，操作人员应采取有效措施，防止紫外线辐射使眼睛和人体裸露部分受到紫外线灼伤。

实操二　消毒液有效氯的试纸快速检测

含氯消毒剂是目前应用最广泛的消毒剂。常用的品种有次氯酸钠、二氧化氯、二氯异氰尿酸钠、漂白粉及氯胺 T 等。一般情况下，有效氯含量在 100mg/kg 以上（二氧化氯的有效氯在 50mg/kg 以上）才有足够的杀菌效果。无论是消毒剂配制使用者，还是检查人员均需定时和不定时地进行检测。

1. 适用范围

检测各种含氯消毒剂配制的消毒液中有效氯的浓度，检测范围是 10 ~ 300mg/kg。

2. 实验原理

利用碘化钾遇有效氯可被氧化成游离碘而显色的原理，制成有效氯含量指示卡。

3. 使用方法

取一片试纸，揭去药片上的薄膜，沾取消毒液后甩去多余的水，略等片刻，待试纸所显颜色稳定后与标准色板对比。

4. 结果判读

试纸所显颜色稳定后与标准色板对比，确定有效氯含量。

5. 注意事项

检测过程注意避免污染试纸，避免受潮。

> 任务拓展

食品清洗、消毒方法。

拓展

任务三 食品加工用水的快速检测

➢ 任务介绍

食品加工用水符合饮用水标准，按照中华人民共和国国家标准执行，标准分别是：

GB 5749—2006《生活饮用水卫生标准》，GB/T 5750—2006《生活饮用水标准检验方法》。其中感官性状和物理指标：色度、pH、浊度、肉眼可见物（GB/T 5750.4—2006）；消毒剂指标：游离余氯（GB/T 5750.11—2006）。

➢ 任务实操

实操一 食品加工用水色度的快速检测

天然水中含有泥土、有机质、无机矿物质、浮游生物等，往往呈现一定的颜色，分为真色和表色。

有颜色的水会减弱水的透光性，影响水生生物生长和观赏价值，含有危害性的化学物质。去除悬浮物后水的颜色为真色，没有去除的为表色，水的色度一般指真色。

1. 适用范围

现场水质快速检测方法：铂钴比色法 PtCo，所用仪器：便携式分光光度计/便携式比色计，检测范围：0～500 度。

2. 方法原理

用氯铂酸钾和氯化钴配制成与天然水黄色色调相似的标准色列，用于水样目视比色测定。规定 1mg/L 铂［以 $(PtCl_6)^{2-}$ 形式存在］所具有的颜色作为 1 个色度单位，称为 1 度。

3. 操作方法

（1）装备好过滤装置（薄膜滤器、滤器支架、过滤瓶、吸气瓶）。

（2）用 50mL 的去离子水清洗滤器，然后倒去清洗液。

（3）将另外 50mL 的去离子水通过过滤后注入，以待步骤 4 使用。

（4）往一支比色瓶（空白试样）中注入 10mL 已过滤的去离子水，舍弃过量的部分（检测透明色料不需要滤器，从第 4 步开始，跳过第 7 步）。

（5）输入检测色度的程序编号，按下 PRGM。

（6）按下 ENTER，屏幕显示 PtCo 和 ZERO 图标。

（7）倒出约 50mL 样品过滤。

（8）往另一支比色瓶中装入 10mL 过滤过的样品。

（9）将空白试样放入样品适配器中，盖紧避光盖。

（10）按 ZERO，指针将右移，屏幕显示 0mg/L Pt－Co。

（11）将预制试样放入样品适配器中，盖紧避光盖。

（12）按 READ，指针将右移，屏幕显示 Pt－Co。

4. 结果判读

比色计直接读数。

5. 注意事项

空白试样放入样品适配器中，一定要注意是去离子水。

实操二　食品加工用水浊度的快速检测

水的透明程度的量度是指水溶液中所含颗粒物对光的散射情况，浑浊度是反映水源水及饮用水的物理性状的一项指标。水源水的浑浊度是由于悬浮物或胶态物，或两者造成在光学方面的散射或吸收行为。浊度的高低一般不能直接说明水质的污染程度，但人类生活和工业生活污水造成的浊度增高，表明水质变坏。

1. 适用范围

食品加工用水浑浊度的现场快速检测方法。仪器：便携式浊度仪。检测范围：0～1000NTU，精度：0.01NTU。

2. 方法原理

在相同条件下用福尔马肼标准混悬液散射光的强度和水样散射光的强度进行比较。散射光的强度越大，则表示浑浊度越高。

光散射法浊度仪工作原理：利用测量穿过待测水样的入射光束被待测水样中的悬浮颗粒色散所产生的散射光强度来实现。

3. 操作方法

（1）将约 15mL 水样加入样品瓶中。

（2）用不去毛的软布擦拭样品瓶，以擦去水滴及指纹。

（3）在瓶滴上加一滴硅油，并用软布擦拭。

（4）按下浊度仪上的开关键，并将其放在平稳的台面上，在测试过程，勿手持浊度仪。

（5）将样品池放入浊度测试腔中，使菱形标记对准前方凸起的方向标识，然后合上盖子。

（6）按 RANGE 键，选择手动或自动范围选择模式，当仪器处于自动选择范围模式时，显示屏显示 AUTORNG。

（7）如样品颗粒物较多时，可选择信号平均模式，即按 SIGNALAVG 键，选择信号平均模式，屏幕显示 SIGAVG。

（8）按 READ 键，屏幕显示 NTU，然后显示以 NTU 为单位的浊度数值。

4. 结果判读

浑浊度读数。

5. 注意事项

（1）在测量中比色皿两通光路必须无任何脏点，两侧面和底面无水渍。

（2）测量两只试样杯的位差（缸差），并在以后的样品浊度测定值中作相应的修正。

实操三　水中游离性余氯的快速检测

在加氯消毒的管网生活饮用水中，应保持一定量的游离性余氯。加氯消毒30min后，水中游离性余氯的含量不应低0.3mg/L，管网末梢水中游离性余氯的含量不应低于0.05mg/L，人工游泳池水中游离性余氯的有效浓度（标准值）为0.3～0.5mg/L。用含氯洗消剂消毒后的食（饮）具表面游离性余氯的含量应小于0.3mg/L。为防止人为在瓶装饮用纯净水中加入或有意残留含氯物质来延长产品保质期，国家卫生标准规定该产品的游离性余氯含量应小于0.005mg/L。由此判断被检水样是否经过有效消毒。一般人工游泳池水中游离性余氯的标准值为0.3～0.5mg/L。

1. 生活饮用水、人工泳池水的测定

将水样直接加入到显色池（窄池）和参比池（宽池）中至左侧刻度线，再向显色池（窄池）中加入一片试剂，将比色片插入参比池前的槽内，盖上盖，上下摇动使试剂片溶解后，1～5min内从正面观察，找出与显色池中水的颜色相同的色阶，该色阶上的数值表示每升测试水样中游离性余氯的毫克数。

2. 食（饮）具表面游离性余氯的测定

取消毒后的食（饮）具碗、盘、碟、口杯、酒杯等，用蒸馏水100mL分次（2～3次）冲洗内表面；匙（不包括匙柄）、筷下段置入100mL蒸馏水中，充分震荡20次，制成样液。将样液加入到显色池（窄池）和参比池（宽池）中至左侧刻度线，以下操作及读取结果相同于“生活饮用水、人工泳池水的测定”。

➢ 任务拓展

我国水质浑浊度标准。

拓展

➢ 复习思考题

1. 食品中心温度检测的意义是什么?
2. 简述食品中心温度计使用方法。
3. 紫外线的辐射强度检测方法是什么?
4. 简述水中游离性余氯的快速检测原理。

模块四

第三方食品安全快速检测

【模块介绍】

食品快速检测技术在政府食品安全监管中应用已经比较普及。使用食品快速检测方法，一旦发现食品安全问题，可以及时、快速、有效地控制食品安全风险，大大提高对食品安全隐患的筛查能力。基层监管工作人员较少、教育背景差异大、快检技术不断更新改进、工作人员时间精力有限等因素均在一定程度上限制了快检技术的应用推广。2014 年 12 月 31 日，李克强总理在国务院常务会议上强调："更多运用政府采购，让政府从"什么都自己干"的大包大揽，转变为更多通过购买服务的方式调动社会力量，这是市场化改革的重要举措"。通过非核心业务外包方式把部分辅助职能转移到第三方（专业中介机构、行业协会、和非政府组织），已经成为世界各国新公共管理运动的一大特征。美国在 2010 年《FDA 食品安全现代化法》中对进口食品安全监管专门引入了第三方审核机制，很大程度上节省了监管成本，提升了监管效能。我国部分省市近年也在食品药品监管中不断接受并引进第三方检测工作。

面对庞大的食用农产品经营者，广州市食品药品监督管理局采取购买技术服务、开展专业培训、强化行政监督等举措，逐步建立起市场（超市）自检工作的长效保障机制。经过多方努力，目前基本形成了包括市场（超市）落实自检、各区局及监管所每周定期到市场进行巡回快检、市级检测机构及市局委托的第三方法定机构开展监督抽检等在内的三级检测体系，对有效防控我市食用农产品质量安全风险发挥了积极的作用。目前，全市范围内 90% 以上的市场（超市）按要求落实了自检工作，有近 400 家农贸市场对"肉、菜、鱼"等消费量大的主要品种做到天天检，并及时公布检测结果信息，有效保障了市民"一日三餐"的菜篮子安全。

杨箕智慧菜市场是市局最早外包给食安菜妈升级改造的，食安菜妈在“互联网+”的理念指导下帮助社区肉菜市场升级，建设食品检测站、智能电子秤、电子支付等，并通过食安科技“中检达元”食品安全快速检测技术，保证线上、线下商家商品达到国家安全标准，为用户搭建一个“食品安全、智能支付、送货到家”的服务体系。食安菜妈的智能电子秤，既能有效杜绝短斤缺两的问题，又将闪付、银联、微信、支付宝等现代支付方式整合在一起，方便顾客交易，对商户来说，没有收假钱的风险和找零钱的烦恼。由中检达元第三方检测，检测项目全面，检测专业可靠，为客户提供一个放心的买菜环境。买完菜，还有一张交易小票，凭着这张小票，上可溯源，下可查到是谁买。近年来，杨箕市场的效果显而易见。

项目一
食品安全快速检测箱的使用

知识要求

1. 了解常见食品安全快速检测箱的种类。
2. 了解食品类不同快速检测箱的检测项目。

能力要求

1. 熟悉不同检测箱的原理及应用场合。
2. 熟悉检测箱的操作。

教学活动建议

1. 搜集检测箱的相关资料。
2. 关注检测箱在食品安全监管中的应用。

【认识项目】

食品安全问题是关系到人体健康和国计民生的重要问题，作为WTO成员，食品安全已经成为影响农业和食品工业竞争力的关键因素，并在某种程度上成为中国获得国际市场准入的重要制约因素，影响了中国农业产业结构和食品工业的战略性调整。全球食品安全形势主要表现为食源性疾病、恶性食品污染不断上升和部分食品生产加工新技术与新工艺带来新的危害，给人体健康带来了长期和严重的潜在健康危害。快速检测技术在日常食品安全监测中发挥了越来越重要的作用，食品安全快速检测箱应运而生。食品安全检测箱是根据工商、食品卫生等执法部门、超市和农贸市场开展食品安全检测业务的实际需要，按照经济、适用的原则而配置的，整合了多种快速检测试剂、相应的检测仪器和必备的检测用品用具，配置齐全、功能全面、经济实用、用途广泛，是食品安全检测人员理想的好帮手。

任务一 常见食品快速检测箱的种类及用途

➢ 任务介绍

食品安全快速检测箱外观庄重大方、携带方便，可选配食品中农药残留、化学有害物质检测、添加剂、重金属、非法添加、兽药残留、抗生素等100多个项目，都是针对社会关注的焦点、难点及食物链中容易发生问题的关键性环节而设计。检测所用的试剂均事先做成试剂盒、检测管或试纸卡等，大大提高了检测效率。检测箱内附带检测项目所需的各种便携实验工具和快速检测类仪器，相当于一个小型的移动实验室，适用于卫生监督部门、工商稽查部门、质量监督部门、食品生产流通企业使用。根据其常见的检测业务需求，可设计为针对餐饮行业的餐饮行业食品安全检测箱，针对大型活动或食物中毒的食物中毒与应急保障快检箱，针对酒类品质的酒醇检测箱，针对肉类品质的放心肉检测箱，针对药品、化妆品、保健食品质量安全的快筛检测箱，针对食品、餐饮具的微生物采样箱，针对大众关心的食品安全问题开发的家用食品安全快速检测箱等。执法部门还可以根据不同的检测需求，定制适合不同检测任务的检测箱。

图4－1所示的食品微生物采样箱适用于食物中毒样品中致病菌的快速筛查、常规样品中卫生指标菌与致病菌的日常监测以及检测样品的采集。此箱由便携冷藏箱、便携培养箱、采样工具、消毒工具、检测试纸片试剂盒组成，可检测各类食品中十余种微生物细菌指标，对检测环境要求宽松，可在实验室室内使用，也可移动检测。

图4－2所示的药品、化妆品、保健品快筛检测箱，广泛应用于各省市药监部门、稽查部门，随筛查任务的不同可自由组合成单项品种筛查检测箱和多项品种筛查检测箱。适合各级药检机构和执法部门现场筛查，满足现代药检“靶向抽样，目标检验”的药检新要求，以提高不合格药品检验的命中率，可与多种保化快筛试剂盒配套使用，完成不同监督任务。

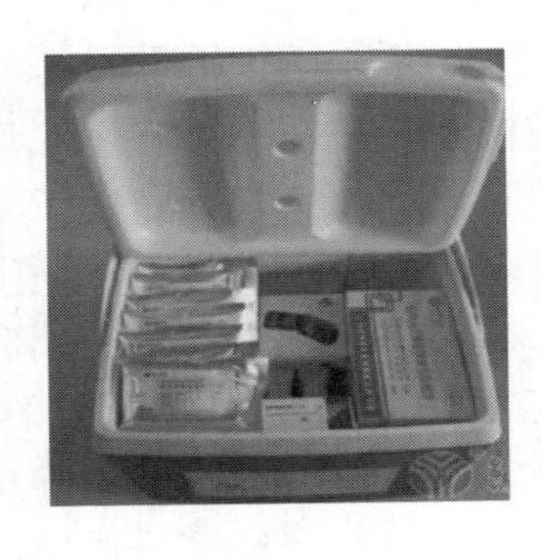

图4－1 食品微生物采样箱

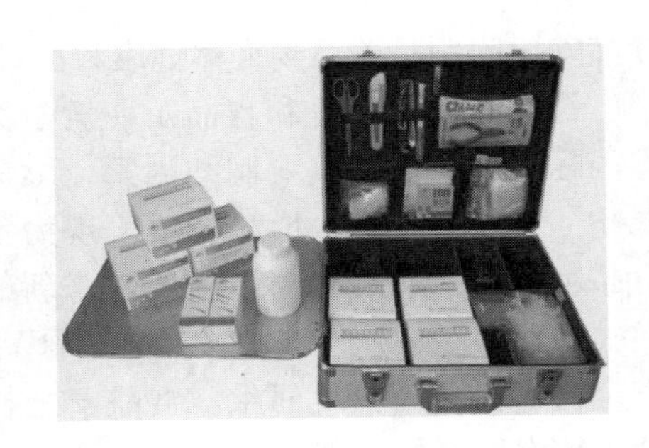

图4－2 药品、化妆品、保健品快筛检测箱

图 4-3 所示的食品安全检测箱可根据客户的不同需求进行配置，可装配农药残留速测、微生物检测、化学有害物质检测、兽药残留检测、抗生素检测等多个系列产品。检测指标多达 100 余种，具有操作简便、准确、快速、检测项目齐全、现场检测时间短、携带方便的特点，检测项目下限符合国家标准要求。检测箱内还附带了检测时所需的各种便携工具和快速检测类仪器，相当于一个小型的移动实验室，适用于食品药品监督部门、卫生监督部门、质量监督部门、工商稽查部门、食品生产流通企业、食堂饭店、市场超市、科研单位使用，是食品安全快速检测的最佳装备。

图 4-4 所示的家庭快速检测套装，能够快速检测人们日常饮食中的大米、谷物、食用油、肉类、蔬菜、牛乳、水产品等六大类食品。其中，检测项目包括农药残留速测、乳品中淀粉和麦芽糊精快速检测、表面清洁度快速检测、甲醛快速检测、大米新鲜度检测、食用油中黄曲霉毒素快速检测、盐酸克伦特罗（瘦肉精）快速检测、三聚氰胺快速检测、面粉增白剂快速检测、亚硝酸盐检测、食用油品质 2 合 1 等快速检测，平均 5～8min 判读结果。

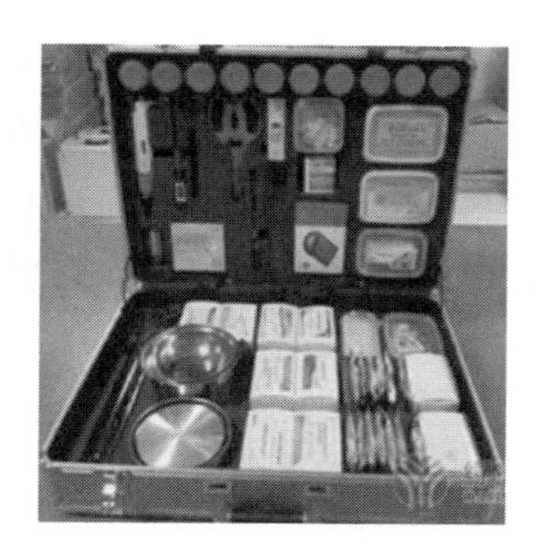
图 4-3　食品安全检测箱

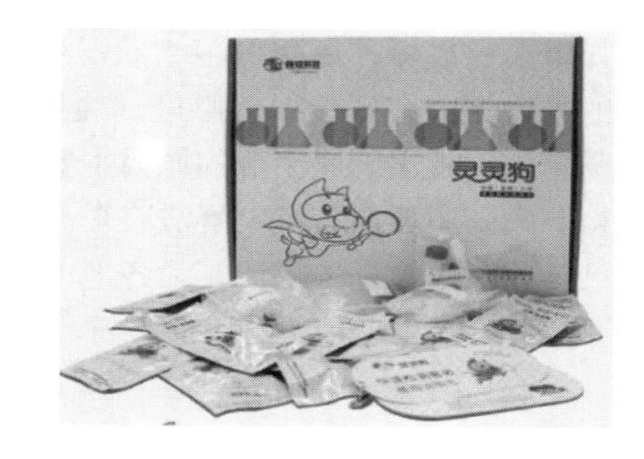

图 4-4　家庭快速检测套装

任务二　餐饮具卫生（大肠菌群）采样检测箱的使用

➢ 任务引入案例

餐饮单位自行消毒餐饮具大肠杆菌合格率较低

2017 年，扬州市食品药品监督管理局对 247 家餐饮服务单位、食堂食品经营场所进行监督检查，对其自行消毒餐饮具及采购的包装完好的集中消毒餐饮具采样，共采集 810 个批次样品，其中自消餐饮具 710 批次、集消餐饮具 100 批次。

对餐具、饮具样品的项目检测包括游离性余氯、阴离子合成洗涤剂（以十二烷基（苯）磺酸钠计）、大肠菌群、沙门氏菌。检测结果显示，247 家单位的 810 批次自消、集消餐饮具游离性余氯、阴离子合成洗涤剂（以十二烷基（苯）磺酸钠计）、沙门氏菌三个指标的合格率全部达 100%；大肠杆菌指标总合格率为 79.1%，其中自消餐饮具合格率 77.2%，集消餐饮具合格率 95%。

抽检结果显示，餐饮具消毒效果因消毒方式不同存在差异，餐饮单位购入的集中消毒餐饮具合格率高于自消餐饮具。“自消餐饮具合格率较低，与本次抽检中部分地区抽检针对薄弱环节、靶向精准有关。”市食药监局食品药品安全总监洪昊介绍，部分餐饮单位依靠消毒柜进行餐饮具消毒，消毒柜使用率低、对消毒柜维护和保养不到位，与自消餐饮具合格率低也有一定关系。结合检查情况看，餐饮单位自消餐饮具出现不合格，与餐饮单位的消毒设施或保洁条件不符合要求、从业者的消毒操作不规范有关，造成消毒不彻底或没有正确消毒。（来源：扬州晚报）

> 任务介绍

大肠菌群多存在于温血动物粪便、人类经常活动的场所以及有粪便污染的地方，用大肠菌群数作为餐具消毒效果的检测指标，具有很好的代表性和很高的灵敏度。如果严重超标，说明其卫生状况达不到安全要求。消费者如果使用大肠菌群超标的餐饮具，有可能引起呕吐、腹泻、肠胃感染等症状。餐具不合格项目主要为大肠菌群，检出大肠菌群的原因主要是餐具消毒时未达到规定的时间和温度。纸片法检测大肠菌群与传统发酵法有很高的符合率，而且使用方便，15h 就可以出结果，已经成为国家标准方法，为各地卫生监督部门所广泛采用。

> 任务实操

餐饮具大肠菌群的快速检测

1. 产品

餐饮具卫生（大肠菌群）采样检测箱。

2. 适用范围

适用于餐饮器具卫生的采样及大肠菌群的检测。

3. 采样

随机抽取消毒后准备使用的各类食具（碗、盘、杯等），取样量可根据大、中、小不同饮食行业每次采样 6 ~ 10 件，每件贴纸两张，每张纸片面积 $25cm^2$ (5cm × 5cm)。用无菌生理盐水湿润大肠菌群检验纸片后，立即用镊子夹取纸片，贴于食具内侧表面，30s 后取下，置于原塑料袋内。

筷子以 5 支为一件样品，用无菌生理盐水湿润大肠菌群检验纸片后，将筷子进口端（约 5cm）抹拭纸片，每件样品抹拭两张，放入原塑料袋内。

4. 培养

将已采样的纸片置于37℃恒温培养箱中培养16～18h，取出纸片观察结果。

5. 结果判断

纸片上出现红斑或者红晕且周围变黄，阳性；纸片全片变黄，无红斑或者红晕，阳性；纸片部分变黄，有红斑或者红晕，阳性；纸片部分变黄，无红斑或者红晕，阴性；纸片的紫色背景出现红斑或者红晕，且周围不变黄，阴性；纸片无变化，阴性。

GB 14934—2016《食品安全国家标准　消毒餐（饮）具》规定：在50cm^2纸片上（即两片纸片上）大肠菌群不得检出。

➢ 任务拓展

GB 14934—2016《食品安全国家标准　消毒餐（饮）具》。

拓展

任务三　酒醇检测箱的现场使用

➢ 任务引入案例

广州假酒中毒事件

2014年5月11日晚，广州，58岁的白云区钟落潭镇梅田村村民段某，喝了老伴从钟落潭钟生农贸市场购买的散装白酒后不治身亡。同一天晚上，一名湖南籍外来务工人员也因饮用劣质散装白酒而死亡。

5月12日，广州白云区太和镇又有两人因饮用白酒而死亡。白云区劣质散装白酒事件造成4人死亡。广州市白云区立即启动《白云区农村公共卫生紧急事件处置预案》，迅速将病人转院治疗，并对陆续发现的类似病例全力救治。同时组织力量全力追查病人饮用的散装米酒源头及具体流向。当晚即在钟落潭镇和太和镇查到用工业酒精勾兑有毒散装米酒的非法地下作坊，立即查封所有未流出的米酒。公安部门立即组织警力全力开展侦查，迅速侦破此案，截至5月12日晚，12名涉案人员已被刑事拘留.

5月13日，广州竹料镇报告有2人、钟落潭镇报告有1人怀疑饮用毒酒死于家中。

5月14日，在广州假酒中毒事件中死亡的人数已上升至8人，另有至少18名中毒者住院治疗，部分重度中毒患者病情危殆。广东省向全省各地卫生部门发出紧急通知，开展散装白酒专项监督检查。

5月15日，记者从广州市第十二人民医院获悉，假酒中毒患者入院治疗者仍有增加，其中有9人属于重度中毒，5名患者仍在ICU接受抢救治疗，其他住院患者病情稳定。

5月16日，记者从广州市第十二人民医院获悉，假酒事件发生后，该院接收的甲醇中毒病人已增到39人，其中1人生命垂危。暨南大学附属第一医院收治的1名病人目前仍在医院接受治疗。

为了最大限度降低有毒散装白酒对群众的危害，事故发生后，广州市组织多方面力量，力遏事态的发展，如利用各种方式和途径进行广泛宣传。调查组所经之处，包括谢家庄农贸市场入口处以及太和、钟落潭等镇的主干道，均醒目地挂着“散装假酒夺人命，请不要饮用”等字样的横幅。在天河区新塘市场，有线广播还反复播放当地派出所和街道办事处关于清查散装白酒的通告，前段时间检查发现有散装白酒出售的4号摊档是铁门紧锁，门口贴着相关告示，告知周边市民不要饮用散装白酒及食用有毒白酒制作的包括烧鹅等食品。

5月16日，广州市工商局各分局继续组织力量加强检查散装白酒。据统计，全天共出动工商等部门执法人员1121人，检查市场、商铺、食肆4333个，化工企业20家，封存散装白酒5.3吨、工业酒精0.45公斤，取缔无照经营商铺、地下作坊3间。

➢ 任务介绍

甲醇是白酒中主要的有害物质，在人体新陈代谢中氧化成比甲醇毒性更强的甲醛和甲酸，毒性分别比甲醇大30倍和4倍。饮用含有甲醇的酒初期中毒症状包括心跳加速、腹痛、上吐（呕）、下泻、无胃口、头痛、晕、全身无力。严重者会神志不清、呼吸急速至衰竭。失明是它最典型的症状，甲醇进入血液后，会使组织酸性变强产生酸中毒，导致肾衰竭。最严重者是死亡。GB 2757—2012《食品安全国家标准　蒸馏酒及其配制酒》中规定：以粮谷类为原料的白酒甲醇的含量不能超过0.6g/L；其他类为原料的白酒甲醇的含量不能超过2g/L。甲醇和乙醇在色泽与味觉上没有差异，我国发生的多次酒类中毒，都是因为饮用了含有高剂量甲醇的工业酒精配制的酒或是饮用了直接用甲醇配制的酒而引起的。甲醇中毒剂量的个体差异较大，有的7～8mL即可引起失明，30～100mL可致死亡。我国发生的多次大范围酒类中毒，酒中甲醇含量在2.4～41.1g/d。原国家卫生部2004年第5号公告中指出：“摄入甲醇5～10mL可引起中毒，30mL可致死。”如果按某一酒样甲醇含量5%计算，一次饮入100mL（约二两），即可引起人体急性中毒。

我国是酒类产品消费大国，白酒消费量居世界之首。因此，准确、便捷测定和严格控制酒中甲醇含量，对于保证广大消费者的健康具有重大意义。目前，国内外检测酒中甲醇含量的方法主要有比色法、气相色谱法、高效液相色谱法、固定化酶流动注射分析法、酶电极法、激光拉曼光谱法、傅立叶变换红外光谱法、折射法、蒸馏法等。应用甲醇快检的方法主要有比色法和折射法，比色法测定甲醇原理是根据甲醇被氧化成甲醛后，与品红－亚硫酸、2,4－二硝基苯肼或变色酸反应生成有色物质来确定甲醇的含量。

➢ 任务实操

白酒中甲醇和酒精度的快速检测

1. 方法原理

基于GB/T 394.2—2008《酒精通用分析方法》，在20℃时，水的折光率为1.3330，随着水中乙醇浓度的增加，其折光率有规律地上升，当甲醇存在时，折光率会随着甲醇浓度的增加而降低，下降值与甲醇的含量成正比。按照这一现象而设计制造出的酒醇含量速测仪，可快速显示出样品中酒醇的含量。当这一含量与酒精计测定出的酒醇含量出现差异时，其差值即为甲醇的含量。在20℃时，可直接定量，在非20℃时，采用酒精计温度－浓度换算表和选取与样品相当浓度的乙醇对照液进行对比定量。

酒醇折光仪结构如图4－5所示。

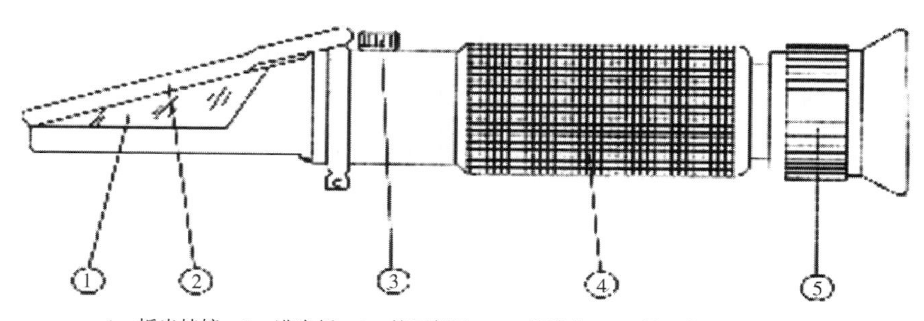

1—折光棱镜　2—进光板　3—校正螺丝　4—橡胶套　5—接目镜（视度调节圈）

图4－5　酒醇折光仪结构图

2. 适用范围

适用于80度以下白酒中甲醇的现场快速测定。

3. 实验材料

酒醇检测箱。

4. 样品处理

无需特殊处理，直接测试。

5. 操作步骤

（1）环境温度20℃时操作方法及结果计算

①掀开盖板2，用擦镜纸小心拭净棱镜1表面，在棱镜1上滴加5～7滴蒸馏水或纯净水，慢慢合上盖板，使试液遍布于棱镜表面（不应有气泡存在，但也不

能用手压盖板）；

②手持镜筒4部位（不要接触棱镜座），将盖板2对向光源或明亮处，将眼睛对准目镜5，转动视度调节圈5，使视场的分界线清晰可见；

③用螺丝刀拧动仪器上的零位校正螺丝3，调节仪器使视场中的明暗分界线对正刻线0%处，掀开盖板，用擦镜纸擦干棱镜；

④取酒样5~7滴放在检测棱镜面上，徐徐合上盖板，以下操作与（2）相同。视场明暗分界线处所示读数，即为乙醇含量（%）。重复操作几次，使读数稳定；

⑤用酒精计（读数精确到1%的玻璃浮计）测定样品中的酒精度（醇含量%），即取1个洁净的100mL量筒或透明的管筒，慢慢地倒进酒样到容器2/3处，等液体无气泡时，慢慢放入酒精计（酒精计不得与容器壁、底接触），用手轻按酒精计上方，使酒精计在所测刻线上下三个分度内移动，稳定后读取弯月面下酒精度示值；

⑥甲醇含量（%）=酒精计测出的醇含量（%）-便携式酒醇折光仪测出的醇含量（%）。

（2）环境温度非20℃时操作方法及结果计算

成品酒标签所示酒精度是在环境温度20℃时标定的，20℃时，酒精计与便携式酒醇折光仪的测定结果一致，当环境温度非20℃时，由于两者的测定原理不同，对同一样品的测定结果也不同。此时，可按如下方法操作：

①先用玻璃浮计测试样品的酒精度数（%）；

②用便携式酒醇折光仪测试此样品的醇含量，此两者的差值记为X_1；

③选取一个与样品酒精度数相同或低于1度以内（以酒精计测试结果为准）的乙醇对照溶液；

④同样用玻璃浮计和便携式酒醇折光仪测试此乙醇对照溶液（样品和对照液）的醇含量，此两者的差值记为X_2；

⑤当样品中不含甲醇，X_1和X_2二者的读数应该一致，X_1和X_2差值即为甲醇的含量。

⑥差值越大，甲醇含量越高，必要时送实验室进一步确认。

6. 结果判定

甲醇含量超过1%（白酒度数0~60%范围内）或2%（白酒度数60%~80%范围内）时，请将样品按国标方法进一步确认。

7. 注意事项

（1）当乙醇含量在80%~87%时，折光率上升梯度变小，乙醇含量≥88%时，折光率开始下降。因此，对酒精计测定值≥80%的样品，本法不适用。此时可采用《酒精计温度—浓度换算表》来大概估算样品中的甲醇含量并送实验室进行检测。

（2）在仪器视场分界线中，有时会出现蓝色和绿色两条分界线，应以蓝色分界线为准。

（3）新配制的乙醇对照液（尤其是高浓度对照液）中，会含有大量微细气泡，可使“便携式酒醇折光仪”视场模糊，容易产生蓝色和绿色分界线，溶液放置一段时间（2～3d）后可达到稳定状态。

（4）乙醇对照液的配制：将无水乙醇放置在20℃环境温度中，并使其液体温度与环境温度达到一致，取一定量的无水乙醇到100mL容量瓶中，加蒸馏水或纯净水到刻度，放置一段时间使溶液稳定。

8. 仪器维护

（1）在使用中，必须细心谨慎，严格按说明使用，不得任意松动仪器各连接部分，不得跌落、碰撞，严禁发生剧烈震动。

（2）使用完毕后，严禁直接放入水中清洗，以防潮气进入仪器内部。应用干净柔软绒布沾水擦拭干净。

（3）严禁用锐物刮擦光学零件，以防划伤棱镜。

（4）仪器应存放于干燥、无灰尘、无油污和无酸等腐蚀气体的地方，以免光学零件腐蚀或生霉。

➤ 任务拓展

GB 5009.225—2016《食品安全国家标准　酒中乙醇浓度的测定》。

拓展

➤ 复习思考题

1. 食品安全快速检测箱有哪些特点？
2. 餐饮具卫生采样检测箱可以包含哪些试剂和物品？
3. 白酒中甲醇快速检测的原理是什么？

项目二

食品安全快速检测仪器的应用

知识要求

1. 了解食品安全快速检测仪器在食品监管中的意义。
2. 了解食品安全快速检测仪器的常用检测项目。

能力要求

1. 熟悉常见食品安全快速检测仪器的检测原理。
2. 掌握常见食品安全快速检测仪器的操作。

教学活动建议

1. 搜集食品安全快速检测仪器在生活中的应用案例。
2. 了解食品综合分析仪的功能。

任务一 农药残留快速测试仪的使用

➢ 任务引入案例

农药残留超标频现

原国家食品药品监督管理总局官网陆续发布《总局关于12批次食品不合格情况的通告》（2017年第205号）、（2017年第210号）及（2017年第221号）。其中，广州市白云区广州江南果菜批发市场的六个农残超标批次分别为：鲜菜区127档销售的韭菜，腐霉利检出值为0.86mg/kg，比国家标准规定高出3.3倍；鲜菜区337档销售的茄子，涕灭威检出值为0.267mg/kg，比国家标准规定高出7.9倍；鲜菜区531档销售的韭菜，克百威检出值为0.210mg/kg，比国家标准规定高出9.5倍；鲜菜区219档销售的菠菜，毒死蜱检出值为0.18mg/kg，比国家标准规定高出80.0%；鲜菜3区310档销售的上海青（普通白菜），毒死蜱检出值为0.52mg/kg，比国家标准规定高出4.2倍；而超标最严重为鲜菜区317档销售的芹菜，毒死蜱检出值为1.8mg/kg，比国家标准规定高出35.0倍。

记者从广东省食品药品监督管理局官网，以及白云区食品药品监督管理局所发布的最新监管动态看到，针对国家食药监总局的“205号”和“210号”通告，已有相应的处置情况通告及风险控制情况通告，而“221号”暂未发布处置情况。据白云区食药监局回复，其已将三份核查情况交给广东省食药监局。收到不合格检验报告后，白云区食药监局要求经营者依法提供进货查验资料，以及追溯生产源头，开展风险控制工作。据悉，白云区食药监局已经对广州江南果菜批发市场经营管理有限公司涉事的6个档口送达了不合格报告并进行了现场检查。经查，因涉事经营者皆履行了食用农产品进货查验等义务，有充分证据证明其对所采购的食用农产品不符合食品安全标准不知情，并能如实说明其进货来源，因此按照规定对经营者免予处罚。白云区食药监局也分别向天津市武清区市场和质量监督管理局、都匀市市场监督管理局、昆明市呈贡区食品药品监督管理局等发去了关于协查农残超标蔬菜相关情况的函。

➢ 任务介绍

目前，我国农药平均利用率仅为35%，大部分农药通过径流、渗漏、飘移等流失，污染土壤、水环境，影响农田生态环境安全。由于农药使用量较大，加之施药方法不够科学，带来生产成本增加、农药残留超标、作物药害、环境污染等问题。为了有效控制农药使用量，原农业部制定并发布《到2020年农药使用量零增长行动方案》。《到2020年农药使用量零增长行动方案》披露，据统计，2012年至2014年，我国农作物病虫害防治农药年均使用量31.1万吨。提出力争到2020年实现农药使用量零增长，提高农产品质量，为餐桌上的安全提供源头保障。

“十三五”国家食品安全规划指出“食品安全抽样检验覆盖所有食品类别、品种，突出对食品中农药兽药残留的抽检”，“市、县级食品安全监管部门要全面掌握本地农药兽药使用品种、数量，特别是各类食用农产品种植、养殖过程中农药兽药使用情况，制定的年度抽检计划和按月实施的抽检样本数量要能够覆盖全部当地生产销售的蔬菜、水果、畜禽肉、鲜蛋和水产品，每个品种抽样不少于20个，抽样检验结果及时向社会公开，将食品安全抽检情况列为食品安全工作考核的重点内容”，“食品安全抽检覆盖全部食品类别、品种。国家统一安排计划、各地区各有关部门分别组织实施的食品检验量达到每年4份/千人。其中，各省（区、市）组织的主要针对农药兽药残留的食品检验量不低于每年2份/千人。”

我国的农业生产大都是小规模的农户分散生产，量小面大，不好监管，农产品中的农药残留仍较为严重。研究农药残留的快速检测技术，在水果蔬菜上市之前对其农药残留进行大量的快速抽检，并制定推广、施行市场准入机制，是我国现阶段控制农药残留的一种有效方法。这不仅关系到人民群众的身体健康，而且对增加农产品出口、提高农民收入以及农业的可持续发展都有着极其重要的意义。用于农药残留速测仪的主要技术有酶抑制率法、免疫层析法等。

1. 酶抑制率法

酶抑制分光光度法大多是根据乙酰胆碱酯酶催化底物乙酰胆碱水解生成乙酸和胆碱，其水解产物与显色剂反应生成黄色物质，在410nm处有最大光吸收，而有机磷和氨基甲酸酯类农药抑制乙酰胆碱酯酶活性，通过测定在410nm处的吸光度随时间的变化值来计算抑制率，从而判定样品中的有机磷和氨基甲酸酯类农药是否超标。酶抑制分光光度法具有快速、灵敏、操作简便、技术成熟、成本低等优点，已成为对果蔬中有机磷和氨基甲酸酯类农药残留现场快速初筛的主流技术之一，可在基层检测机构、大型批发市场、农贸市场等对上市前的果蔬进行检测，对果蔬的农药残留超标源头起到监测作用。

酶抑制速测卡法是基于胆碱酯酶可催化靛酚乙酸酯（红色）水解为乙酸和靛酚（蓝色），有机磷和氨基甲酸酯农药对胆碱酯酶有抑制作用，使胆碱酯酶与底物的催化显色过程发生变化，根据显色不同来判定样品中有机磷或氨基甲酸酯类农药残留情况。速测卡法可以利用体温加热药片，肉眼直接观察颜色变化，也可以配套农残速测仪使用。速测卡可配套如图4－6所示的便携式农药残留速测仪使用，此仪器具有加热、恒温和定时功能，可对速测卡进行加热至40℃，仪器可同时检测 12 个样品。样品测试卡与空白对照卡比较，白色药片不变色或略有淡蓝色均为阳性结果，不变蓝为强阳性结果，说明农药残留高，显浅蓝色为弱阳性结果，说明农药残留量相对较低。白色药片变为天蓝色或与空白对照卡相同，为阴性结果，如图 4 -7 所示。

图 4 -6　便携式农药残留速测仪外观及结构示意图

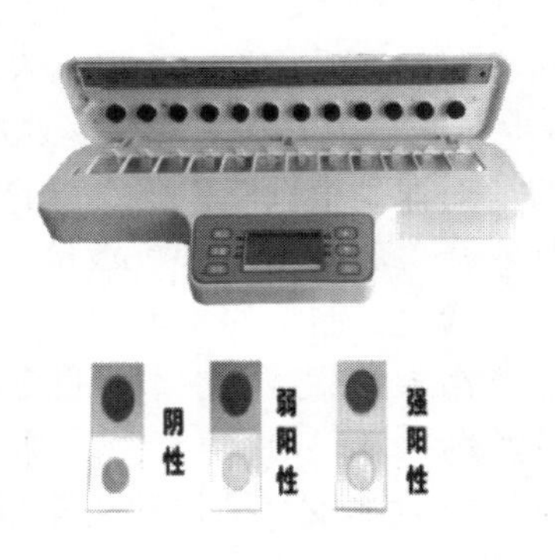

图 4 -7　农药残留速测卡

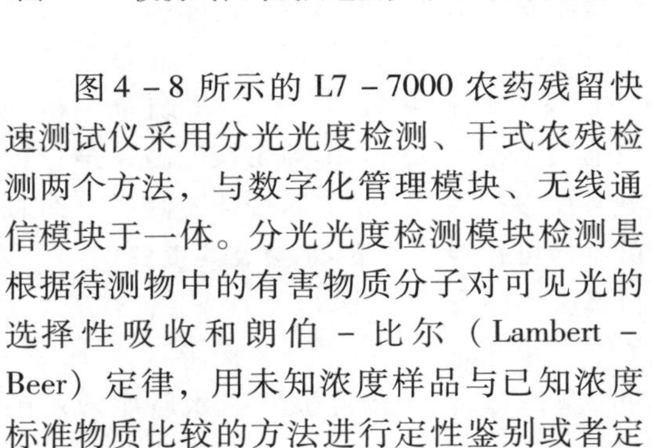

图 4 -8 所示的 L7 -7000 农药残留快速测试仪采用分光光度检测、干式农残检测两个方法，与数字化管理模块、无线通信模块于一体。分光光度检测模块检测是根据待测物中的有害物质分子对可见光的选择性吸收和朗伯 - 比尔（Lambert - Beer）定律，用未知浓度样品与已知浓度标准物质比较的方法进行定性鉴别或者定量分析的检测，能对有机磷和氨基甲酸酯类农药残留（国标）、农药残留（农标）、农药残留（菊酯类）等相应农药残留类进行检测。干式农残检测模块根据国家标准（GB/T 5009. 199—2003）对有机磷和氨基甲酸酯类农药残留进行快筛检测（检测时间 8min），用于蔬菜、粮食、瓜果、茶叶、桑叶、烟叶等食品中有机磷和氨基甲酸酯类农药残留的检测，其测试原理是仪器智能化读取农残检测卡片颜色状态，来判断样品中含有机磷或氨基甲酸酯类农药的残留情况。

图 4 -8　LZ -7000 农药残留快速测试仪

2. 胶体金免疫层析技术

免疫分析法是一种基于抗原抗体特异性识别和结合反应的分析方法。它集测定的高灵敏度和抗性反应的强特异性于一体，在某些重要生物活性物质的痕量检测方面取得了很大成就。农药残留检测中最常用的为胶体金免疫层析技术，该技术开发的产品，具有特异性强、灵敏度高、分析容量大、方便快捷、成本低廉等优点，只需要简单的仪器设备，可广泛应用于现场样品和大量样品的快速检测。目前在杀虫剂、杀菌剂、除草剂等方面均有快检产品。但该方法的开发过程需要投入较多资金、较长时间，且抗体制备难度较大，抗体有特异性，只适用于单一农药残留量的快速检测分析。

➢ 任务实操

数字农药残留速测卡法测果蔬中有机磷和氨基甲酸酯——配套 LZ－7000 农药残留快速测试仪

1. 方法原理

数字农药残留速测卡是国内首创将胆碱酯酶法和侧向层析技术相结合的产品，综合了传统农药速测卡和酶试剂法的优点，弥补了两者的缺陷，灵敏度高，检测时间短，符合国标 GB/T 5009. 199—2003《蔬菜中有机磷和氨基甲酸酯类农药残留量的快速检测》。

2. 适用范围

蔬菜、瓜果、茶叶、桑叶、烟叶、粮食等食用农产品中有机磷和氨基甲酸酯类农药残留量的快速检测。

3. 样品处理

（1）缓冲液配制　取一包缓冲剂，加入500mL 纯净水溶解，常温存放。

（2）样品处理　选取有代表性的蔬菜样品，擦去表面泥土，剪成 1cm^{2}左右见方碎片，取5g 放入带盖瓶中，加入10mL 缓冲液，振荡50 次，静置2min 以上。上清液为待测液。

4. 检测步骤

（1）提前将 LZ－7000 开机预热 15min；在快速检测界面点击【干式农残】检测模块，进入干式农残检测界面。

（2）对照测试　从干燥筒中取出速测卡，将速测卡插入卡槽中，选择检测通道所检测的样品名称，选择相应的被检单位，用移液器吸取 80μL 缓冲液缓慢滴加于加样区（箭头指示方向上），点击相应孔道液晶屏上的【对照】。

（3）样品测试　从干燥筒中取出速测卡，将速测卡插入卡槽中，用移液器吸取 80μL 待测液缓慢滴加于加样孔上，点击【样品】，仪器开始倒数计时，8min 后计时完毕，显示相应检测结果。

5. 结果判定（参照 GB/T 5009. 199—2003）

结果以酶抑制程度（抑制率）表示。当样品抑制率≥50% 时，表示蔬菜中有高剂量有机磷和氨基甲酸酯类农药存在，样品为阳性结果。当样品抑制率 <50% 时为阴性结果。

6. 注意事项

（1）速测卡请在保质期内使用，不可以重复使用；

（2）使用前将速测卡和待测样本恢复至常温；速测卡在开封时若发现干燥筒干燥剂乙腈变色，密封不好，则不可再用；

（3）本速测卡为农药残留快速筛选产品，任何可疑及阳性结果请用其他方法进一步确认。

➢ 任务拓展

菊酯类农药速测试剂——配套 LZ－7000 农药残留快速测试仪。

拓展

任务二 多功能食品安全分析仪的使用

➢ 任务引入案例

近两年食品安全问题分析

2015 年，原国家卫生和计划生育委员会通过突发公共卫生事件管理信息系统共收到 28 个省（自治区、直辖市）食物中毒类突发公共卫生事件（以下简称食物中毒事件）报告 169 起，中毒 5926 人，死亡 121 人。与 2014 年相比，报告起数、中毒人数和死亡人数分别增加 5.6%、4.8%和 10.0%。2015 年无重大食物中毒事件报告。报告食物中毒较大事件 76 起，中毒 676 人，死亡 121 人；一般事件 93 起，中毒 5250 人。食物中毒事件原因分析：2015 年微生物性食物中毒事件的中毒人数最多，主要致病因子为沙门氏菌、副溶血性弧菌、蜡样芽孢杆菌、金黄色葡萄球菌及其肠毒素、致泻性大肠埃希氏菌、肉毒毒素等。有毒动植物及毒蘑菇引起的食物中毒事件报告起数和死亡人数最多，病死率最高，是食物中毒事件的主要死亡原因，主要致病因子为毒蘑菇、未煮熟四季豆、乌头、钩吻、野生蜂蜜等，其中，毒蘑菇食物中毒事件占该类食物中毒事件报告起数的 60.3%。化学性食物中毒事件的主要致病因子为亚硝酸盐、毒鼠强、克百威、甲醇、氟乙酰胺等，其中，亚硝酸盐引起的食物中毒事件 9 起，占该类事件总报告起数的 39.1%，毒鼠强引起的食物中毒事件 4 起，占该类事件总报告起数的 17.4%。

原食品药品监督管理总局副局长郭文奇表示，2016 年共处置不合格食品生产经营单位 9264 件次，罚没总额达 1.2 亿元。郭文奇指出，2016 年抽检中，不合格产品主要问题有：一是超范围、超限量使用食品添加剂，占不合格样品的 33.6%；二是微生物污染，占不合格样品的 30.7%，其中因致病性微生物导致的不合格样品占此类不合格的 25.6%；三是质量指标不符合标准，占不合格样品的 17.5%；

四是重金属等元素污染，占不合格样品的8.2%；五是农药兽药残留不符合标准，占不合格样品的5.5%；六是生物毒素污染，占不合格样品的1.1%；七是检出非食用物质，占不合格样品的0.7%；八是其他问题，占不合格样品的2.7%。

导致这些问题的原因主要有：一是源头污染，包括土壤、水源等环境污染导致重金属和有机物在动植物体内蓄积，农药兽药、农业投入品的违规使用导致农药兽药残留等超标；二是生产经营过程管理不当，比如生产、运输、储存等环节的环境或卫生条件控制不到位，生产工艺不合理，出厂检验未落实等；三是当前基层监管人员总体能力水平与监管任务在一定程度上存在不适应。

郭文奇表示，针对抽检发现的问题，食品药品监管总局组织各地食品药品监管部门对不合格食品及其生产经营单位及时采取处置措施，2016年共处置生产经营单位9264件次，罚没总额达1.2亿元，下架封存不合格食品428.2吨、召回326.9吨。食品安全监督抽检和处置信息由各级食品药品监管部门按照规定向社会公布。

➢ 任务介绍

我国的食品安全现状还是相当严峻，我国食品安全质量问题在食品添加剂、微生物污染、质量指标、重金属污染、农残超标、生物毒素污染、非法添加等方面均有涉及，这也就意味着食品监管方向的多样化。对于质量监督和工商管理部门来说，处理食品安全问题最好的办法是尽早地发现食品安全问题，将其消灭在萌芽状态之中，而要达到这个目的，能在现场快速准确测定食品中有害物质含量的仪器和方法是必不可少的。

DY3500食品安全综合分析仪包括分光光度模块、胶体金检测模块、干化学模块，分光光度平台可用于检测农药残留、非法添加物、食品添加剂等，胶体金/干化学平台可用于兽药残留、毒素、非法添加物等。配套系统软件可按照食品药品监管系统的信息化标准建设，包含国家检验标准管理、被检单位管理系统、检测记录管理系统、报表查看管理系统、任务接收管理系统、系统设置、检测项目管理等功能。监管对象、样品等基础数据可与监管信息系统同步更新。检测记录管理模块可根据检测类别、方法等条件进行筛选和统计分析，生成饼状图、柱状图等图表。任务接收管理模块，可随时从监管信息系统中接收检测任务。

➢ 任务实操

实操一　食品中亚硝酸盐的快速检测（配套DY－3500）

1. 方法原理

样品中的亚硝酸盐经提取后，在酸性条件下，亚硝酸盐与对氨基苯磺酸发生重氮反应后，与盐酸萘乙二胺反应生成玫瑰红色物质，将显色反应后的样品液上机进行测试，根据样品内置曲线得出样品中亚硝酸盐含量。

2. 适用范围

腊肉、卤肉、熏肉、各类香肠、酱腌菜类、食盐（精盐）、牛乳粉。

3. 试剂盒组成

亚硝酸盐前处理试剂 A	1 瓶	亚硝酸盐前处理试剂 B	1 瓶
亚硝酸盐显色剂 A	1 瓶	亚硝酸盐显色剂 B	1 瓶
2mL 离心管	1 包	15mL 离心管	1 包

4. 检测所需但未提供的试剂、器具

量筒、移液枪、超声仪、50mL 离心管。

5. 样品处理

（1）液体样品　液体样品直接取样待检。如颜色较深的样品可进行稀释：取 1mL 待测样液，加入 9mL 纯净水或蒸馏水，混匀待测（此时稀释倍数为 10，依次类推计算稀释倍数）。

（2）固体样品

腊肉、香肠、熏肉、酱腌菜等：称取 20g 待测样品，切碎或研碎混合后取 2g 于 15mL 离心管中，加入 20mL 蒸馏水，混匀，超声 10min，期间振荡数次，加入 2mL 前处理试剂 A，2mL 前处理试剂 B，混匀、过滤，滤液备用（稀释倍数为 15 倍）。

食盐：称取 2g 样品于 15mL 离心管中，加入 20mL 蒸馏水，充分摇匀使溶解（稀释倍数为 10 倍）。

乳粉：称取 2g 样品于 50mL 离心管中，加入 40mL 蒸馏水，混匀，超声 10min，期间振荡数次，加入 2mL 前处理试剂 A，2mL 前处理试剂 B，混匀，过滤，滤液备用（稀释倍数为 25 倍）。

6. 检测步骤

（1）对照测试　取一支 2mL 空离心管，加入 1800μL 蒸馏水，加入 100μL 试剂 A，反应 5min 后，加入 100μL 试剂 B，混匀反应 10min 后，上机进行对照测试。

（2）样品测试　另取一支 2ml 空离心管，加入 1800μL 样品处理液，加入 100μL 试剂 A，反应 5min 后，加入 100μL 试剂 B，混匀反应 10min 后，上机进行样品测试。

7. 结果判定

表 4－1　　部分食品亚硝酸盐限量标准（以 $NaNO_2$ 计）

商品名称	检测依据	国家标准
乳粉、食盐（以 NaCl 计）	GB 2762——2017《食品安全国家标准 食品中污染物限量》	≤2mg/kg
酱渍菜	GB 2762——2017《食品安全国家标准 食品中污染物限量》	≤20mg/kg

续表

商品名称	检测依据	国家标准
腌腊肉制品类（如咸肉、腊肉、板鸭、中式火腿、腊肠等）、酱卤肉制品类	GB 2760—2014《食品安全国家标准 食品添加剂使用标准》	≤30mg/kg
熏、烧、烤肉类、油炸肉类、肉灌肠类、发酵肉制品类	GB 2760—2014《食品安全国家标准 食品添加剂使用标准》	≤30mg/kg
西式火腿（熏烤、烟熏、蒸煮火腿）类	GB 2760—2014《食品安全国家标准 食品添加剂使用标准》	≤70mg/kg
肉罐头类	GB 2760—2014《食品安全国家标准 食品添加剂使用标准》	≤50mg/kg

8. 注意事项

（1）待测样品中若存在高含量的亚硫酸氢钠、抗坏血酸时，会对本法的显色结果产生一定影响，检测时应予以注意。

（2）当测试吸光度超过 1.2 时，为提高测试准确度，建议将测试液进一步稀释后再进行测试。

（3）若待测样品（按样品处理待测样颜色较深）存在自身颜色干扰下，建议增做一个样品空白检测。其原理为减掉样品空白结果，已抵消本底的干扰，即直接取 2mL 样品待测液作为对照。

实操二　食品中硼砂的快速检测（配套 DY－3500）

硼砂早期曾用作食品的防腐剂和膨松剂，但由于其较强的毒性而被列为禁用防腐剂。然而在无知和利益的驱使下，仍有不法商贩在食品中添加硼砂和硼酸，严重危害人们的身体健康。

1. 试剂和设备

硼砂检测试剂、DY3500 食品安全快速检测仪、蒸发皿、95%（体积分数）乙醇、蒸馏水或纯净水。

2. 方法原理

样品中的硼砂经提取后，与姜黄指示剂生成红色物质，将显色反应后的样品液上机进行测试，根据样品内置曲线得出样品中硼砂的含量。

3. 适用范围

适用于米面制品、肉制品、豆制品中硼砂的快速检测。

4. 样品处理

（1）液体样品　直接取液体样品作为样品待测液，待测。

如自身颜色较深的样品可进行稀释：取 1mL 待测液，加入 9mL 纯净水或蒸馏水，混匀待测（稀释倍数为 10 倍）。

（2）固体样品　称取20g待测样品，切碎或研碎混合后取2.5g于离心管中，加入蒸馏水或纯净水至25mL刻度处，然后用超声波振荡提取5min（如受实验条件限制，可浸泡10～15min，其间振荡数次），5000r/min离心2min（如受实验条件限制，可用滤纸过滤、过滤器过滤或静置至澄清），待测（稀释倍数为10倍）。

5. 检测步骤

（1）对照测试　每批检测须做一个空白对照，即吸取0.1mL蒸馏水或纯净水于35mL蒸发皿中，加入0.4mL检测液，轻轻摇匀后，置55℃水浴，蒸干后，继续维持5min，取出冷却至室温。加入2.5mL 95%乙醇溶解后，倒入1cm比色皿中。上机进行对照测试。

（2）样品测试　取0.1mL样品待测液于35mL蒸发皿中，加入0.4mL检测液，轻轻摇匀后，置55℃水浴，蒸干后，继续维持5min，取出冷却至室温。加入2.5mL 95%乙醇溶解后，倒入1cm比色皿中。上机进行对照测试。

6. 结果判定

（1）样品中硼砂的含量$Cs = Co \times 10$（稀释倍数），即记录仪器所测浓度值Co，再乘以样品的稀释倍数10，即为样品中硼砂的含量（mg/kg）。

（2）硼砂与硼酸的换算关系：硼酸含量＝硼砂含量/1.54。

（3）考虑样品中本底情况，当样品中硼砂的本底大于等于本底限值（表4－2）中限量时，请按标准方法进行确证。

表4－2　样品本底限值　　单位：mg/kg

样品	本底限值	样品	本底限值
米面制品、肉制品	10	豆制品	100

7. 注意事项

（1）水浴锅中水面高度约为蒸发皿高度的一半，蒸发时请不要加水浴锅盖；

（2）样品处理中若按其他梯度稀释，最终浓度应视相应的稀释倍数加以修正；

（3）检测时各样品的提取时间、反应时间及操作方法应尽可能保持平行一致。

实操三　食用油中黄曲霉毒素B_1快速检测（配套DY－3500）

黄曲霉毒素B_1（Aflatoxin B_1，AFB_1）是由生长在食物及饲料中的黄曲霉菌、曲霉菌等代谢产生的一组化学结构类似的真菌毒素。目前已分离鉴定出17种，主要是黄曲霉毒素B_1、B_2、G_1、G_2，以及由B_1和B_2在体内经过羟化而衍生成的代谢产物M_1和M_2等。在天然污染的食品中以黄曲霉毒素B_1最多见，毒性最强，已被WHO划定为一类致癌物；食用油中黄曲霉毒素B_1含量超标，源自花生、玉米等油作物霉变，可能是在种植、运输及储存过程中因天气湿热发霉，造成黄曲霉、寄生曲霉等生长繁殖。

1. 方法原理

本产品利用免疫层析技术原理来定性检测食用油中的黄曲霉毒素 B_1 残留，具有操作简单、检测时间短、可通过肉眼直接判读结果的特点，适用于各类企业、检测机构的现场快速检测。

2. 适用范围

适用于食用油中黄曲霉毒素 B_1 的定性检测。

3. 样品处理

（1）花生油、玉米油　准确称取 2.0g 油样于 15mL 离心管中。加入 2mL 提取液，盖紧离心管盖，大力震荡 5min，4000r/min 离心 5min，或者静置分层。吸取上层溶液 100μL 至 2mL 离心管中，加入 0.8mL 稀释液，混匀待测。

（2）其他油类　按上述花生油、玉米油样品处理，吸取上层溶液 200μL 至 2mL 离心管中，加入 0.8mL 样品稀释液，混匀待测。

4. 检测步骤

（1）使用前将检测卡和待检样本溶液恢复至室温。

（2）从包装袋中取出检测卡，将检测卡平放。

（3）用移液枪移取 100μL 待测液于微孔中，反复吹打 3～5 次，混合均匀，静置 5min，用一次性吸管转移体至加样孔中。

（4）加样后开始计时，5～8min 即可观察结果，10min 后判读无效。

注意：滴加样品的滴管必须一次性使用，防止出现交叉污染。

5. 结果判定

（1）目测

阴性（－）：若质控线（C 线）和检测线（T 线）均显色，表示待测样品中不含黄曲霉毒素 B_1 或者低于检测下限。

阳性（＋）：若仅质控线（C 线）显色，检测线（T 线）不显色，表示待测样品中可能含黄曲霉毒素 B_1。

无效：若质控线（C 线）不显色，表示存在不正确的操作过程或检测卡已变质失效。在此情况下，应再次仔细阅读说明书，并用新的检测卡重新测试。

（2）仪器判读　选择 DY－3500 中“胶体金检测模块”，选择“样品名称”，选择“检测通道”，将检测卡放入检测通道，将指示框的 C、T 线与卡条的 C、T 线重合，点击“测试”键，显示检测结果。

6. 注意事项

（1）试验前检查铝箔包装袋是否破损，如损坏则不能使用，以免出现错误结果。

（2）检测卡从铝膜袋中取出后，应于 1h 内进行实验，置于空气中时间过长，检测卡会受潮失效。

（3）实验环境应保持一定湿度、避风，避免在过高温度下进行实验。

（4）检测卡在常温下保存，谨防受潮，低温下保存的检测卡应平衡至室温方可使用。

（5）本检测卡为一次性使用，并在有效期内使用。

➢ 任务拓展

病害肉特征物的快速检测。

拓展

任务三 ATP 荧光快速检测仪的使用

➢ 任务引入案例

街头小吃卫生状况堪忧

中国美食中街头小吃是一大特色，但是若不严格监管也可能是食品安全的重灾区，一些问题在食品检测设备上暴露无遗。近日，在沈阳街头，“ATP 食品快速检验仪”就发现煎饼果子机器抽检洁净度超标 120 倍。夏日高温时细菌快速滋生，食品加工机械设备杀菌清理极有必要。

路边摊煎饼果子的清洁度最高超标 120 倍！2016 年 8 月 11 日，沈阳市沈河区市场监督管理局、区卫计委、执法局等相关部门组成流动加工食品安全大检查联合执法队，清理中街、五爱市场附近的流动食品大篷车。

11 日 10 时许，在中街九门路附近，各单位执法人员现场查扣了一辆挂着“煎饼果子、熏肉大饼”的三轮车。跟大部分小吃摊一样，三轮车前侧搭上一块案板，周围用三块玻璃简单围上，案板上放着用于制作煎饼果子的各种食材和器具。在昨日的大风天气下毫无遮盖，酱料瓶瓶口满是污渍。沈河区食品监督执法大队快检主任医师胡志红用“ATP 食品快速检验仪”对摊位上装黄瓜的器具进行洁净度检测，数据显示为 1806。

胡志红介绍，“洁净度检测可以对入口食品进行初步筛查，能表明容器的清洁度，数值小于 15 是正常的，在 15～45 将给予警告，超过 45 属于严重超标，这次检测的 1806 属于严重超标的数值。举个例子，我们双手没消毒的情况下洁净度也就在 200 多左右。”可以说，该路边摊的洁净度超过正常标准 120 倍，是未洗手时的 9 倍。随后，卫生疾控部门工作人员对煎饼果子摊上的食材和器具进行了取样，将进一步进行致病菌的检测，以此为依据对摊主进行查处。

在五爱市场周边的检查中，一位担担面摊主的砧板洁净度快速检测数值也显示为 450，卫生程度让人堪忧。

在此次检查前，沈河区各街道、社区已向流动“食品大篷车”摊主发放了 1

万余份《告知书》，督促其进行自检、自查，但仍有个别摊主心存侥幸违规经营。沈河区食品监督执法大队大队长张建新称：

“8月份到10月份是我们沈阳市食物中毒的高发季节，尤其是沙门菌、金黄色葡萄球菌或者不洁海鲜引起的胃肠道不适等，身体薄弱者和老年人很容易引起慢性疾病发作。在这里我们还是要提醒市民，不要在街头购买没有正规许可证和没有健康证人员制作的食品，避免夏季突发的肠胃问题。”昨日在现场，执法人员对露天占道摆卖的流动食品大篷车依法进行了罚没，洁净度快速检测不符合规定的将面临警告，如再出现以上违法行为，严重者将被处以5000元以上罚款。

➢ 任务介绍

目前，国内食品微生物中菌落总数的检验通常采用琼脂平板菌落计数法，对菌落总数的检测时间为48h，对急检、抽检、普检工作来说具有一定局限性，ATP荧光法微生物（菌落总数）快速检测系统是较先进的食品检测系统之一，符合目前我国的食品卫生指标检测现状的要求。检测细菌总数与国标法检测结果具有一定相关性，并且其检测时间短、检测方法简便易行、设备性能比较稳定、体积小便于携带、价格适中，易于在我国食品行业中使用、推广，适用于对产品、生产环节、餐饮具的卫生状况的安全监管，对表面洁净度测定及微生物生长控制。

➢ 任务实操

物体表面清洁度的快速检测

1. 方法原理

ATP速检拭子利用生物体化学发光技术将不可见的ATP浓度（拭抹标本中的ATP含量）转变成可见的光输出。

设备检测以光能量为基准输出检测值，以定量、定性的形式显示检测结果，检测值表征被测样本的清洁程度，检测值介于0～999999，以相对光单位RLU为单位（1RLU对应于1×10^{-18}mol的ATP），检测值与用户设定的程序上、下限值，对被检测样本做出：通过、不合格或警告的判定。

拭子为含有独特的高灵敏度液态稳定一体化试剂（图4－9）。拭子用于检测物体表面上的细菌或其他微生物以及食物残留物中所含的总ATP活性，给出快速全面的洁净检测结果。拭子与手持式ATP荧光检测仪配套使用。

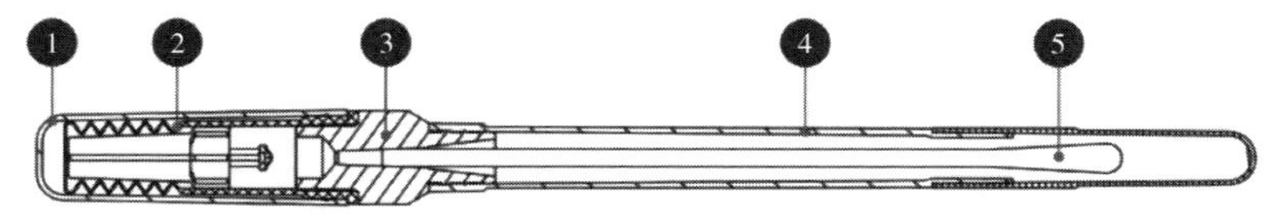

1—保护帽　2—弹簧帽　3—连接体　4—反应管　5—棉签

图4－9　拭子结构图

2. 适用范围

手持ATP荧光检测仪适用于食品加工、餐饮、医疗、卫生、日化、造纸、水处理、环保等多种行业的清洁度（微生物含量）现场快速检测。

3. 使用步骤说明

（1）按下开机键，仪器开机进入15s自检；

（2）拭子解冻　把拭子从冰箱中取出，放置10～20min，使其恢复到室温状态；

（3）棉签取样　拧下拭子下部反应管，用棉签在检测区取样，将棉签与待测表面呈15～30°夹角、"Z"字形涂抹（涂抹区域约为10cm×10cm），涂抹过程中请旋转棉签，以便使棉头与检测样本充分接触，确保更精确的测试结果；

（4）安装反应管　将步骤2中取下的反应管恢复装配，安装到拭子正确位置（反应管口部端面与蓝色连接件下端面相平）；

（5）注入试剂　取下拭子上端保护帽，将拭子竖直握于手中，用力下压弹簧帽，可以反复几次下压，使试剂全部注入反应管内；

（6）混合摇匀　手握拭子上部弹簧盖，左右30°摇匀（5s），使试剂与样本完全反应。

（7）样本检测　将拭子插入处于待检测界面的ATP仪器实验仓内，闭合仪器上盖，按"OK"键开始检测。

4. 结果判定

检测值与用户设定的程序上、下限值，对被检测样本做出：通过、不合格或警告的判定。

5. 注意事项

（1）拭子棉签不要触摸任何非检测物，以免影响检测结果。

（2）拭子内试剂与样本反应后，需尽快放入配套ATP仪器实验仓，并于60s内完成检测。

（3）如按照标准实验程序操作，拭子各组成成分不会对人体健康有任何威胁，为起到防腐作用，拭子溶液中含有叠氮钠（0.5g/L）。废液丢弃之前请先用大量的水稀释。试剂如溅入眼中或皮肤上，请即刻用大量的水冲洗。

➤ 复习思考题

1. 请分析农残检测仪检测方法与前面所学试剂盒方法的优缺点？
2. 食用油中黄曲霉毒素B_1快速检测的原理是什么？
3. ATP荧光快速检测仪可以在食品安全哪些方面进行检测？

项目三
转基因食品的快速检测

知识要求

1. 了解转基因食品的安全性研究进展。
2. 了解食用油中转基因成分的研究进展。

能力要求

1. 掌握食品原料中转基因成分的快速分析方法。
2. 熟悉我国对转基因作物、原料的规范。

教学活动建议

1. 搜集转基因技术对环境及人类影响的资料。
2. 关注转基因成分检测新技术。

任务一 食品原料中转基因成分的快速检测

➤ 任务引入案例

四洲集团热销零食未标注含转基因成分

2009年11月，广东省工商局首次公布对市场上转基因食品的抽检结果，四洲集团一款热销的零食“卡乐B龙虾味粟一烧”被发现含转基因成分却未标注。该局也因此成为国内第一个公布对转基因食品质量抽检结果的政府监管部门。

转基因食品与辐照食品一样，对其食用的安全性目前国际上仍存在较大争议。我国明文规定，这两类食品都必须在包装上标注转基因和辐照，以给消费者自由选择的知情权。此次广东工商局共对21批次可能含转基因成分的食品进行了抽检，“Bar基因、NPTII基因”等5个检验项目均只针对食品中是否含转基因成分进行判定，不涉及食品的其他质量问题。检验发现，在深圳万福佳盛百货公司观澜商场抽检到、标称卡乐B四洲（汕头）有限公司生产的一批次“卡乐B龙虾味粟一烧”（80克/包，生产日期2008－11－07），被检出含转基因成分却未按国家规定在包装上标注“转基因××食品”。

据悉，早在去年7月，国际环保组织“绿色和平”就曾在香港发布抽查结果，称包括内地生产的“卡乐B粟一烧”在内三种热门零食含有基因改造成分却未标注。当时四洲集团并不认可这一结果，强调“卡乐B粟一烧”不含转基因成分。

省工商局有关人士说，2002年的《转基因食品卫生管理办法》也规定：转基因食品要标注“转基因××食品”或“以转基因××食品为原料”。由于绝大多数的监管部门至今没把转基因和辐照的标注问题列入日常监管，因此许多企业未在食品包装标注“转基因××食品”。

省工商还发出消费指引：儿童慎食转基因食品。虽然目前国际上并无实例直接证明转基因产品对人体健康有害，但婴幼儿比成人更容易对食品敏感，而长期进食某种食品，会令婴儿成为食品安全的高风险群体。

➢ 任务介绍

随着转基因作物的商业化种植以及转基因技术的不断发展，抗病、抗虫、耐除草剂、抗逆境和高产优质等转基因产品越来越多，应用也越来越广泛。转基因产品给人们带来便利和经济利益的同时，也带来了安全性问题的争议，鉴于食用安全长期效应无法确证等问题，当前的研究成果尚不能对转基因安全给出准确、全面的结论。为加强对转基因产品的管理，转基因产品成分检测技术尤为重要。目前，转基因产品检测技术主要分为两类，一是基于外源核酸的检测技术，主要包括定性PCR技术、定量PCR技术、等温扩增技术和基因芯片技术等；二是基于外源蛋白的检测技术，主要包括酶联免疫吸附技术、Western blot检测技术和试纸条技术等。

一、 基于外源核酸的检测技术

核酸是绝大多数生命体的遗传物质，具有较高的稳定性和普遍性，因此以脱氧核苷酸（DNA）为靶标的检测技术是目前最成熟、应用最广泛的转基因产品检测技术。根据外源DNA片段序列特征和插入位置的不同，核酸检测可以对筛选元件特异性、基因特异性、载体构建特异性和转化事件特异性四个方面进行检测。基于外源核酸的转基因检测技术主要有：定性PCR技术、定量PCR技术、等温扩增技术和基因芯片技术等。

1. 定性PCR技术

定性PCR也称为普通PCR，是一种基于聚合酶链式反应的检测技术，是目前应用于转基因检测最广泛的方法。此法不受材料加工程度的影响，可以对种子到终产品的转基因成分进行定性检测，且灵敏度高、操作简便，成为许多国家用于市场筛查转基因成分的首选方法，如巴西、科威特、伊朗、沙特阿拉伯、约旦、塞尔维亚及叙利亚等国家。普通PCR单次反应只能检测特定靶序列，无法满足大量、快速的转基因产品检测需求。

2. 定量PCR技术

目前，越来越多的国家和地区通过设定阈值对转基因产品进行标识管理，转基因成分含量超过设定阈值的转基因产品必须强制性标识，如欧盟为0.9%，澳大利亚、巴西为1%，马来西亚、韩国为3%，日本、中国台湾地区为5%。随着世界各国转基因产品标识制度的发展和完善，应用定量PCR技术对转基因产品进行定量标识将越来越广泛。定量PCR技术主要有竞争性定量PCR技术（Competitive quantitative PCR，QC PCR）、实时定量PCR技术（Real - time fluorescence quantitative PCR，RTFQ PCR）和数字PCR技术（Digital PCR，D PCR）3种。竞争性定量PCR通过向PCR反应体系中加入与目标DNA具有相同扩增效率和引物结合位点的竞争模板，同时以不同稀释梯度的竞争模板建立标准曲线，从而计算目标DNA的含量。实时定量PCR通过荧光标记实时监控目的片段的扩增，根据待测物起始浓度与循环阈值（Threshold Cycle，Ct值）线性相关的原理，从而实现靶标基因的精确定量，已广泛应用于转基因产品的定量检测。实时定量PCR检测技术已被广泛应用于大豆、玉米、水稻、菜豆、棉花、茄子、木瓜、酿酒酵母中的转基因成分检测，操作简便、灵敏度高，但成本较高，存在重现性较差的问题。数字PCR是一种基于泊松分布原理的针对单分子目标DNA的绝对定量技术。相对实时定量技术，数字PCR不需要对每个循环进行实时荧光测定，也不需要Ct值来定量靶标。数字PCR通过将反应试剂平均分配到几万至上千万个单元中，从而使靶标DNA稀释到单分子水平。扩增结束后，通过直接计数或泊松分布计算得到样品的原始拷贝数，因此其不受扩增效率的影响，也不必使用内参基因和标准曲线，具有极高的准确度和重现性。目前，数字PCR已应用于转基因玉米、水稻、大豆及深加工产品中的定量检测中。

3. 等温扩增技术

等温扩增技术是指在一个恒定温度下，通过不同活性的酶和各种特异性引物来实现DNA扩增的方法，相对PCR扩增技术，具有快速、高效、特异的优点，且无需专用设备，在临床和现场快速诊断中应用广泛。主要方法：环介导等温扩增（LAMP）、滚环核酸扩增（RCA）、核酸序列依赖性扩增（NASBA）、链替代扩增（SDA）和解链酶扩增（HAD）等。LAMP技术对设备要求低，具有直观、高效的特点，已经成为出入境检验检疫等行业标准转基因成分检测的一种指定方法，未来仍需克服假阳性较高、引物设计要求高等不足。

4. 基因芯片技术

基因芯片技术是基于核酸杂交的一项高通量检测技术，利用固体在基质表面的上千个特定探针与标记的样品进行杂交，通过分析杂交信号，能够一次性准确地对样品中不同种类的DNA序列进行定性、定量的筛查，已被广泛应用于转基因检测等许多领域。基因芯片技术满足当前转基因高通量、自动化检测的需求，但其成本较高、芯片合成复杂、背景干扰严重等不足，一定程度影响了该技术的广泛应用。

二、 基于外源蛋白的检测技术

基于外源蛋白的转基因检测技术是以免疫分析技术为基础的对转基因产品的外源表达蛋白进行定性和定量检测的一种技术。常见的方法主要包括：酶联免疫吸附技术、蛋白质印迹法检测技术和试纸条技术等。

1. 酶联免疫吸附技术

酶联免疫吸附技术（ELISA）通过抗原和抗体的可视免疫反应来检测和鉴定目标蛋白，主要包括双抗夹心法、直接法、间接法，其中灵敏度最高的双抗夹心法应用最为广泛。目前，我国对于已获生产应用安全证书的转基因抗虫棉的衍生品系进行安全评价检测时，采用 ELISA 检测技术对抗虫棉不同组织部位中 Bt 蛋白的表达量进行检测，从而对抗虫棉品种的抗性能力进行科学评价。

2. 蛋白质印迹法检测技术

蛋白质印迹法检测技术本质是一种蛋白质转移电泳技术，其原理是将聚丙烯酰胺凝胶上分离的蛋白质转移到硝酸纤维素膜上，利用抗体反应和显色酶反应实现对转基因产品中外源蛋白的有效检测。虽然蛋白质印迹法技术操作较为繁琐，也无法满足快速高效的检测需求，但其可以有效地检测转基因产品中的不可溶蛋白。

3. 试纸条技术

试纸条技术是基于免疫层析的一种快速检测技术，较之 ELISA 法要更为简便、快速，可在 5 ~ 10min 的时间内现场观测结果，在转基因产品大规模快速筛查检测中应用广泛。许多公司针对不同转基因植物中特异表达的外源蛋白，开发出大量特异的免疫层析试纸条，如检测孟山都公司转基因 Round up Ready 大豆和油菜中 CP4 – EPSPS 蛋白的试纸条、Starlink 玉米中 Cry9c 蛋白的试纸条等。中国农科院油料所研制的 Cry1Ab/Cry1Ac 试纸条，成本为进口产品的 40%，灵敏度等性能参数与进口试纸条相当，是原农业部推荐使用的产品之一。由于试纸条技术具备操作简便快速、特异性强、成本低廉等优点，其发展和应用较为迅速。

试纸条法测试的速度和便利对于农产品中转基因提供了实质性的帮助，但这类测试的一个重要限制是，并不是所有的转基因都编码成一个单独的靶检测蛋白。因此，试纸条法测试并不是对所有的商业化转基因作物有用。试纸条法测试的另一个弊端是，测试的敏感性不如 PCR 检测方法。例如，试纸条法对转基因的测试范围通常在 0.1% ~ 1%，而 PCR（DNA）测试方法更敏感，检测的 DNA 含量最低为 0.01%。试纸条法测试对经过高温或化学处理加工的转基因产品也不适用，比如大豆分离蛋白、卵磷脂等。因为这些蛋白发生变性导致特异结合位点破坏。加工产品的蛋白质比 DNA 更容易降解，因此，基于蛋白的试纸条法测试不适合检测经过加工的转基因产品，然而，基于 DNA 的 PCR 检测方法适合多种类型转基因产品。随着试纸条技术不断完善，克服假阴性、假阳性和背景色较重的问题，提升灵敏度和实现多元检测，试纸条在转基因检测中将发挥更重要的作用。

➢ 任务实操

免疫层析法快速检测食品原料中转基因成分

1. 产品简介

本产品用于快速检测植物叶片和种子等样品中的转基因 Bt CryAb/Ac，灵敏度为 1%，整个检测过程只需要 8～10min，适用于各类企业及检测机构。

2. 检测原理

转基因 Bt CryAb/Ac 免疫金标速测卡应用双抗体夹心免疫层析的原理，样本中的抗原在侧向移动的过程中与胶体金标记的特异性单克隆抗体 1 结合，形成抗原-抗体复合物，继续向前方流动，和 NC 膜检测线上特异性单克隆抗体 2 的结合形成双抗体夹心复合物。如果样本中抗原含量大于 1%，检测线显红色，结果为阳性；反之，检测线不显色，结果为阴性。

3. 产品组成

转基因 Bt CryAb/Ac 免疫金标速测卡（40 份/盒）；说明书（1 份/盒）；塑料吸管（40 个/盒）；提取缓冲液（5mL/支，4 支）

4. 样品处理

（1）植物叶片组织

①将植物叶片组织置于一次性组织提取管的盖子与管身之间，迅速盖住盖子，得到圆形叶片组织。用杵将叶片置于提取管的底部。用记号笔在管壁做好标记。

②将杵插入管中，旋转杵碾搅碎叶片，持续按压 20～30s。

③加入 0.5mL（约 20 滴）提取缓冲液。

④重复碾碎步骤使样品与缓冲液充分接触混合。拿掉杵棒（注意请将杵棒一次性使用，以免不同样品间交叉污染）。

（2）提取植物种子

①取一粒植物种子，压碎，转移到做好标记的提取管中。注意：充分压碎能够提高测试准确度。

②加 0.5mL（约 20 滴）提取缓冲液溶解。

③盖好提取管的盖子，用力上下振荡提取管 20～30s，确保样品与缓冲液充分混匀。静置等待固体物质沉淀在管底。

④请注意不要交叉污染，每个样品采用单独的提取管。

5. 使用步骤

（1）测试前请完整阅读使用说明书，并将试剂板和待检样本溶液恢复至常温；

（2）从包装袋中取出试剂板后请尽快使用；

（3）用滴管吸取待检样品溶液，于加样孔中滴加 3 滴（约 75μL），加样后开始计时；

（4）结果应在 8 ~ 10min 读取；

（5）读取结果时，试剂板水平置于观察者正面。

6. 结果判断

阴性（ - ）：T 线不显色（测试线，靠近加样孔一端）；

阳性（ + ）：T 线显色，肉眼可见；

无效：未出现 C 线，可能操作不当或试剂板已失效。在此情况下，应再次仔细阅读说明书，并用新的试剂板重新测试。

7. 注意事项

（1）请勿触摸试剂板中央的白色膜面。

（2）请勿使用过期的试剂板。

（3）提供的滴管请勿重复使用。

（4）提供的试剂请勿食用。

（5）若需直接检测标准品，请用产品自带的 PBS 缓冲液进行配制。

（6）自来水、蒸馏水或去离子水不能作为阴性对照。

（7）由于样本的差异，有的检测线可能偏淡或颜色偏灰，但只要出现条带，就可判定为阴性结果。

（8）样本中的固体杂质颗粒会导致假阳性结果，取样时弃去肉眼可见的颗粒部分，有条件时请离心后取上清液做检测。

➢ 任务拓展

拓展一　转基因食品的安全性。

拓展二　我国对转基因原料的规范。

拓展一 ~ 拓展二

任务二　食用油脂中转基因成分的分析技术

➢ 任务介绍

油料种植和转基因技术的结合极大地提高了世界植物油料的产量，随着转基因技术的不断进步，各国对转基因油料作物的种植、进口、加工的法规每年都在颁布。我国已为抗虫棉花、抗病番木瓜等 7 种转基因植物批准发放了农业转基因生物安全证书，分别是耐储存番茄、抗虫棉花、改变花色矮牵牛、抗病辣椒、抗病番木瓜、转植酸酶玉米和抗虫水稻。但实现大规模商业化生产的只有抗虫棉和抗病番木瓜，抗病辣椒和耐储存番茄在生产上没被消费者接受，故未实现商业化种植，而抗虫水稻和植酸酶玉米没完成后续的品种审定，未进行商业化种植。此外，还批准了转基因棉花、转基因大豆、转基因玉米、转基因油菜、转基因甜菜共5种作物的进口安全证书，用途均为加工原料。我国法律规定，进口用作加工原料的农业转基因生物不得改变用途，即不得在国内种植。

随着转基因作物的商业化的迅速发展，全球转基因油料作物商业化种植面积不断增加，转基因生物及其产品可能带来的生态环境和食用安全性问题引起了公众的高度关注，同时受到国际政治和经济因素的影响，许多国家纷纷出台了相应的管理法规。目前，世界上近70个国家和地区制定了转基因产品标识管理制度。中国是目前唯一采用定性标识的国家，而其他国家则施行定量标识，即阈值管理。为了方便转基因标识制度的实施，增加制度的可操作性，各国根据转基因产品的应用情况，制定标识目录。欧盟、澳大利亚、新西兰和巴西等国家和地区实施全面标识，日本、韩国、泰国、以色列、印度尼西亚、中国等实施目录标识。我国原农业部颁布的《农业转基因生物标识管理办法》，列入第一批转基因标识管理目录的有5类17种产品，其中食用植物油中的大豆油、玉米油和菜籽油要进行标识。农业转基因生物或用含有农业转基因生物成分的产品加工制成的产品，即使在最终销售产品中已不再含有或检测不出转基因成分的产品，仍然需要强制性标识。我国批准的转基因进口加工原料中，大豆、玉米和油菜主要用于制油、饲料等，其中食用植物油等加工食品经过复杂的加工过程后，蛋白质的含量极低，且DNA降解十分严重。部分实施转基因标识制度的国家认为在精炼油中没有DNA和蛋白质，因而不需要对油脂类产品进行标识。然而，精炼油中是否存在转基因成分仍然是人们关注的焦点，食用植物油中转基因成分成为继掺假、掺杂问题之后，值得人们关注的又一重大课题，许多研究者开展了对食用植物油中转基因成分检测及其方法的研究。

1. 食用油中DNA提取方法

食用植物油一般是经过原材料压榨、过滤、脱胶、脱酸、脱色、脱臭等加工环节精炼而成，加工环节经过240℃高温、高压、蒸汽、强碱等处理，蛋白质分子加热变性且被分离，所以无法采用ELISA法检测，其转基因成分主要集中于DNA水平的检测。然而，DNA经过加工环节严重降解且破坏成小分子，利用PCR方法检测加工食品中的转基因成分，主要依赖于DNA质量、纯度和总量，因此能否从食用植物油中分离出符合质量的DNA，是成功检测转基因成分的关键技术环节。

2. 食用油中转基因成分的检测方法

食用油中DNA经提取后，能否成功检测植物油中转基因成分，检测方法和目的基因的选择是关键环节。在植物毛油中，植物内标基因能够有效扩增，因此在毛油中能够很好开展转基因成分检测。有些研究者认为，毛油经过第一步精炼之后，内标基因很难扩增，或者只能扩增到小片段DNA的微弱条带。针对食用植物油转基因成分的检测方法主要采用了普通PCR、巢式PCR和实时荧光定量PCR。

巢式PCR是一种变异的聚合酶链反应（PCR），使用两对PCR引物扩增完整的片段。第一对 PCR 引物扩增片段和普通 PCR 相似。第二对引物称为巢式引物（因为它们在第一次 PCR 扩增片段的内部），结合在第一次 PCR 产物内部，使得第二次 PCR 扩增片断短于第一次扩增。巢式 PCR 的好处在于，如果第一次扩增产生了错误片断，则第二次能在错误片段上进行引物配对并扩增的概率极低。为实现对微量、干扰成分复杂和被严重破坏的 DNA 样品的分析与检测，在普通 PCR 基础上发展起来的巢式 PCR 方法，其基本原理相同。利用两对嵌套引物，外引物对 DNA 模板进行扩增后，外引物扩增产物作为内引物进行第二轮扩增。

随着各国转基因标识制度的实施，转基因定量检测成为转基因标识制度实施的关键技术，实时荧光定量 PCR 检测方法具有检测靶标较短、特异性强、重复性好、可靠性高及操作时间短等优点，在转基因检测领域得到迅速发展和应用。针对食用植物油中 DNA 含量极低、DNA 序列片段短、破坏严重等问题，实时荧光定量 PCR 方法检测转基因成分具有一定的优势。

由于外源 DNA 被严重破坏成短碎片状，本身可作为合适的模板的 DNA 序列很短，只有选用尽可能扩增出短片段的特异引物和探针，才能保证实验的可靠性和准确性，这一步骤对于 PCR 实验的成功极其重要。由此可见，缩短检测靶标开展食用植物油中转基因成分检测是今后研究的一个方向。

参 考 文 献

[1]王林,王晶,周景洋. 食品安全快速检测技术手册[M]. 北京:化学工业出版社,2008.

[2]彭珊珊,许柏球,冯翠萍,等. 食品掺伪鉴别检验[M]. 北京:中国轻工业出版社,2004.

[3]师邱毅,纪其雄,许莉勇. 食品安全快速检测技术及应用[M]. 北京:化学工业出版社,2010.

[4]白满英,刘桂花. 食用植物油掺入矿物油的识别[J]. 中国食品,2005,7.

[5]陈敏,王世平. 食品掺伪检验技术[M]. 北京:化学工业出版社,2006.

[6]张静. 几种检测大米新鲜度的方法比较[J]. 啤酒科技,2003,8.

[7]赵广英,沈颐涵. 微型 DPSA－1 仪－SPCE 微分电位溶出法同步快速检测茶叶中的铅、镉、铜[J]. 茶叶科学,2010,30(1):63－71.

[8]喻足衡,周加勇. 茶叶农残快速检测方法比较试验[J]. 闽东农业科技,2016(03):9－12.

[9]张卫民,何涛,鲁绯. 对我国食醋产品质量安全监管的探讨[J]. 中国调味品,2015,40(2):137－140.

[10]王生. 配制酱油与酿造酱油的鉴别[J]. 中国卫生检验杂志,2008(4):749.

[11]郭继平. 鉴别酿造酱油与配制酱油的指标体系[J]. 现代农业科技,2011,(19):60－61.

[12]何攀,邓洁红,吴海智,等. 辣椒制品质量风险分析[J]. 食品安全质量检测学报,2015,6(11):4591－4597.

[13]张欣. 食品生产加工过程危害因素分析[M]. 北京:科学出版社,2014.

[14]Chen Q C, Wang J. Simultaneousdetermination of artificial sweeteners, preservatives, caffeine, theobromine and theophylline in food and pharmaceutical preparations by ion chromatography[J]. Journal of Chromatography A,2001,937(1－2):57－64.

[15]Zhu Y, Guo Y, Ye M, et al. Separation and simultaneous determination of four artificial sweeteners in food and beverages by ion chromatography[J]. Journal of Chromatography A,2005,1085(1):143－146.

[16]丁立平. 气相色谱－质谱联用法测定酒类中的甜蜜素[J]. 酿酒科技,2011,(12):101－103.

[17]李畅. 食品中甜味剂检测技术研究进展[J]. 绿色科技,2013,(5):248－250.

[18]盛旋,陈昌骏,丁振华,等. 固相萃取-液相色谱-质谱法同时测定食品中磺胺类人工合成甜味剂[J]. 分析试验室,2006,25(7):75-78.

[19]刘晓霞,丁利,刘锦霞,等. 高效液相色谱-串联质谱法测定食品中6种人工合成甜味剂[J]. 色谱,2010,28(1):1020-1025.

[20]宋丹萍. 食品10种色素的高效液相色谱-质谱检测方法研究[D]. 成都:四川师范大学,2015.

[21]Chen Q C,Wang J. Simultaneousdetermination of artificial sweeteners, preservatives,caffeine, theobromine and theophylline in food and pharmaceutical preparations by ion chromatography[J]. Journal of Chromatography A,2001,937(1-2):57-64.

[22]Zhu Y, Guo Y, Ye M, et al. Separation and simultaneous determination of four artificial sweeteners in food and beverages by ion chromatography[J]. Journal of Chromatography A,2005,1085(1):143-146.

[23]张超楠. 食品中金黄色葡萄球菌的快速检测方法研究[D]. 长春:吉林大学,2012.

[24]李畅. 食品中甜味剂检测技术研究进展[J]. 绿色科技,2013,(5):248-250.

[25]程景民. 中国食品安全监管体制运行现状与对策研究[M]. 军事医学科学出版社,2013.

[26]许金钩,王尊本主编. 荧光分析法[M]. 北京:科学出版社,2006.

[27]詹淑玉,朱琦峰,徐宏祥,等. UPLC-MS/MS法快速测定减肥类中成药及保健食品中非法添加15种化学药的研究[J]. 中草药,2016,47(17):3023-3031.

[28]戴华,陈冬东. 功能性保健食品检测指南[M]. 北京:中国标准出版社,2012.

[29]蒋丽萍,屠婕红,徐宏祥,等. UPLC-MS/MS法测定抗疲劳类保健食品中非法添加的9种壮阳类化学药物[J]. 中草药,2015,46(15):2238-2245.

[30]赵海锋,甘一如. 胶体金免疫层析法检测小分子物质[J]. 农药,2007,46(7):439-441.

[31]张小龙,王昆,吴先富,等. 中药及保健食品中非法添加状况分析[J]. 中国药师,2014,17(10):1749-1753.

[32]阚建全. 食品化学. 第三版[M]. 北京:中国农业大学出版社,2016.

[33]朱克永. 食品安全快速检测技术[M]. 北京:科学出版社,2016.

[34]张华秀. 近红外光谱法快速检测牛乳中蛋白质与脂肪含量[D]. 长沙:中南大学,2010.

[35]全国农药残留研究协作组. 农药残留限量实用检测方法手册(第二卷)[M]. 北京:化学工业出版社,2001.

[36]朱松明,周晨楠,和劲松,等. 基于酶抑制法的农药残留快速比色检测[J].

农业工程学报,2014,30(6):242－248.

[37]蒋雪松,王维琴,许林云,等. 农产品/食品中农药残留快速检测方法研究进展[J]. 农业工程学报,2016,20(32):267－274.

[38]朱赫,纪明山. 农药残留快速检测技术的最新进展[J]. 中国农学通报,2014,30(4):242－250.

[39]朱鹏宇,商颖,许文涛,等. 转基因作物检测和检测技术发展概况[J]. 农业生物技术学报,2013,21(12):1488－1497.

[40]张丽. 转基因产品检测标准物质研究[D]. 北京:中国农业科学院,2012.

[41]Gryson N, Ronsseb F, Messensa K, et al. Detection of DNA during the refining of soybean oil[J]. JAOCS, 2002, 79(2):171－174.

[42]李允静,肖芳,邵林,等. 食用植物油中转基因成分检测技术研究进展[J], 中国油料作物学报,2017,05(39):714－720.

[43]陈敏,王世平. 食品掺伪检验技术[M]. 北京:化学工业出版社,2006.

[44]丁伟. 牛乳的掺假检验[M]. 太原:山西科学技术出版社,1995.

[45]段丽丽. 食品安全快速检测[M]. 北京:北京师范大学出版社,2017.

[46]赵静等. 蜂产品检测实用技术[M]. 北京:中国农业出版社,2005.